[光盘使用说明]

▶▶ 光盘主要内容

　　本光盘为《计算机应用案例教程系列》丛书的配套多媒体教学光盘，光盘中的内容包括 18 小时与图书内容同步的视频教学录像和相关素材文件。光盘采用真实详细的操作演示方式，详细讲解了电脑以及各种应用软件的使用方法和技巧。此外，本光盘附赠大量学习资料，其中包括 3 ～ 5 套与本书内容相关的多媒体教学演示视频。

▶▶ 光盘操作方法

　　将 DVD 光盘放入 DVD 光驱，几秒钟后光盘将自动运行。如果光盘没有自动运行，可双击桌面上的【我的电脑】或【计算机】图标，在打开的窗口中双击 DVD 光驱所在盘符，或者右击该盘符，在弹出的快捷菜单中选择【自动播放】命令，即可启动光盘进入多媒体互动教学光盘主界面。

　　光盘运行后会自动播放一段片头动画，若您想直接进入主界面，可单击鼠标跳过片头动画。

▶▶ 光盘运行环境

- 赛扬 1.0GHz 以上 CPU
- 512MB 以上内存
- 500MB 以上硬盘空间
- Windows XP/Vista/7/8 操作系统
- 屏幕分辨率 1280×768 以上
- 8 倍速以上的 DVD 光驱

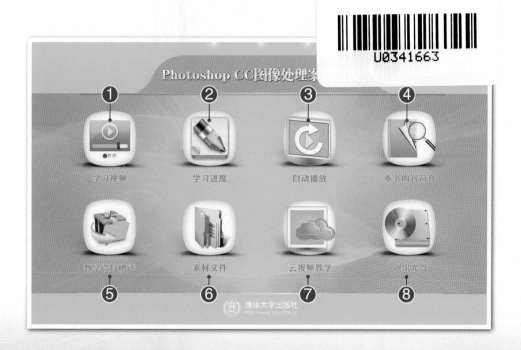

U0341663

① 进入普通视频教学模式　② 进入学习进度查看模式　③ 进入自动播放演示模式　④ 阅读本书内容介绍
⑤ 打开赠送的学习资料文件夹　⑥ 打开素材文件夹　⑦ 进入云视频教学界面　⑧ 退出光盘学习

[光盘使用说明]

▶▶ 普通视频教学模式

▶▶ 学习进度查看模式

▶▶ 自动播放演示模式

▶▶ 赠送的教学资料

▶ Windows 7桌面

▶ Windows系统控制面板

▶ 个性化设置

▶ 磁盘碎片整理

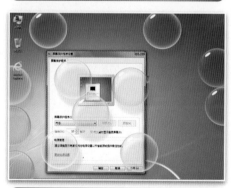

▶ 设置屏幕保护程序

▶ 更改窗口外观

▶ 更换壁纸

▶ 设置日期和时间

▶ 设置系统密码

▶ 使用魔方优化大师

▶ 编辑图片

▶ 使用Ghost工具备份数据

▶ 关闭自动更新重启提示

▶ 使用ACDSee浏览图片

▶ 整理磁盘碎片

▶ 木马专家2016

计算机应用案例教程系列

计算机组装与维护
案例教程

李志学◎编著

清华大学出版社

北　京

内 容 简 介

本书是《计算机应用案例教程系列》丛书之一，全书以通俗易懂的语言、翔实生动的案例，全面介绍了计算机组装、维护和故障排除的相关知识。本书共分 13 章，涵盖了计算机的基础知识、计算机的硬件选购、计算机的组装、计算机其他相关外设、设置 BIOS、安装与配置操作系统、安装驱动程序与检测计算机、系统应用与常用软件、计算机的网络应用、计算机的安全防范、计算机的优化、计算机的日常维护、排除常见计算机故障等内容。

本书内容丰富，图文并茂，双栏紧排，附赠的光盘中包含书中实例素材文件、18 小时与图书内容同步的视频教学录像以及 3～5 套与本书内容相关的多媒体教学视频，方便读者扩展学习。本书具有很强的实用性和可操作性，是一本适合于高等院校及各类社会培训学校的优秀教材，也是广大初中级计算机用户和不同年龄阶段计算机爱好者学习计算机知识的首选参考书。

本书对应的电子教案可以到 http://www.tupwk.com.cn/teaching 网站下载。

图书在版编目(CIP)数据

计算机组装与维护案例教程 / 李志学 编著. 北京：清华大学出版社，2016（2020.12重印）
(计算机应用案例教程系列)
ISBN 978-7-302-43287-6

Ⅰ.①计… Ⅱ.①李… Ⅲ.①电子计算机—组装—教材 ②计算机维护—教材 Ⅳ.①TP30

中国版本图书馆 CIP 数据核字(2016)第 051220 号

责任编辑：胡辰浩　李维杰
装帧设计：孔祥峰
责任校对：曹　阳
责任印制：吴佳雯

出版发行：清华大学出版社
　　　网　　址：http://www.tup.com.cn，http://www.wqbook.com
　　　地　　址：北京清华大学学研大厦 A 座　　　邮　　编：100084
　　　社 总 机：010-62770175　　　邮　　购：010-62786544
　　　投稿与读者服务：010-62776969，c-service@tup.tsinghua.edu.cn
　　　质 量 反 馈：010-62772015，zhiliang@tup.tsinghua.edu.cn
　　　课 件 下 载：http://www.tup.com.cn，010-62794504
印 装 者：三河市君旺印务有限公司
经　　销：全国新华书店
开　　本：185mm×260mm　印　张：18.75　彩　插：2　字　数：480 千字
　　　（附光盘 1 张）
版　　次：2016 年 7 月第 1 版　　　印　　次：2020 年 12 月第 6 次印刷
定　　价：69.00 元

产品编号：065448-03

前言

熟练使用计算机已经成为当今社会不同年龄层次的人群必须掌握的一门技能。为了使读者在短时间内轻松掌握计算机各方面应用的基本知识，并快速解决生活和工作中遇到的各种问题，清华大学出版社组织了一批教学精英和业内专家特别为计算机学习用户量身定制了这套"计算机应用案例教程系列"丛书。

丛书、光盘和教案定制特色

➤ 选题新颖，结构合理，为计算机教学量身打造

本套丛书注重理论知识与实践操作的紧密结合，同时贯彻"理论+实例+实战" 3 阶段教学模式，在内容选择、结构安排上更加符合读者的认知习惯，从而达到老师易教、学生易学的目的。丛书完全以高等院校、职业学校及各类社会培训学校的教学需要为出发点，紧密结合学科的教学特点，由浅入深地安排章节内容，循序渐进地完成各种复杂知识的讲解，使学生能够一学就会、即学即用。

➤ 版式紧凑，内容精炼，案例技巧精彩实用

本套丛书采用双栏紧排的格式，合理安排图与文字的占用空间，其中 290 多页的篇幅容纳了传统图书一倍以上的内容，从而在有限的篇幅内为读者奉献更多的计算机知识和实战案例。丛书内容丰富，信息量大，章节结构完全按照教学大纲的要求来安排，并细化了每一章内容，符合教学需要和计算机用户的学习习惯。书中的案例通过添加大量的"知识点滴"和"实用技巧"的注释方式突出重要知识点，使读者轻松领悟每一个案例的精髓所在。

➤ 书盘结合，素材丰富，全方位扩展知识能力

本套丛书附赠一张精心开发的多媒体教学光盘,其中包含了 18 小时左右与图书内容同步的视频教学录像。光盘采用真实详细的操作演示方式，紧密结合书中的内容对各个知识点进行深入的讲解，读者只需要单击相应的按钮，即可方便地进入相关程序或执行相关操作。附赠光盘收录书中实例视频、素材文件以及 3～5 套与本书内容相关的多媒体教学视频。

➤ 在线服务，贴心周到，方便老师定制教案

本套丛书精心创建的技术交流 QQ 群(101617400、2463548)为读者提供 24 小时便捷的在线交流服务和免费教学资源。便捷的教材专用通道(QQ：22800898)为老师量身定制实用的教学课件。老师也可以登录本丛书的信息支持网站(http://www.tupwk.com.cn/teaching)下载图书的相关教学资源。

本书内容介绍

《计算机组装与维护案例教程》是这套丛书中的一本，该书从读者的学习兴趣和实际需求出发，合理安排知识结构，由浅入深、循序渐进，通过图文并茂的方式讲解计算机组装、维护和故障排除的各种应用方法。全书共分为 13 章，主要内容如下：

第 1 章：介绍计算机入门知识，包括计算机主要硬件设备和软件的相关常识。

第 2 章：介绍计算机的主要硬件设备的选购常识。

第 3 章：介绍计算机组装的具体操作步骤和注意事项。

第 4 章：介绍计算机其他相关外设的使用方法。

第 5 章：介绍设置 BIOS 参数的方法。

第 6 章：介绍安装与配置 Windows 操作系统的方法。

第 7 章：介绍安装驱动程序与检测计算机的操作方法。

第 8 章：介绍使用系统应用与常用软件的方法。

第 9 章：介绍计算机网络设备的技术参数和选购方法。

第 10 章：介绍防范计算机入侵和安全使用计算机的方法。

第 11 章：介绍使用软件优化计算机硬件性能的具体方法。

第 12 章：介绍计算机日常维护的相关常识和技巧。

第 13 章：介绍计算机的常见故障现象和排除计算机故障的具体方法。

读者定位和售后服务

本套丛书为所有从事计算机教学的老师和自学人员而编写，是一套适合于高等院校及各类社会培训学校的优秀教材，也可作为计算机初中级用户和计算机爱好者学习计算机知识的首选参考书。

如果您在阅读图书或使用电脑的过程中有疑惑或需要帮助，可以登录本丛书的信息支持网站(http://www.tupwk.com.cn/teaching)或通过 E-mail(wkservice@vip.163.com)联系，本丛书的作者或技术人员会提供相应的技术支持。

除封面署名的作者外，参加本书编写的人员还有陈笑、曹小震、高娟妮、李亮辉、洪妍、孔祥亮、陈跃华、杜思明、熊晓磊、曹汉鸣、陶晓云、王通、方峻、李小凤、曹晓松、蒋晓冬、邱培强等。由于作者水平所限，本书难免有不足之处，欢迎广大读者批评指正。我们的邮箱是 huchenhao@263.net，电话是 010-62796045。

最后感谢您对本丛书的支持和信任，我们将再接再厉，继续为读者奉献更多更好的优秀图书，并祝愿您早日成为计算机应用高手！

《计算机应用案例教程系列》丛书编委会

2016 年 2 月

目录

计算机组装与维护案例教程

第1章

计算机的基础知识

在掌握计算机的组装与维护技能之前，我们应首先了解计算机的基本知识，例如计算机的外观、计算机的用途、计算机的常用术语及其硬件结构和软件分类等。本章作为全书的开端，将重点介绍计算机的基础知识。

1.1　计算机的介绍

计算机也被称为电脑，是由早期的电动计算器发展而来，是一种能够按照程序运行，自动、高速处理海量数据的现代化智能电子设备。下面将对计算机的外观、用途、分类和常用术语进行详细的介绍，帮助用户对计算机建立一个比较清晰的认识。

1.1.1　初识计算机

计算机由硬件与软件组成，没有安装任何软件的计算机被称为"裸机"。常见的计算机型号有台式计算机、笔记本电脑和平板电脑等(本书将着重介绍台式计算机的组装与维护)，其中台式计算机从外观上看，由显示器、主机、键盘、鼠标等几个部分组成。

▶ 显示器：显示器是计算机的 I/O 设备，即输入输出设备，可以分为 CRT、LCD 等多种(目前市场上常见的显示器多为 LCD 显示器，即液晶显示器)。

▶ 主机：计算机主机指的是计算机除去输入输出设备以外的主要机体部分。它是用于放置主板以及其他计算机主要部件(主板、内存、CPU 等设备)的控制箱体。

▶ 键盘：键盘是计算机用于操作设备运行的一种指令和数据输入装置，是计算机最重要的输入设备之一。

▶ 鼠标：鼠标是计算机用于显示操作系统纵横坐标定位的指示器，因其外观形似老鼠而被称为"鼠标"(Mouse)。

1.1.2　常见计算机类型

计算机经过数十年的发展，出现了多种类型，例如台式计算机、平板电脑、笔记本电脑等。下面将分别介绍不同种类计算机的特点。

1. 台式计算机

台式计算机是出现最早，也是目前最常见的计算机，其最大的优点是耐用并且价格实惠(与平板电脑和笔记本电脑相比)，缺点是笨重，并且耗电量较大。常见的台式计算机一般分为一体式计算机与分体式计算机两种。

▶ 分体式计算机：分体式计算机即一般常见的台式计算机，下面是一台典型的分体式计算机。

▶ 一体式计算机：随着主机尺寸的缩小，计算机厂商开始把主机集成到显示器中，从而形成一体式计算机(缩写为 AIO)。一体式计算机相较传统分体台式计算机有着连接线少、体积小的优势。

实用技巧

多点触摸式技术是一体式计算机的一大亮点。惠普、华硕、微星等厂商都已陆续推出了多点触摸技术的一体式计算机。依靠多点触控技术，能够以直观的手指操作(拖拉、撑开、合拢、旋转)来实现图片的切换、移位、放大、缩小和旋转，实现文档、网页的翻页及文字缩放。多点触摸技术的加入增强了一体式计算机的核心竞争力，成为一体式计算机的发展契机，也为未来的一体式计算机产品指明了一个方向。

1.1.3　计算机的用途

如今，计算机已经成为家庭生活与企业办公中必不可少的工具之一，其用途非常广泛，几乎渗透到人们日常活动的各个方面。对于普通用户而言，计算机的常用用途主要包括资源管理、计算机办公、视听播放、上网冲浪以及游戏娱乐等几个方面。

▶ 计算机办公：随着计算机的逐渐普及，目前几乎所有的办公场所都使用计算机，尤其是一些从事金融投资、动画制作、广告设计等行业的单位，更是离不开计算机的协助。计算机在办公操作中的用途很多，例如制作办公文档、财务报表、3D 效果图等。

2. 笔记本电脑

笔记本电脑(NoteBook)又被称为手提计算机或膝上计算机，是一种小型的、可随身携带的个人计算机。笔记本电脑通常重 1~3 公斤，其发展趋势是体积越来越小，重量越来越轻，而功能却越来越多。

3. 平板电脑

平板电脑(简称 Tablet PC)是一种小型、方便携带的个人计算机，一般以触摸屏作为基本的输入设备。平板电脑的主要特点是显示器可以随意旋转，并且都是带有触摸识别的液晶屏(有些产品可以用电磁感应笔手写输入)。

▶ 网上冲浪：计算机接入互联网后，可以为用户带来更多的便利，例如可以在网上看新闻、下载资源、网上购物、浏览微博等。而这一切只是人们使用计算机上网的最基本应用而已，随着 Web 2.0 时代的到来，更多的计算机用户可以通过 Internet 相互联系，不仅仅只是在互联网上冲浪，同时每一个用户也可以成为波浪的制造者。

▶ 文件管理：计算机可以帮助用户更加轻松地掌握并管理各种电子化的数据信息，例如各种电子表格、文档、联系信息、视频资料以及图片文件等。通过操作计算机，不仅可以方便地保存各种资源，还可以随时在计算机中调出并查看自己所需的内容。

▶ 视听播放：听音乐和看视频是计算机最常用的功能。计算机拥有很强的兼容能力，使用计算机的视听播放功能，不仅可以播放各种 DVD、CD、MP3、MP4 音乐与视频，还可以播放一些特殊格式的音乐或视频文件。因此，很多家庭计算机已经逐步代替客厅中的影音播放机，组成更强大的视听家庭影院。

▶ 游戏娱乐：计算机游戏是指在计算机上运行的游戏软件，这种软件是一种具有娱乐功能的计算机软件。计算机游戏为游戏参与者提供了一个虚拟的空间，从一定程度上让人可以摆脱现实世界，在另一个世界中扮演真实世界中扮演不了的各种角色。同时计

算机多媒体技术的发展，使游戏给了人们很多体验和享受。

💡 知识点滴

常见的计算机游戏分为网络游戏、单机游戏、网页游戏 3 种，其中网络游戏与网页游戏需要用户将计算机接入 Internet 后才能进入游戏，而单机游戏一般通过游戏光盘在计算机中安装后即可开始游戏。

1.2　计算机的硬件组成

计算机由硬件与软件组成，其中硬件指的是包括构成计算机的主要硬件设备与常用外部设备两种，本节将分别介绍这两类计算机硬件设备的外观和功能。

1.2.1　计算机的主要内部设备

计算机的主要硬件设备包括主板、CPU、内存、硬盘、显卡、电源、机箱、显示器、键盘、鼠标等，各自的外观与功能如下：

1. 主板

主板是计算机主机的核心配件，它安装在机箱内。主板的外观一般为矩形的电路板，其上安装了组成计算机的主要电路系统，一般包括 BIOS 芯片、I/O 控制芯片、键盘和面板控制开关接口等。

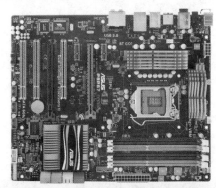

🖱 实用技巧

计算机的主板采用了开放式结构。主板上大都有 6 至 15 个扩展插槽，供计算机外围设备的控制卡(适配器)插接。通过更换这些插卡，用户可以对计算机的相应子系统进行局部升级。

2. CPU

CPU 是计算机解释和执行指令的部件，它控制整个计算机系统的操作，因此 CPU 也被称作计算机的"心脏"。

CPU 安装在计算机主板上的 CPU 插座中，它由运算器、控制器和寄存器及实现它们之间联系的数据总线、控制总线及状态总线构成，其运作原理大致可分为提取(Fetch)、解码 (Decode)、执行 (Execute) 和写回 (Writeback)4 个阶段。

知识点滴

CPU 从存储器或高速缓冲存储器中取出指令，放入指令寄存器，并对指令译码，执行指令。所谓计算机的可编程性，主要是指对 CPU 的编程。

3. 内存

内存(Memory)也被称为内存储器，是计算机中重要的部件之一，它是与 CPU 进行沟通的桥梁，其作用是用于暂时存放 CPU 中的运算数据，以及与硬盘等外部存储器交换的数据。内存被安装在计算机主板的内存插槽中，其运行情况决定了计算机能否稳定运行。

实用技巧

内存是暂时存储程序以及数据的地方，比如用户使用 Word 处理文稿，当在键盘上敲入字符时，它就被存入内存中。当用户在 Word 中选择【文件】|【保存】命令存盘时，内存中的数据才会被存入硬盘。

4. 硬盘

硬盘是计算机的主要存储媒介之一，由一个或多个铝制或玻璃制的碟片组成。这些碟片覆盖有铁磁性材料。绝大多数硬盘都是固定硬盘，被永久性地密封固定在硬盘驱动器中。硬盘一般被安装在计算机机箱的驱动器架内，通过数据线与计算机主板相连。

实用技巧

　　硬盘通常由重叠的一组盘片构成，每个盘片都被划分为数目相等的磁道，并从外缘的"0"开始编号，具有相同编号的磁道形成一个圆柱，称为磁盘的柱面。

5. 显卡

　　显卡的全称为显示接口卡(video card 或 graphics card)，又称显示适配器，它是计算机的最基本组成部分之一。显卡安装在计算机主板上的 PCI Express(或 AGP、PCI)插槽中，其用途是将计算机系统所需的显示信息进行转换驱动，并向显示器提供行扫描信号，控制显示器的正确显示。同时显卡还有图像处理能力，可协助 CPU 工作，提高整体的运行速度。对于从事专业图形设计的人来说显卡非常重要。

　　显卡一般分为集成显卡和独立显卡。由于显卡性能的不同，对于显卡的要求也不一样。独立显卡实际上分为两类：一类是专门为游戏设计的娱乐显卡，另一类则是用于绘图和 3D 渲染的专业显卡。

6. 机箱

　　机箱作为计算机配件的一部分，其主要功能是放置和固定各计算机配件，起到承托和保护作用。机箱也可以被看作计算机主机的"房子"，它由金属钢板和塑料面板制成，为电源、主板、各种扩展板卡、软盘驱动器、光盘驱动器、硬盘驱动器等存储设备提供安装空间，并通过机箱内的支架、各种螺丝或卡子、夹子等连接件将这些零部件牢固地固定在机箱内部，形成一台主机。

7. 电源

　　计算机电源的功能是把 220V 交流电转换成直流电，并专门为计算机配件(主板、驱动器等)供电的设备，是计算机各部件供电的枢纽，也是计算机的重要组成部分。

　　电源的转换效率通常在 70%~80%，这就意味着 20%~30%的能量将被转换为热量。这

些热量积聚在电源中不能及时散发,会使电源局部温度过高,从而对电源造成伤害。因此,任何电源内部都包含了散热装置。

8. 光驱

光驱是计算机用来读写光碟内容的设备,也是在台式计算机中较常见的一个部件。随着多媒体应用越来越广泛,使得光驱在大部分计算机中已经成为标准配置。目前,市场上常见的光驱可分为 CD-ROM 驱动器、DVD 光驱(DVD-ROM)和刻录机等。

1.2.2 计算机的主要外部设备

计算机的外部设备主要包括键盘、鼠标、显示器、摄像头、移动存储设备、耳机、麦克风、手写板等,下面将对它们分别进行介绍。

1. 键盘

计算机键盘是一种可以把文字信息和控制信息输入计算机的设备,它由英文打字机键盘演变而来。台式计算机键盘一般使用 PS/2 或 USB 接口与计算机主机相连。

🎐 实用技巧

键盘的作用是记录用户的按键信息,并通过控制电路将该信息送入计算机,从而实现将字符输入计算机的

目的。目前市面上的键盘,无论是何种类型,其信号产生的原理都没有什么差别。

2. 鼠标

鼠标的标准称呼应该是“鼠标器”。鼠标的使用是为了使计算机的操作更加简便。台式计算机所使用的鼠标与键盘一样,一般采用 PS/2 或 USB 接口与计算机主机相连。

3. 显示器

显示器通常也被称为监视器,它是一种将一定的电子文件通过特定的传输设备显示到屏幕上,再反射到人眼的显示工具。目前常见的显示器均为 LCD(液晶)显示器。

💡 知识点滴

显示器是与计算机交流的窗口,选购一台好的显示器可以大大降低使用计算机时的疲劳感。目前,LCD 显示器凭借高清晰、高亮度、低功耗、体积较小及影响显示稳定等优势,成为市场上的主流显示器。

4. 打印机

打印机(Printer)是计算机的输出设备之一，用于将计算机处理结果打印在相关介质上。按一行字在纸上形成的方式，分串式打印机与行式打印机。按所采用的技术，分柱形、球形、喷墨式、热敏式、激光式、静电式、磁式、发光二极管式等类型。

5. 摄像头

摄像头(Camera)又称计算机相机、计算机眼等，是一种视频输入设备，被广泛运用于视频会议、远程医疗及实时监控等方面。

知识点滴

用户可以彼此通过摄像头在网络上进行有影像、有声音的交谈和沟通。另外，还可以将其用于当前各种流行的数码影像或影音处理。

6. 移动存储设备

移动存储设备指的是便携式的数据存储装置，此类设备带有存储介质且自身具有读写介质的功能，不需要(或很少需要)其他设备(如计算机)的协助。移动存储设备主要有移动硬盘、U盘(闪存盘)和各种记忆卡(存储卡)等。

实用技巧

在所有移动存储设备中，移动硬盘可以提供相当大的存储容量，是一种性价比较高的移动存储产品。在大容量U盘(闪存盘)价格还无法被用户所接受的情况下，移动硬盘可以为用户提供较大的存储容量和不错的便性。

7. 耳机、耳麦和麦克风

耳机是使用计算机听音乐、玩游戏或看电影必不可少的设备，它能够从声卡中接收音频信号，并将其还原为真实的音乐。

耳麦是耳机与麦克风的整合体，它不同于普通的耳机。普通耳机往往是立体声的，而耳麦多是单声道的，同时，耳麦有普通耳机所没有的麦克风。

麦克风的学名为传声器，是一种能够将声音信号转换为电信号的能量转换器件，由英文 Microphone 翻译而来(也称话筒、微音器)。将麦克风配合计算机使用，可以向计算机输入音频(录音)，或者通过一些专门的语音软件与远程用户进行网络语音对话。

8. 音箱

音箱是最为常见的计算机音频输出设备，它由多个带有喇叭的箱体组成。目前，音箱的种类和外形多种多样，常见音箱的外观如下：

1.3　计算机的软件分类

计算机的软件由程序和有关文档组成，其中程序是指令序列的符号表示，文档则是软件开发过程中建立的技术资料。程序是软件的主体，一般保存在存储介质中(如硬盘或光盘)，以便在计算机中使用。文档对于使用和维护软件非常重要，随软件产品一起发布的文档主要是使用手册，其中包含了软件产品的功能介绍、运行环境要求、安装方法、操作说明和错误信息说明等。计算机软件按用途分可以分为操作系统软件和应用软件两类。

1.3.1　操作系统软件

操作系统是一款管理计算机硬件与软件资源的程序，同时也是计算机系统的内核与基石。操作系统是一款庞大的管理控制程序，大致包括 5 方面的管理功能：进程与处理机管理、作业管理、存储管理、设备管理、文件管理。操作系统是管理计算机全部硬件资源、软件资源、数据资源、控制程序运行并为用户提供操作界面的系统软件的集合。目前，操作系统的主要类型包括微软的Windows、苹果的 Mac OS 以及 UNIX、Linux等。这些操作系统所适用的用户也不尽相同，计算机用户可以根据自己的实际需要选择不同的操作系统，下面将分别对这几种操作系统进行简单介绍。

1. Windows 7 操作系统

Windows 7 是由微软公司开发的一款操作系统。该系统旨在让人们的日常计算机操作更加简单和快捷，为人们提供高效易行的工作环境。Windows 7 系统和以前的系统相比，具有很多优点：更快的速度和性能，更个性化的桌面，更强大的多媒体功能，Windows Touch 带来的极致触摸操控体验，Home groups 和 Libraries 简化局域网共享，全面革新的用户安全机制，超强的硬件兼容性，革命性的工具栏设计等。

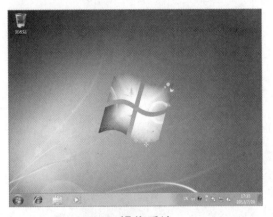

2. Windows 8 操作系统

Windows 8 是由微软公司开发的、具有革命性变化的操作系统，Windows 8 系统支持来自 Intel、AMD 和 ARM 的芯片架构，这意味着 Windows 系统开始向更多平台迈进，包括平板电脑和 PC。作为目前最新的操作系统，Windows 8 增加了很多实用功能，主要包括全新的 Metro 界面、内置 Windows 应用商品、应用程序的后台常驻、资源管理器采用 "Ribbon" 界面、智能复制、IE 10 浏览器、内置 PDF 阅读器、支持 ARM 处理器和分屏多任务处理界面等。

3. Windows Server 2008 操作系统

Windows Server 2008 是微软的一款服务器操作系统，它继承了 Windows Server 2003 的优良特性。使用 Windows Server 2008 可以使 IT 专业人员对服务器和网络基础结构的控制能力更强。Windows Server 2008 通过加强操作系统和保护网络环境提高了系统的安全性，通过加快 IT 系统的部署与维护，使服务器和应用程序的合并与虚拟化更加简单，同时为用户特别是 IT 专业人员提供了直观、灵活的管理工具。

> **知识点滴**
>
> Windows Server 2008 的主要优点有：更强的控制能力、更安全的保护、更大的灵活性、更快的关机服务等。

4. Windows Server 2012 操作系统

Windows Server 2012(开发代号：Windows Server 8)是微软的一款服务器系统。这是 Windows 8 的服务器版本，并且是 Windows Server 2008 R2 的继任者。该操作系统已经在 2012 年 8 月 1 日完成编译 RTM 版，并且在 2012 年 9 月 4 日正式发售。Windows Server 2012 操作系统有 Foundation、Essentials、Standard 以及 Data Center 4 个版本。

➤ Windows Server 2012 Essentials 面向中小企业，用户限定在 25 位以内，该版本简化了界面，预先配置云服务连接，不支持虚拟化。

➤ Windows Server 2012 Standard 标准版提供完整的 Windows Server 功能，限制使用两台虚拟主机。

➤ Windows Server 2012 Data Center 数据中心版提供完整的 Windows Server 功能，不限制虚拟主机的数量。

➤ Windows Server 2012 Foundation 版仅提供给 OEM 厂商，限定用户 15 位，提供通用服务器功能，不支持虚拟化。

5. Mac OS 操作系统

Mac OS 是一套运行于苹果 Macintosh 系列计算机上的操作系统。Mac OS 是首个在商用领域取得成功的图形用户界面。现行的最新的系统版本是 OS X 10.10 Yosemite，并且网上也有在 PC 上运行的 Mac 系统，简称 Mac PC。

Mac OS 系统具有以下 4 个特点：

▶ 全屏模式：全屏模式是 Mac OS 操作系统最为重要的功能。一切应用程序均可以在全屏模式下运行。这并不意味着窗口模式将消失，而是表明在未来有可能实现完全的网格计算。iLife 11 的用户界面也表明了这一点。这种用户界面将极大简化计算机的使用，减少多个窗口带来的困扰。它将使用户获得与 iPhone、iPod touch 和 iPad 用户相同的体验。

▶ 任务控制：任务控制整合了 Dock 和控制面板，可以窗口和全屏模式查看应用。

▶ 快速启动面板：Mac OS 系统的快速启动面板的工作方式与 iPad 完全相同。它以类似于 iPad 的用户界面显示计算机中安装的一切应用，并通过 App Store 进行管理。用户可滑动鼠标，在多个应用的图标界面间切换。

▶ Mac App Store 应用商店：Mac App Store 的工作方式与 iOS 系统的 App Store 完全相同。它们具有相同的导航栏和管理方式，这意味着无需对应用进行管理。当用户从该商店购买一个应用后，Mac 计算机会自动将它安装到快速启动面板中。

6. Linux 操作系统

Linux 是一套免费使用和自由传播的类 Unix 操作系统，是一个基于 POSIX 和 UNIX 的多用户、多任务、支持多线程和多 CPU 的操作系统，能运行主要的 UNIX 工具软件、应用程序和网络协议。它支持 32 位和 64 位硬件。Linux 继承了 Unix 以网络为核心的设计思想，是一个性能稳定的多用户网络操作系统。

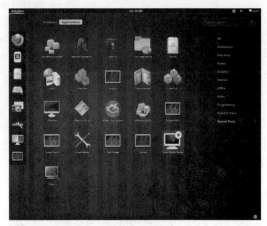

Linux 操作系统诞生于 1991 年 10 月 5 日(这是第一次正式向外公布时间)。Linux 存在着许多不同的 Linux 版本，但都使用了 Linux 内核。Linux 可安装在各种计算机硬件设备上，比如手机、平板电脑、路由器、视频游戏控制台、台式计算机和超级计算机等。

1.3.2 数据库管理系统

数据库是以一定的组织方式存储起来的、具有相关性的数据的集合。数据库管理系统是在具体计算机上实现数据库技术的系统软件，由它来实现用户对数据库的建立、管理、维护和使用等功能。目前流行的数据库管理系统软件有 Access、Oracle、SQL Server、DB2 等。

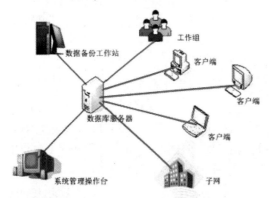

1.3.3 语言处理软件

人们用计算机解决问题时，必须用某种"语言"来和计算机进行交流。具体来说，就是利用某种计算机语言来编制程序，然后再让计算机来执行所编写的程序，从而让计算机完成特定的任务。目前主要有 3 种程序设计语言，分别是机器语言、汇编语言和高级语言。

▶ 机器语言：机器语言是用二进制代码指令表达的计算机语言，其指令是用 0 和 1 组成的一串代码，它们有一定的位数，并分成若干段，各段的编码表示不同的含义，例如某计算机字长为 16 位，即有 16 个二进制数组成一条指令或其他信息。16 个 0 和 1 可组成各种排列组合，通过线路变成电信号，让计算机执行各种不同的操作。

▶ 汇编语言：汇编语言 (Assembly Language) 是一种面向机器的程序设计语言。在汇编语言中，用助记符(Memoni)代替操作码，用地址符号(Symbol)或标号(Label)代替

地址码。如此，用符号代替机器语言的二进制码，就可以把机器语言转变成汇编语言。

▶ 高级语言：由于汇编语言过分依赖于硬件体系，且其助记符量大难记，于是人们又发明了更加易用的所谓的高级语言。在这种语言中，其语法和结构更类似普通英文，并且由于远离对硬件的直接操作，使得普通用户经过学习之后都可以编程。

> **知识点滴**
>
> 由于目前大部分计算机用户使用 Windows 系列操作系统，因此本书后面的相关章节中将着重通过实例介绍该系列操作系统。

1.3.4 驱动程序

英文名为"Device Driver"，全称为"设备驱动程序"，是一种可以使计算机和设备通信的特殊程序。可以说相当于硬件的接口，操作系统只有通过这个接口，才能控制硬件设备的工作，假如某设备的驱动程序未能正确安装，便不能正常工作。因此，驱动程序被誉为"硬件的灵魂"、"硬件的主宰"和"硬件和系统之间的桥梁"等。

硬件如果缺少了驱动程序的"驱动"，那么本来性能非常强大的硬件就无法根据软件发出的指令进行工作，硬件就空有一身本领，毫无用武之地。从理论上讲，所有的硬件设备都需要安装相应的驱动程序才能正常工作。但像CPU、内存、主板、软驱、键盘、显示器等设备却并不需要安装相应的驱动程序就能正常工作。这是因为这些硬件对于一台个人计算机来说是必需的，所以早期的设计人员将这些列为BIOS能直接支持的硬件。换言之，上述硬件安装后就可以被BIOS和操作系统直接支持，不再需要安装驱动程序。从这个角度来说，BIOS也是一种驱动程序。但是对于其他的硬件，例如网卡、声卡、显卡等，却必须安装驱动程序，不然这些硬件就无法正常工作。

1.3.5　系统服务程序

系统服务程序是指一些运行在后台的操作系统应用程序，它们通常会随着操作系统的启动而自动运行，以便在需要的时候提供系统服务支持。系统服务一般在后台运行。与用户运行的程序相比，服务不会出现程序窗口或对话框中，只有在任务管理器中才能观察到它们。

系统服务程序包括监控程序、检测程序、连接编译程序、连接装配程序、调试程序等。系统服务程序和普通的后台应用程序非常相似(例如病毒防火墙)，其中最主要的区别是系统服务程序随操作系统一起安装并作为系统的一部分提供单机或网络服务。

1.3.6　应用程序

所谓应用程序，是指除了系统软件以外的所有软件，它们是用户利用计算机及其提供的系统软件为解决各种实际问题而编制的计算机程序。由于计算机已渗透到各个领域，因此应用软件是多种多样的。

目前，常见的应用软件有各种用于科学计算的程序包、各种字处理软件、信息管理软件、计算机辅助设计教学软件、实时控制软件和各种图形软件等。

应用软件是指为了完成某些工作而开发的一组程序，能够为用户解决各种实际问题。下面列举几种应用软件。

1. 用户程序

用户程序是用户为了解决特定的具体问题而开发的软件。编写用户程序时应充分利用计算机系统的各种现有软件，在系统软件和应用软件包的支持下可以更方便、有效地研制用户专用程序，例如火车站或汽车站的票务管理系统、人事管理部门的人事管理系统、财务部门的财务管理系统等。

2. 办公类软件

办公类软件主要指用于文字处理、电子表格制作、幻灯片制作等的软件，如 Microsoft 公司的 Office Word、Excel。

3. 图像处理软件

图像处理软件主要用于编辑或处理图形图像文件，应用于平面设计、三维设计、影视制作等领域，如 Photoshop、CorelDRAW、会声会影、美图秀秀等。

4. 媒体播放器

媒体播放器是指计算机中用于播放多媒体的软件，包括网页、音乐、视频和图片，分4类播放器软件，如Windows Media Player、迅雷看看、暴风影音、Flash播放器。

1.4 计算机的 5 大部件

计算机系统由硬件系统与软件系统组成，其中计算机的硬件系统由运算器、控制器、存储器、输入设备与输出设备 5 大部件组成，结构图如下所示：

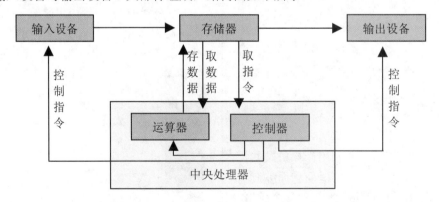

▶ 输入设备：用于向计算机输入各种原始数据和程序的设备称为输入设备。计算机用户可以通过输入设备将各种形式的信息，如数字、文字、图像等转换为数字形式的"编码"，即计算机能够识别的用 1 和 0 表示的二进制代码(实际上是电信号)，并把它们"输入"(Input)到计算机内存储起来。键盘是计算机必备的输入设备，其他常用的输入设备还有鼠标、图形输入板、视频摄像机等。

➤ 存储器：存储器(Memory)是计算机硬件系统中的记忆设备，用于存放程序和数据。计算机中全部的信息，包括输入的原始数据、程序、中间运行结果和最终运行结果都保存在存储器中。存储器根据控制器指定的位置存入和取出信息。有了存储器，计算机才有记忆功能，才能保证正常工作。存储器按用途划分可分为主存储器(内存)和辅助存储器(外存)两种。其中，外存通常是指磁性介质或光盘等能长期保存数据信息的设备，而内存则指的是主板上的存储部件，用于存放当前正在执行的数据和程序，但内存仅用于暂时存放程序和数据。若关闭计算机电源，内存中保存的数据将会丢失。

➤ 运算器：运算器又称为算数逻辑部件，简称 ALU，是计算机用于进行数据运算的部件。数据运算包括算数运算和逻辑运算，后者常被忽视，但正是逻辑运算使计算机能进行因果关系分析。一般运算器都具有逻辑运算能力。

➤ 控制器：控制器是计算机的指挥系统，计算机的工作就是在控制器的控制下有条不紊地协调工作。控制器通过地址访问存储器，逐条取出选中单元的指令，然后分析指令，根据指令产生相应的控制信号并作用于其他各个部件，控制其他部件完成指令要求的操作。上述过程周而复始，保证了计算机能自动、连续地工作。计算机把运算器和控制器做在一块集成电路芯片上，称为中央处理器，简称 CPU(Central Processing Unit)。CPU 是计算机的核心和关键，计算机的性能是否强大主要取决于它。

➤ 输出设备：输出设备正好与输入设备相反，是用于输出结果的部件。输出设备必须能以人们所能接受的形式输出信息，如以文字、图形的形式在显示器上输出。除显示器以外，常用的输出设备还有音箱、打印机、绘图仪等。

> **知识点滴**
>
> 计算机不仅能进行算术运算，同时也能进行各种逻辑运算，具有逻辑判断能力。布尔代数是建立计算机的逻辑基础，或者说计算机就是逻辑机。计算机的逻辑判断能力也是计算机智能化必备的基本条件。如果计算机不具备逻辑判断能力，它也就不能称为计算机了。

1.5　案例演练

本进阶练习将介绍使用计算机的常识操作，包括启动与关闭计算机、操作鼠标和键盘等，用户可以通过实例操作初步掌握计算机的基本使用方法。

1.5.1　启动与关闭计算机

用户在使用计算机之前必须先启动计算机，即平常所说的"开机"，启动计算机应按照一定的顺序来操作。

【例 1-1】逐步启动计算机，并在进入 Windows 系统后，关闭计算机。

step ① 检查计算机显示器和主机的电源是否插好后，确定电源插板已通电，然后按下显示器上的电源按钮，打开显示器。

打开显示器

step 2 按下计算机主机前面板上的电源按钮，此时主机前面板上的电源指示灯将会变亮，计算机随即将被启动，执行系统开机自检程序。

主机电源

step 3 计算机在启动后，将自动运行监测程序，进入操作系统桌面。

step 4 如果系统设置有密码，将显示系统登录界面。

step 5 在【密码】文本框中，输入密码后，按下Enter键，稍后即可进入Windows 7系统的桌面。

step 6 在Windows 7系统的桌面上单击【开始】按钮，在弹出的【开始】菜单中单击【关机】按钮。

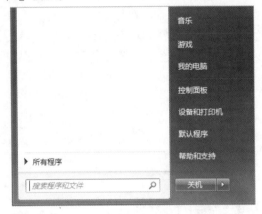

step 7 此时，Windows 7系统将开始关闭操作系统。若系统检测到了更新，则会自动安装更新文件，结束后计算机主机将被关闭。

step 8 若用户的计算机上安装了 Windows 8 系统，启动计算机后将打开 Windows 8 Metro UI 界面。

step 9 在 Metro UI 界面上单击【桌面】磁贴后，将进入 Windows 8 系统桌面。

step 10 在 Windows 8 操作系统的桌面上，按下 Alt+F4 组合键，然后在打开的【关闭 Windows】对话框中单击【确定】按钮，即可关闭计算机。

1.5.2 操作鼠标和键盘

在 Windows 操作系统中，鼠标和键盘是必不可少的输入设备，通过它们，用户就可以向计算机发出指令，它们就像计算机的耳朵和眼睛。下面将详细介绍操作这两款设备的方法。

【例1-2】使用键盘和鼠标控制计算机。

step 1 计算机上最为常用的鼠标是带滚轮的三键光电鼠标，分为左右两键和中间的滚轮，其中中间的滚轮也可称为中键。

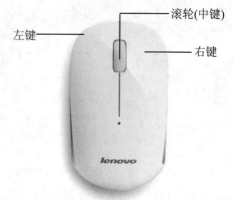

step 2 使用鼠标时，用手掌心轻压鼠标，拇指和小指抓在鼠标的两侧，再将食指和中指自然弯曲，轻贴在鼠标的左键和右键上，无名指自然落下跟小指一起压在侧面，此时拇指、食指和中指的指肚贴着鼠标，无名指和小指的内侧面接触鼠标侧面。

step 3 用右手食指轻点鼠标左键并快速释放，此操作通常用于选择对象，称为单击鼠标。

step④ 用右手食指在鼠标左键上快速单击两次，称为双击鼠标，此操作用于执行命令或打开文件等。

step⑤ 右击指的是用右手中指按下鼠标右键并快速释放，此操作一般用于弹出当前对象的快捷菜单，便于快速选择相关的命令。右击的操作对象不同，弹出的快捷菜单也不同。

step⑥ 拖动指的是将鼠标指针移动至需要移动的对象上，然后按住鼠标左键不放，将该对象从屏幕的一个位置拖到另一个位置，然后释放鼠标左键。

step⑦ 范围选取指的是单击需选定对象外的一点并按住鼠标左键不放，移动鼠标将需要选中的所有对象包括在虚线框中。

step⑧ 在使用键盘时，应将键盘上的全部字符合理地分配给 10 根手指，并且规定每根手指击打哪几个字符键。

▶ 左手小指主要分管 5 个键：1、Q、A、Z 和左 Shift 键。此外，还分管左边的一些控制键。

▶ 左手无名指分管 4 个键：2、W、S 和 X。

▶ 左手中指分管 4 个键：3、E、D 和 C。

▶ 左手食指分管 8 个键：4、R、F、V、5、T、G、B。

▶ 右手小指主要分管 5 个键：0、P、";"、"/" 和右 Shift 键，此外还分管右边的一些控制键。

▶ 右手无名指分管 4 个键：9、O、L、"."。

▶ 右手中指分管 4 个键：8、I、K、","。

▶ 右手食指分管 8 个键：6、Y、H、N、7、U、J、M。

▶ 大拇指专门击打空格键。

step 9 击键时，主要用力的部位不是手腕，而是手指关节。当练到一定阶段时，手指敏感度加强，可过渡到指力和腕力并用。

1.5.3 认识计算机主机面板

下面将介绍计算机主机前面板和后面板上的常见按钮、指示灯和接口的作用。

【例1-3】观察计算机主机的结构。

step 1 关闭计算机电源，取出计算机主机，观察其前面板可以看到，计算机的前面板由电源按钮、光驱面板、读卡器面板、前置USB接口、前置音频接口和电源指示灯等几部分组成(注意，不同计算机机箱的外观虽然各不相同，但其前面板的功能却大致相同)。

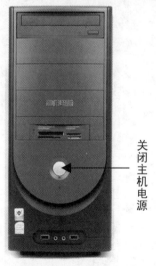

关闭主机电源

step 2 主机前面板上的多种读卡器面板，整合了各类常用计算机移动存储设备的接口，例如TF卡、SM卡、CF卡、MicroDrive、MemoryStick、MemoryStick PRO、MMC卡、

Micro SD卡、MiniSD卡、SD卡等存储卡的接口。

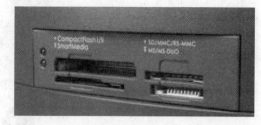

step 3 目前，常见计算机主机的前面板上都设计有前置USB接口和前置音频信号接口。其中，前置音频信号接口至少提供有连接耳机(耳麦)和麦克风接口。

step 4 电源开关按钮和电源指示灯是所有计算机前面板上都有的两种功能。大部分计算机机箱将电源开关按钮和指示灯设计在前面板的正面，也有一部分计算机将其设计在前面板的侧面，用户在实际选购计算机机箱时，可以留意这一点。除此之外，还有一部分计算机机箱上设计有独立的重启按钮(RESET)，用户可以通过按下该按钮重启计算机。

step⑤ 计算机主机的后面板主要包括电源部
分、主板接口、显卡接口以及机箱挡板和散热
孔等几个部分。

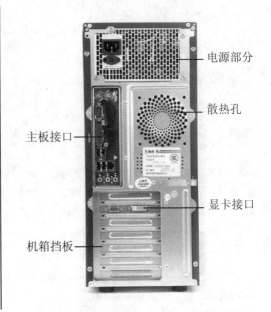

电源部分

散热孔

主板接口

显卡接口

机箱挡板

第2章

计算机的硬件选购

　　计算机的硬件设备是计算机的基础，用户在学习组装与维护计算机之前，应全面了解计算机中各部分硬件设备的结构、参数与性能。本章将通过介绍计算机各部分硬件配件选购常识与要点，详细讲解获取计算机硬件技术信息，分析硬件性能指标以及识别硬件物理结构的方法，帮助用户进一步掌握计算机硬件的相关知识。

2.1 选购主板

由于计算机中所有的硬件设备及外部设备都是通过主板与 CPU 连接在一起进行通信,其他计算机硬件设备必须与主板配套使用,因此用户在选购计算机硬件时,应首先确定要使用的主板。本节将介绍在选购主板时,用户应了解的几个问题,包括主板的常见类型、硬件结构、性能指标等。

2.1.1 主板简介

主板又称为主机板(mainboard)、系统板或母板,它能够提供一系列接合点,供处理器(CPU)、显卡、声卡、硬盘、存储器以及其他对外设备接合(这些设备通常直接插入有关插槽,或用线路连接)。本节将通过介绍常见类型和主流技术信息,帮助用户初步了解有关主板的基础知识。

1. 常见类型

主板按其结构分类,可以分为 AT、ATX、Baby-AT、Micro ATX、LPX、NLX、Flex ATX、EATX、WATX 以及 BTX 等几种,其中常见的类型如下:

▶ ATX 主板:ATX(AT Extend)结构是一种改进型的 AT 主板,对主板上元件布局做了优化,有更好的散热性和集成度,需要配合专门的 ATX 机箱使用。

▶ Micro ATX 主板:Micro ATX 是依据 ATX 规格改进而成的一种标准。Micro ATX 架构降低了主板硬件的成本,并减少了计算机系统的功耗。

▶ BTX 主板:BTX 结构的主板支持窄板设计,其系统结构更加紧凑。能够支持目前流行的新总线和接口,如 PCI-Express 和 SATA 等,并且其针对散热和气流的运动,以及主板线路的布局都进行了优化设计。

2. 技术信息

主板是连接计算机各个硬件配件的桥梁,随着芯片组技术的不断发展,应用于主板上的新技术也层出不穷。目前,常见主板上应用的技术有以下几项:

▶ PCI Express 2.0 技术：PCI Express 2.0 则在 1.0 版本基础上进行了改进，将接口速率提升到了 5GHz，传输性能也翻了一番。

▶ USB 3.0 技术：USB 3.0 规范提供了 10 倍于 USB 2.0 规范的传输速度和更高的节能效率。

▶ SATA 2 接口技术：SATA 2 接口技术的主要特征是外部传输率从 SATA 的 150MB/s 进一步提高到了 300MB/s。

▶ SATA 3 接口技术：SATA 3 接口技术可以使数据传输速度翻番达到 6Gbps，同时向下兼容旧版规范 SATA Revision2.6。

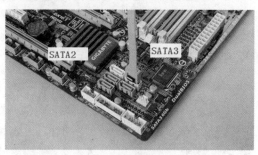

▶ eSATA 接口技术：eSATA 是外置式 SATA 2 规范，是业界标准接口 Serial ATA(SATA) 的延伸。

3. 主要品牌

品牌主板的特点就研发能力强、技术创新、推出新品速度快、产品线齐全、高端产品非常过硬。

目前，市场认可度最高的是以下 4 个品牌：

▶ 华硕(ASUS)：全球第一大主板制造商，也是公认的主板第一品牌，做工追求又实又华，在很多用户的心目中已经属于一种权威的象征；同时其价格也是同类产品中最高的。

▶ 微星(MSi)：主板产品的出货量位居世界前 5，2009 年改革后的微星在高端产品中非常出色，使用 SFC 铁素电感，CPU 供电使用钽电容以及低温的一体式 mos 管，俗称"军规"主板，超频能力大有提升。

▶ 技嘉(GIGABYTE)：一贯以"堆料王"而闻名，但绝非华而不实，从高端至低端用料十足，低端价格合理，高端的刺客枪手系列创新不少，集成了比较高端的声卡和"杀手"网卡，但是在主板固态电容和全封闭电感普及的时代下，技嘉从一开始打着全固态和"堆料王"主板的旗号，渐渐开始走下坡路。

GIGABYTE®

▶ 华擎(ASROCK)：过去曾是华硕的分厂，如今早已跟华硕分家，所以在产品线上也不受限制，拥有华硕的设计团队的华擎，推出费特拉提和用于极限玩家的中高端系列，一举挺身而出。

ASRock

💡 知识点滴

除了以上介绍的 4 个一线品牌主板以外，市场上还有包括映泰、升技、磐正、Intel、富士康和精英等二线品牌主板，以及盈通、硕泰克、顶星、翔升等三线品牌主板，这些主板有的针对 AMD 平台设计，有的尽量压低了价格，各具特色。

2.1.2 主板的硬件结构

主板一般采用开放式结构，其正面包含多种扩展插槽，用于连接计算机硬件设备。了解主板的硬件结构，有助于用户根据主板的插槽配置情况选择计算机其他硬件的选购。下面将分别介绍主板各部分元器件的功能：

1. CPU 插座

CPU 插座是用于将 CPU 与主板连接的接口。CPU 经过多年的发展，其所采用的接口方式有针脚式、卡式、触电式和引脚式。目前主流 CPU 的接口都是针脚式接口，并且不同的 CPU 使用不同类型的 CPU 插座。下面将介绍 Intel 和 AMD 公司生产的 CPU 所使用的 CPU 插座。

➤ Socket AM2 插座：目前采用 Socket AM2 接口的有低端的 Sempron、中端的 Athlon 64、高端的 Athlon 64 X2 以及顶级的 Athlon 64 FX 等全系列 AMD 桌面 CPU。Socket AM2 是 2006 年 5 月底 AMD 发布的支持 DDR2 内存的 AMD 64 位桌面 CPU 的接口标准，具有 940 根 CPU 针脚。

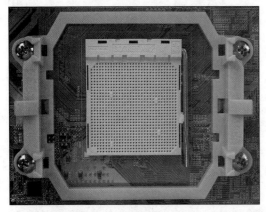

➤ Socket AM3 插座：Socket AM3 有 938 针的物理引脚，AM3 的 CPU 可以与旧的 Socket AM2+插座和 Socket AM2 插座在物理上兼容，因为后两者的物理引脚数均为 940 针。所有的 AMD 桌面级 45 纳米处理器均采用了 Socket AM3 插座。

➤ LGA 775：在选购 CPU 时，通常都会把 Intel 处理器的插座称为 LGA 775，其中的 LGA 代表了处理器的封装方式，775 则代表了触点的数量。在 LGA 775 出现之前，Intel 和 AMD 处理器的插座都被叫做 Socket xxx，其中的 Socket 实际上就是插座的意思，而 xxx 则表示针脚的数量。

➤ LGA 1366：LGA 1366 要比 LGA 775A 多出约 600 根针脚，这些针脚会用于 QPI 总线、三条 64 位 DDR3 内存通道等连接。

➤ LGA 1156：LGA 1156 又称为 Socket H，是 Intel 在 LGA775 与 LGA 1366 之后推出的 CPU 插槽。它也是 Intel Core i3/i5/i7 处理器 (Nehalem 系列) 的插槽，读取速度比 LGA 775 高。

实用技巧

用户在选购主板时，应首先关注自己选择的 CPU 与主板之间是否兼容。无论用户选择购买 Intel CPU 还是 AMD CPU，都需要购置与其 CPU 针脚相匹配的主板。

2. 内存插槽

计算机内存所支持的内存种类和容量都由主板上的内存插槽决定。内存通过其金手指与主板连接，内存条正反两面都带有金手指。金手指可以在两面提供不同的信号，也可以提供相同的信号。目前，常见主板都带有 4 条以上的内存插槽。

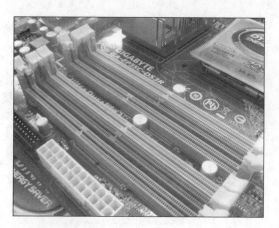

3. 北桥芯片

北桥芯片(North Bridge)是主板芯片组中起主导作用的最重要的组成部分，也称为主桥(Host Bridge)。芯片组的名称就是以北桥芯片的名称来命名的，例如英特尔 GM45 芯片组的北桥芯片是 G45，它是支持酷睿 i7 处理器的 X58 系列的北桥芯片。

4. 南桥芯片

南桥芯片(South Bridge)是主板芯片组的重要组成部分，一般位于主板上离 CPU 插槽较远的下方、PCI 插槽的附近，这种布局是考虑到它所连接的 I/O 总线较多，离处理器远一点有利于布线。相对于北桥芯片来说，其数据处理量并不算大。南桥芯片不与处理器直接相连，而是通过一定的方式与北桥芯片相连。

5. 其他芯片

芯片组是主板的核心组成部分，决定了主板性能的好坏与级别的高低，是"南桥"与"北桥"芯片的统称。但除此之外，在主板上还有用于其他协调作用的芯片(第三方芯片)，例如集成网卡芯片、集成声卡芯片以及时钟发生器等。

➤ 集成网卡芯片：主板网卡芯片是指整合了网络功能的主板所集成的网卡芯片，与之相对应，在主板的背板上也有相应的网卡接口(RJ-45)，该接口一般位于音频接口或 USB 接口附近。

➤ 集成声卡芯片：现在的主板基本上都集成了音频处理功能，大部分新装计算机的用户都使用主板自带声卡。声卡一般位于主板 I/O 接口附近，最为常见的板载声卡就是 Realtek 的声卡产品，名称多为 ALC XXX，

后面的数字代表着这个声卡芯片究竟支持几声道。

> 时钟发生器：时钟发生器是在主板上靠近内存插槽的一块芯片，在其右边找到 ICS 字样的就是时钟发生器，该芯片上最下面的一行字显示其型号。

6. PCI-Express

PCI-Express 是常见的总线和接口标准，有多种规格，从 PCI-Express 1X 到 PCI-Express 16X，能满足现在和将来一定时间内出现的低速设备和高速设备的需求。

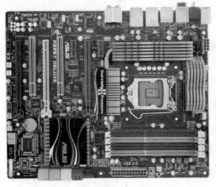

7. SATA 接口

SATA 是 Serial ATA 的缩写，即串行 ATA，是一种完全不同于并行 ATA 的新型硬盘接口类型(因其采用串行方式传输数据而得名)。

与并行 ATA 相比，SATA 总线使用嵌入式时钟信号，具备更强的纠错能力。

8. 电源插座

电源插座是主板连接电源的接口，负责为 CPU、内存、芯片组、各种接口卡提供电源。目前常见主板所使用的电源插座都具有防插错结构。

9. I/O(输入/输出)接口

计算机的输入输出接口是 CPU 与外部设备之间交换信息的连接电路，它们通过总线与 CPU 相连，简称 I/O 接口。I/O 接口分为总线接口和通信接口两类。

> 当需要外部设备或用户电路与 CPU 之间进行数据、信息交换以及控制操作时，应使用计算机总线把外部设备和用户电路连接起来，这时就需要使用总线接口。

> 当计算机系统与其他系统直接进行

数字通信时使用通信接口。

从上图所示的主板外观上看，常见的主板上的 I/O 接口至少应有以下几种：

▷ PS/2 接口：PS/2 接口分为 PS/2 键盘接口和 PS/2 鼠标接口，并且这两种接口完全相同。为了区分键盘接口和鼠标接口，PS/2 键盘接口采用蓝色显示，而 PS/2 鼠标接口则采用绿色显示。

▷ VGA 接口：VGA 接口是计算机连接显示器的最主要接口。

▷ USB 接口：通用串行总线(Universal Serial Bus, 简称 USB)是连接外部装置的一个串口总线标准，在计算机上使用广泛，几乎所有的计算机主板上都配置了 USB 接口。USB 接口标准的版本有 USB 1.0、USB 2.0 和 USB 3.0。

▷ 网卡接口：网卡接口通过网络控制器可以经网线连接至 LAN 网络。

▷ 音频信号接口：集成了声卡芯片的主板，其 I/O 接口上有音频信号接口。通过不同的音频信号接口，可以将计算机与不同的音频输入/输出设备相连(如耳机、麦克风等)。

实用技巧

有些主板还提供同轴 S/PDIF 接口、IEEE 1394 接口以及 Optical S/PDIF Out 光纤接口等其他接口。

2.1.3　主板的性能指标

主板是计算机硬件系统的平台，其性能直接影响到计算机的整体性能。因此，用户在选购主板时，除了应了解其技术信息和硬件结构以外，还必须充分掌握自己所选购主板的性能指标。

下面将分别介绍主板的几个主要性能指标：

▷ 支持 CPU 的类型与频率范围：CPU 插座类型的不同是区分主板类型的主要标志之一，尽管主板型号众多，但总的结构很类似，只是在诸如 CPU 插座等细节上有所不同。现在市面上主流的主板 CPU 插槽分 AM2、AM3 以及 LGA 775 等几类，它们分别与对应的 CPU 搭配。

▷ 对内存的支持：目前主流内存均采用 DDR3 技术，为了发挥内存的全部性能，主板同样需要支持 DDR3 内存。此外，内存插槽的数量可用来衡量一块主板以后升级的潜力。如果用户想要以后通过添加硬件升级计算机，则应选择至少有 4 个内存插槽的主板。

▷ 主板芯片组：主板芯片组是衡量主板性能的重要指标之一，它决定了主板所能支持的CPU种类、频率以及内存类型等。目前主板芯片组的主要生产厂商有Intel、AMD-ATI、VIA(威盛)以及nVIDIA。

▷ 对显卡的支持：目前主流显卡均采用 PCI-E接口，如果用户要使用两块显卡组成 SLI系统，则主板上至少需要两个PCI-E接口。

▷ 对硬盘与光驱的支持：目前主流硬盘与光驱均采用 SATA 接口，因此用户要购买的主板至少应有两个 SATA 接口，考虑到以后计算机的升级，推荐选购的主板应至少具有 4 到 6 个 SATA 接口。

▶ USB 接口的数量与传输标准：由于 USB 接口使用起来十分方便，因此越来越多的计算机硬件与外部设备都采用 USB 方式与计算机连接，如 USB 鼠标、USB 键盘、USB 打印机、U 盘、移动硬盘以及数码相机等。为了让计算机能同时连接更多的设备，发挥更多的功能，主板上的 USB 接口应越多越好。

▶ 超频保护功能：现在市面上的一些主板具有超频保护功能，可以有效地防止用户由于超频过度而烧毁 CPU 和主板，如 Intel 主板集成了 Overclocking Protection(超频保护)功能，只允许用户"适度"调整芯片运行频率。

2.1.4 主板的选购常识

用户在了解了主板的主要性能指标后，即可根据自己的需求选择一款合适的主板。下面将介绍在选购主板时，应注意的一些常识问题，为用户选购主板提供参考。

▶ 注意主板电池的情况：电池是为保持 CMOS 数据和时钟的运转而设的。"掉电"就是指电池没电，不能保持 CMOS 数据，关机后时钟也不走了。选购时，应观察电池是否生锈、漏液。

▶ 观察芯片的生产日期：计算机的速度不仅取决于 CPU 的速度，同时也取决于主板芯片组的性能。如果各芯片的生产日期相差较大，用户就要注意。

▶ 观察扩展槽插的质量：一般来说，方法是先仔细观察槽孔内弹簧片的位置形状，把卡插入槽中后拔出，观察此刻槽孔内弹簧片的位置与形状是否与原来相同。若有较大偏差，则说明该插槽的弹簧片弹性不好，质量较差。

▶ 查看主板上的 CPU 供电电路：在采用相同芯片组时判断一块主板的好坏，最好的方法就是看供电电路的设计。就 CPU 供电部分来说，采用两相供电设计会使供电部分时刻处于高负载状态，严重影响主板的稳定性与使用寿命。

> **知识点滴**
>
> 选购主板时用户应根据各自的经济条件和工作需要进行选购。此外，除以上质量鉴别方法外，还要注意主板的说明书及品牌，建议不要购买那些没有说明书或字迹不清无品牌标识的主板。

▶ 观察用料和制作工艺：通常主板的 PCB 板一般是 4-8 层的结构，优质主板一般都会采用 6 层以上的 PCB 板，6 层以上的 PCB 板具有良好的电气性能和抗电磁性。

2.2 选购 CPU

CPU 主要负责接收与处理外界的数据信息，然后将处理结果传送到正确的硬件设备。它是各种运算和控制的核心，本节将介绍在选购 CPU 时，用户应了解的相关知识。

2.2.1 CPU 简介

中央处理器(CPU，Central Processing Unit)是一块超大规模的集成电路，是一台计算机的运算核心和控制核心，主要包括运算器(ALU，Arithmetic and Logic Unit)和控制器(CU，Control Unit)两大部件。此外，还包括若干个寄存器和高速缓冲存储器以及实现它们之间联系的数据总线、控制总线及状态总线。CPU 与内部存储器和输入/输出设备合称为电子计算机的三大核心部件。

1. 常见类型

目前，市场上常见的 CPU 主要分为 Intel 品牌和 AMD 品牌两种。其中 Intel 品牌的 CPU 稳定性较好，AMD 品牌的 CPU 则有较高的性价比。从性能上对比，Intel CPU 与 AMD CPU 的区别如下：

➤ AMD 重视 3D 处理能力，AMD 同档次 CPU 的 3D 处理能力是 Intel 的 120%。AMD CPU 拥有超强的浮点运算能力，让使用 AMD CPU 的计算机在游戏方面性能突出。

➤ Intel 更重视的是视频的处理速度，Intel CPU 的优点是优秀的视频解码能力和办公能力，并且重视数学运算。在纯数学运算方面，Intel CPU 要比同档次的 AMD CPU 快 35%。并且相对 AMD CPU 来说，Intel CPU 更加稳定。

实用技巧

从价格上对比，AMD 由于设计原因，二级缓存较小，所以成本更低。因此，在市场货源充足的情况下，AMD CPU 的价格要比同档次的 Intel CPU 低 10%～20%。

2. 技术信息

随着 CPU 技术的发展，其主流技术不断更新，用户在选购一款 CPU 之前，应首先了解当前市场上各主流型号 CPU 的相关技术信息，并结合自己所选的主板型号做出最终的选择。

➤ 双核处理器：双核处理器标志着计算机技术的一次重大飞跃。双核处理器是指在一个处理器上集成两个运算核心，从而提高了计算能力。

➤ 四核处理器：四核处理器即基于单个半导体的一个处理器上拥有 4 个一样功能的处理器核心。换句话说，将 4 个物理处理器核心整合入一个核中。四核 CPU 实际上是将两个 Conroe 双核处理器封装在一起。

➤ 六核处理器：Core i7 980X 是第一款六核 CPU，基于 Intel 最新的 Westmere 架构，采用领先业界的 32nm 制作工艺，拥有 3.33GHz 主频、12MB 三级缓存，并继承了 Core i7 900 系列的全部特性。

➤ 八核处理器：八核处理器针对四插槽 (four-socket) 服务器。每个物理核心均可同时运行两个线程，使得服务器上可提供 64 个虚拟处理核心。

2.2.2 CPU 的性能指标

CPU 的制作技术不断飞速发展，其性能的好坏已经不能简单地以频率来判断，还需要综合缓存、总线、接口、指令集和制造工艺等指标参数。下面将分别介绍这些性能指标的含义：

➤ 主频：主频即 CPU 内部核心工作的时钟频率 (CPU Clock Speed)，单位一般是

GHz。同类 CPU 的主频越高,一个时钟周期里完成的指令数也越多,CPU 的运算速度也就越快。但是由于不同种类的 CPU 内部结构不同,往往不能直接通过主频来比较,而且高主频 CPU 的实际表现性能还与外频、缓存大小等有关。带有特殊指令的 CPU,相对一定程度地依赖软件的优化程度。

▶ 外频:外频指的是 CPU 的外部时钟频率,也就是 CPU 与主板之间同步运行的速度。目前,绝大部分计算机系统中外频也是内存与主板之间的同步运行的速度,在这种方式下,可以理解为 CPU 的外频直接与内存相连通,实现两者间的同步运行状态。

▶ 扩展总线速度:扩展总线速度(Expansion Bus Speed)指的就是安装在微机系统上的局部总线,比如 VESA 或 PCI 总线。打开计算机的时候会看见一些插槽般的东西,这些就是扩展槽,而扩展总线就是 CPU 联系这些外部设备的桥梁。

▶ 倍频:倍频为 CPU 主频与外频之比。CPU 主频与外频的关系是:CPU 主频=外频×倍频数。

▶ 接口类型:随着 CPU 制造工艺的不断进步,CPU 的架构发生了很大的变化,相应的 CPU 针脚类型也发生了变化。目前 Intel 四核 CPU 多采用 LGA 775 接口或 LGA 1366 接口;AMD 四核 CPU 多采用 Socket AM2+ 接口或 Socket AM3 接口。

▶ 总线频率:前端总线(FSB)是将 CPU 连接到北桥芯片的总线。前端总线(FSB)频率(即总线频率)直接影响 CPU 与内存的数据交换速度。有一条公式可以计算,即数据带宽=(总线频率×数据位宽)/8,数据传输最大带宽取决于所有同时传输的数据的宽度和传输频率。例如,支持 64 位的至强 Nocona,前端总线是 800MHz,按照公式,它的数据传输最大带宽是 6.4GB/秒。

▶ 缓存:缓存大小也是 CPU 的重要指标之一,而且缓存的结构和大小对 CPU 速度的影响非常大。CPU 内缓存的运行频率极高,一般是和处理器同频运作,其工作效率远远大于系统内存和硬盘。缓存分为一级缓存(L1 CACHE)、二级缓存(L2 CACHE)和三级缓存(L3 CACHE)。

▶ 制造工艺:制造工艺一般用来衡量组成芯片电子线路或元件的细致程度,通常以 μm(微米)和 nm(纳米)为单位。制造工艺越精细,CPU 线路和元件就越小,在相同尺寸芯片上就可以增加更多的元器件。这也是 CPU 内部器件不断增加、功能不断增强而体积变化却不大的重要原因。

▶ 工作电压:工作电压是指 CPU 正常工作时需要的电压。低电压能够解决 CPU 耗电过多和发热量过大的问题,让 CPU 能够更加稳定地运行,同时也能延长 CPU 的使用寿命。

知识点滴

一级缓存都内置在 CPU 内部并与 CPU 同速运行,可以有效提高 CPU 的运行效率。一级缓存越大,CPU 的运行效率越高,但受到 CPU 内部结构的限制,一级缓存的容量都很小。二级缓存(L2 CACHE)比一级缓存速度更慢,容量更大,主要在一级缓存和内存之间数据临时交换的地方用。三级缓存(L3 CACHE)是为读取二级缓存后未命中的数据设计的一种缓存,在拥有三级缓存的 CPU 中,只有约 5% 的数据需要从内存中调用,这进一步提高了 CPU 的效率。

2.2.3 CPU 的选购常识

用户在选购 CPU 的过程中,应了解以下 CPU 选购常识:

▶ 了解计算机市场上大多数商家有关盒装 CPU 的报价,如果发现个别商家的报价比其他商家的报价低很多,而这些商家又不是 Intel 公司直销点的话,那么最好不要贪图便宜而导致上当受骗。

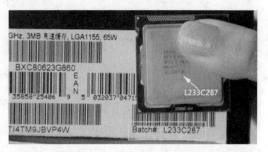

号、包装盒上的序列号、风扇上的序列号，都与 Intel 公司数据库中的记录一样，则为正品 CPU。

▶ 对于正宗盒装 CPU 而言，其塑料封装纸上的标志水印字迹应是工工整整的，而不应是横着的、斜着的或倒着的(除非在封装时由于操作原因而将塑料封纸上的字扯成弧形)，并且正反两面的字体差不多都是这种形式。假冒盒装产品往往是正面字体比较工整，而反面字体歪斜。

▶ Intel CPU 上都有一串很长的编码。拨打 Intel 的查询热线 8008201100，并把编码告诉 Intel 的技术服务人员，技术服务人员会在计算机中查询该编码。若 CPU 上的序列

▶ 用户可以运行某些特定的检测程序来检测 CPU 是否已经被作假(超频)。Intel 公司推出了一款名为"处理器标识实用程序"的 CPU 测试软件。这个软件包括 CPU 频率测试、CPU 所支持技术测试以及 CPU ID 数据测试三部分功能。

2.3　选购内存

内存是计算机的记忆中心，作用是存储当前计算机运行的程序和数据。内存容量的大小是衡量计算机性能高低的指标之一，并且内存质量的好坏也对计算机的稳定运行起着非常重要的作用。本节将详细介绍选购内存的相关知识。

2.3.1　内存简介

内存又称为主存，是 CPU 能够直接寻址的存储空间，由半导体器件制成，最大的特点是存取速率快。内存是计算机中的主要部件，它是相对于外存而言的。用户在日常工

作中利用计算机处理的程序(如 Windows 操作系统、打字软件、游戏软件等)，一般都是安装在硬盘等计算机外存上的。但外存中的程序，计算机是无法使用其功能的，必须把程序调入内存中运行，才能真正使用其功能。用户在利用计算机输入一段文字(或玩一

个游戏)时,都需要在内存中运行一段相应的程序。

1. 常见类型

目前,市场上常见的内存,根据其芯片类型划分,可以分为 SDRAM、DDR、DDR2、DDR3 和 DDR4 等几种类型,各自特点如下:

➤ SDRAM：SDRAM(Synchronous DRAM,同步动态随机存储器)曾经是长时间使用的主流内存,从430TX芯片组到845芯片组都支持SDRAM。但随着DDR SDRAM的普及,SDRAM已逐渐退出主流内存市场。

➤ DDR：DDR是目前的主流内存规范,全称是DDR SDRAM(Double Date Rate SDRAM,双倍速率SDRAM)。目前,DDR内存运行的频率主要有100MHz、133MHz、166MHz这3种。由于DDR内存具有双倍速率传输数据的特性,因此在DDR内存的标识上采用了工作频率×2的方法,也就是DDR200、DDR266、DDR333和DDR400。

➤ DDR2：DDR2(Double Data Rate 2) SDRAM 是由 JEDEC(电子设备工程联合委员会)进行开发的新生代内存技术标准,它与上一代DDR 内存技术标准最大的不同就是,虽然同是采用了在时钟的上升/下降沿同时进行数据传输的基本方式,但DDR2 内存却拥有两倍于上一代 DDR 内存的预读取能力(即 4bit 数据读预取)。换句话说,DDR2 内存每个时钟能够以 4 倍于外部总线的速度读/写数据,并且能够以相当于内部控制总线 4 倍的速度运行。

➤ DDR3：DDR3 SDRAM为了更省电、传输效率更快,使用了SSTL 15 的I/O接口,运作I/O电压是 1.5V,采用CSP、FBGA封装方式包装。除了延续DDR2 SDRAM的ODT、OCD、Posted CAS、AL控制方式外,另外新增了更为精进的CWD、Reset、ZQ、SRT、RASR功能。DDR3 内存是DDR2 SDRAM的后继承品,也是目前市场上流行的主流内存。

➤ DDR4：DDR4内存将会拥有两种规格。其中使用 Single-ended Signaling 信号的 DDR4 内存,传输速率已经被确认为 1.6Gbps～3.2Gbps;而基于差分信号技术的 DDR4内存,传输速率则可以达到6.4Gbps。由于通过一个 DRAM 实现两种接口基本上是不可能的,因此 DDR4内存将会同时存在基于传统 SE 信号和差分信号的两种规格产品。

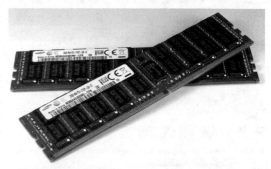

> 💡 **知识点滴**
>
> DDR4 内存的标准规范已经基本制定完成,三星、海力士等也早都陆续完成了样品,但因为 DDR3 正处于如日中天的壮年期,DDR4 并不会急匆匆地到来。

2. 技术信息

内存的主流技术随着计算机技术的发展而不断发展,与主板与 CPU 一样,新的技术不断出现。因此，用户在选购内存时，应充分了解当前的主流内存技术信息。

▷ 双通道内存技术：双通道内存技术其实是一种内存控制和管理技术，依赖于芯片组的内存控制器发生作用，在理论上能够使两条同等规格内存所提供的带宽增长一倍。双通道内存主要是依靠主板北桥的控制技术，与内存本身无关。目前支持双通道内存技术的主板有 Intel 的 i865 和 i875 系列，SIS 的 SIS655、658 系列，NVIDIAD 的 nFORCE2 系列等。

▷ 内存的封装技术：内存的封装技术是将内存芯片包裹起来，以避免芯片与外界接触，防止外界对芯片产生损害的一种技术(空气中的杂质和不良气体，乃至水蒸气都会腐蚀芯片上的精密电路，进而造成电学性能下降)。目前，常见的内存封装类型有 DIP 封装、TSOP 封装、CSP 封装、BGR 封装等。

💡 知识点滴

目前，市场上的主流内存品牌有"现代"、KingMAX、Winward、金邦、Kingston、三星、幻影金条等，用户通过这些主流内存品牌商发布的各种新产品信息，进一步了解各种内存技术信息。

2.3.2 内存的硬件结构

内存主要由内存芯片、金手指、金手指缺口、SPD 芯片和内存电路板等几个部分组成。从外观上看，内存是一块长条形的电路板。

▷ 内存芯片：内存的芯片颗粒就是内存的核心，内存的性能、速度、容量都与内存芯片密切相关。市场上有许多种类的内存，但内存颗粒的型号并不多，常见的有 HY(现代)、三星和英飞凌等。三星内存芯片以出色的稳定性和兼容性知名；HY 内存芯片多为低端产品采用；英飞凌内存芯片在超频方面表现出色。

▷ PCB 板：以绝缘材料为基板加工成一定尺寸的板，为内存的各电子元器件提供固定、装配时的机械支撑，可实现电子元器件之间的电气连接或绝缘。

▷ 金手指：指内存与主板内存槽接触部分的一根根黄色接触点，用于传输数据。金手指是铜质导线，使用时间一长就可能有氧化的现象，进而影响内存的正常工作，容易发生无法开机的故障，所以可以每隔一年左右时间用橡皮擦清理一下金手指上的氧化物。

▷ 内存固定卡口：内存插到主板上后，主板上的内存插槽会有两个夹子牢固地扣住内存两端，这个卡口便是用于固定内存的。

▷ 金手指缺口：内存金手指上的缺口用来防止将内存插反，只有正确安装，才能将内存插入主板的内存插槽中。

💡 知识点滴

内存 PCB 电路板的作用是连接内存芯片引脚与主板信号线，因此其做工好坏直接关系着系统稳定性。目前主流内存 PCB 电路板的层数一般是 6 层，这类电路板具有良好的电气性能，可以有效屏蔽信号干扰。

2.3.3 内存的性能指标

内存的性能指标是反映内存优劣的重要参数，主要包括内存容量、时钟频率、存取时间、延迟时间、奇偶校验、ECC 校验、数据位宽和内存带宽等。

▷ 容量：内存最主要的一个性能指标就是内存的容量，普通用户在购买内存时往往也最关注该性能指标。目前市场上主流内存的容量为 2GB、4GB、8GB。

▷ 频率：内存主频和 CPU 主频一样，习惯上被用来表示内存的速度，代表着内存所能达到的最高工作频率。内存主频是以 MHz(兆赫)为单位计量的。内存主频越高，在一定程度上代表着内存所能达到的速度越快。内存主频决定着该内存最高能在什么样的频率下正常工作。目前市场上常见的DDR2 内存的频率为 667MHz 和 800MHz，DDR3 内存的频率为 1066 MHz、1333MHz 和 2000MHz。

▶ 工作电压：内存的工作电压是指使内存在稳定条件下工作所需的电压。内存正常工作所需的电压值，对于不同类型的内存会有所不同，但各自均有自己的规格，超出其规格，容易造成内存损坏。内存的工作电压越低，功耗越小，目前一些 DDR3 内存的工作电压已经降到 1.5V。

▶ 存取时间：存取时间(AC)指的是 CPU 读或写内存中资料的过程时间，也称总线循环(bus cycle)。以读取为例，CPU 发出指令给内存时，便会要求内存取用特定地址的特定资料，内存响应 CPU 后便会将 CPU 所需的数据传送给 CPU，一直到 CPU 收到数据为止，这就是读取的过程。内存的存取时间越短，速度越快。

▶ 延迟时间：延迟时间(CL)是指纵向地址脉冲的反应时间。它是在一定频率下衡量支持不同规范的内存的重要标志之一。延迟时间越短，内存性能越好。

▶ 数据位宽和内存带宽：数据位宽指的是内存在一个时钟周期内可以传送的数据长度，单位为 bit。内存带宽则指的是内存的数据传输率。

2.3.4 内存的选购常识

选购性价比较高的内存对于计算机的性能起着至关重要的作用。用户在选购内存时，应了解以下几个选购常识：

▶ 检查SPD芯片：SPD可谓内存的"身份证"，它能帮助主板快速确定内存的基本情况。在现今高外频的时代，SPD的作用更大，兼容性差的内存大多是没有SPD或者SPD信息不真实的产品。另外，有一种内存虽然有SPD，但其使用的是报废的SPD，所以用户

可以看到这类内存的SPD根本没有与线路连接，只是被孤零零地焊在PCB板上做样子。建议不要购买这类内存。

▶ 检查 PCB 板：PCB 板的质量也是一个很重要的决定因素，决定 PCB 板好坏的有好几个因素，例如板材。一般情况下，如果内存使用 4 层板，这种内存在工作过程中由于信号干扰所产生的杂波就会很大，有时会产生不稳定的现象，而使用 6 层板设计的内存，相应的干扰就会小得多。

▶ 检查内存金手指：内存金手指部分应较光亮，没有发白或发黑的现象。如果内存的金手指存在色斑或氧化现象的话，这条内存肯定有问题，建议不要购买。

2.4　选购显卡

　　显卡是主机与显示器之间连接的"桥梁"，作用是控制计算机的图形输出，负责将 CPU 送来的影像数据处理成显示器可以识别的格式，再送到显示器形成图像。本节将详细介绍选购显卡的相关知识。

2.4.1　显卡简介

　　显卡是计算机中处理和显示数据、图像信息的专门设备，是连接显示器和计算机主机的重要部件。显卡包括集成显卡和独立显卡，集成显卡是集成在主板上的显示元件，依靠主板和 CPU 进行工作，而独立显卡拥有独立处理图形的处理芯片和存储芯片，可以不依赖 CPU 工作。

1. 常见类型

　　显卡的发展速度极快，从 1981 年单色显卡的出现到现在各种图形加速卡的广泛应用，类别多种多样，所采用的技术也各不相同。一般情况下，可以按照显卡的构成形式和接口类型，将其划分为以下几种类型：

　　▶ 按照显卡的构成形式划分：按照显卡的构成形式的不同，可以将显卡分为独立显卡和集成显卡两种类型。独立显卡指的是以独立板卡形式出现的显卡，集成显卡则指的是主板在整合显卡芯片后，由主板承载的显卡(如右上图所示)，其又被称为板载显卡。

　　▶ 按照显卡的接口类型划分：按照显卡的接口类型可以将显卡划分为 AGP 接口显卡和 PCI-E 接口显卡两种。其中 PCI-E 接口显卡为目前的主流显卡(如下图所示)，AGP 接口的显卡已逐渐在市场中被淘汰。

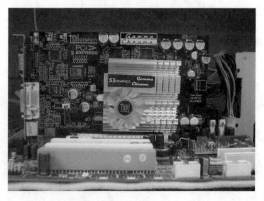

2. 性能指标

衡量显卡的好坏有很多方法，除了使用测试软件测试比较外，还有很多性能指标可以供用户参考，具体如下：

> 显示芯片的类型：显卡所支持的各种 3D 特效由显示芯片的性能决定，显示芯片也就相当于 CPU 在计算机中的作用，一块显卡采用何种显示芯片大致决定了这块显卡的档次和基本性能。目前主流显卡的显示芯片主要由 nVIDIA 和 ATI 两大厂商制造。

> 显存容量：显存容量指的就是显卡上显存的容量。现在主流显卡基本上具备的是 512MB 容量，一些中高端显卡配备了 1GB 的显存容量。显存与系统内存一样，其容量也是越大越好，因为显存越大，可以存储的图像数据就越多，支持的分辨率与颜色数也就越高，游戏运行起来就越流畅。

> 显存速度：显存速度以 ns(纳秒)为计算单位，现在常见的显存多在 1ns 左右，数字越小说明显存的速度越快。

> 显存频率：常见显卡的显存类型多为 DDR3，不过已经有不少显卡品牌推出 DDR5 类型的显卡(与 DDR3 相比，DDR5 显卡拥有更高的频率，性能也更强大)。

2.4.2 显卡的选购常识

显卡产品类似于 CPU，其高中低端产品一应俱全。在选购显卡时，首先应该根据计算机的主要用途确定显卡的价位，然后结合显示芯片、显存、做工和用料等因素进行综合选择。

> 按需选购：对用户而言，最重要的是针对自己的实际预算和具体应用来决定购买何种显卡。用户一旦确定自己的具体需求，购买的时候就可以轻松做出正确的选择。一般来说，按需选购是配置计算机配件的一条基本法则，显卡也不例外。因此，在决定购买之前，一定要了解自己购买显卡的主要目的。高性能的显卡往往对应的是高价格，而

且显卡也是配件中更新比较快的产品，所以在价格与性能两者之间寻找一个适于自己的平衡点才是显卡选购的关键所在。

> 查看显卡的字迹说明：质量好的显卡，其显存上的字迹即使已经磨损，但仍然可以看到刻痕。在购买显卡时可以用橡皮擦擦拭显存上的字迹，看看字体擦过之后是否存在刻痕。

> 观察显卡的外观：显卡采用 PCB 板的制造工艺及各种线路的分布。一款好的显卡用料足，焊点饱满，做工精细，其 PCB 板、线路、各种元件的分布比较规范。

> 软件测试：通过测试软件，可以大大降低购买到伪劣显卡的风险。通过安装正版的显卡驱动程序，然后观察显卡实际的数值是否和显卡标称的数值一致，如不一致就表示此显卡为伪劣产品。另外，通过一些专门的检测软件检测显卡的稳定性，劣质显卡显示的画面就有很大的停顿感，甚至造成死机。

> 不盲目追求显存大小：大容量显存对高分辨率、高画质游戏是十分重要的，但并不是显存容量越大越好，一块低端的显示芯片配备 1GB 的显存容量，除了大幅度提升显卡价格外，显卡的性能提升并不显著。

> 显卡所属系列：显卡所属系列直接关系显卡的性能，如 NVIDIA Geforce 系列、ATI 的 X 与 HD 系列等。系列越新，功能越强大，支持的特效也更多。

▶ 优质风扇与热管：显卡性能的提高，使得其发热量也越来越大，所以选购一块带优质风扇与热管的显卡十分重要。显卡散热能力的好坏直接影响到显卡工作的稳定性与超频性能的高低。

▶ 查看主芯片防假冒：在主芯片方面，有的杂牌利用其他公司的产品及同公司低档次芯片来冒充高档次芯片。这种方法比较隐蔽，较难分别，只有查看主芯片有无打磨痕迹，才能区分。

2.5 选购硬盘

硬盘是计算机的主要存储设备，是存储计算机数据资料的仓库。此外，硬盘的性能也影响到计算机整机的性能，关系到计算机处理硬盘数据的速度与稳定性。本节将详细介绍选购硬盘时应注意的相关知识。

2.5.1 硬盘简介

硬盘(Hard Disk Drive，简称 HDD)是计算机上使用坚硬的旋转盘片为基础的非易失性存储设备。

硬盘在平整的磁性表面存储和检索数字数据。信息通过离磁性表面很近的写头，由电磁流来改变极性方式被电磁流写到磁盘上。信息可以通过相反的方式回读，例如磁场导致线圈中电气的改变或读头经过它的上方。早期的硬盘存储媒介是可替换的，不过现在市场上常见的硬盘是固定的存储媒介，被封在硬盘里(除了一个过滤孔，用来平衡空气压力)。

▶ SATA 接口：使用 SATA(Serial ATA)接口的硬盘又称为串口硬盘，是目前计算机硬盘的发展趋势。

1. 常见类型

硬盘，根据其数据接口类型的不同可以分为 IDE 接口、SATA 接口、SATA 2 接口、SCSI 接口、光纤通道和 SAS 接口等几种，各自的特点如下：

▶ IDE(ATA)接口：IDE(Integrated Drive Electronics，电子集成驱动器)，俗称 PATA 并口。

➢ SATA 2接口：SATA 2是芯片生产商Intel与硬盘生产商Seagate(希捷)在SATA的基础上发展起来的，其主要特征是外部传输率从SATA的150MB/s进一步提高到了300MB/s，此外还包括NCQ(Native Command Queuing，原生命令队列)、端口多路器(Port Multiplier)、交错启动(Staggered Spin-up)等一系列技术特征。

➢ SCSI 接口：SCSI 是同 IDE(ATA)与SATA 完全不同的接口，IDE 接口与 SATA 接口是普通计算机的标准接口，而 SCSI 并不是专门为硬盘设计的接口，它是一种广泛应用于小型机上的高速数据传输技术。

➢ 光纤通道：光纤通道(Fibre Channel)和 SCIS 接口一样，光纤通道最初也不是为硬盘设计开发的接口技术，是专门为网络系统设计的，但随着存储系统对速度的需求，才逐渐应用到硬盘系统中。光纤通道是为提高多硬盘存储系统的速度和灵活性才开发的，它的出现大大提高了多硬盘系统的通信速度。

➢ SAS 接口：它是新一代的 SCSI 技术，和 SATA 硬盘相同，都是采取串行式技术以获得更高的传输速度，可达到 6Gb/s。

🔍 知识点滴

目前，市场上主流的硬盘普遍采用 SATA 接口，常见硬盘的容量大都在 320GB、500GB、1TB 或 2TB 之间。

2. 性能指标

硬盘作为计算机最主要的外部存储设备，其性能也直接影响着计算机的整体性能。判断硬盘性能的主要标准有以下几个：

➢ 容量：容量是硬盘最基本、也是用户最关心的性能指标之一，硬盘容量越大，能存储的数据也就越多，对于现在动辄上 GB 安装大小的软件而言，选购一块大容量的硬盘是非常有必要的。目前市场上主流硬盘的容量大于 500GB，并且随着更大容量硬盘价格的降低，TB 硬盘也开始被普通用户接受(1TB=1024 GB)。

➢ 主轴转速：硬盘的主轴转速是决定硬盘内部数据传输率的决定因素之一，它在很大程度上决定了硬盘的速度，同时也是区别硬盘档次的重要标志。目前主流硬盘的主轴转速为 7200rpm，建议用户不要购买更低转速的硬盘，如 5400rpm，否则该硬盘将成为整个计算机系统性能的瓶颈。

➢ 平均延迟(潜伏时间)：平均延迟是指当磁头移动到数据所在的磁道后，然后等待所要的数据块继续转动(半圈或多些、少些)到磁头下的时间。平均延迟越小，代表硬盘读取数据的等待时间越短，相当于具有更高的硬盘数据传输率。7200rpm IDE 硬盘的平均延迟为 4.17ms。

➢ 单碟容量：单碟容量(storage per disk)是硬盘相当重要的参数之一，一定程度上决定着硬盘的档次高低。硬盘是由多个存储碟片组合而成的，而单碟容量就是磁盘存储碟片所能存储的最大数据量。目前单碟容量已经达到 3TB，这项技术不仅可以带来硬盘总容量的提升，还能在一定程度上节省产品成本。

➢ 外部数据传输率：外部数据传输率也称突发数据传输率，是指从硬盘缓冲区读取数据的速率。在广告或硬盘特性表中常以数据接口速率代替，单位为 MB/s。目前主流的硬盘已经全部采用 UDMA/100 技术，外部数据传输率可达 100MB/s。

> 最大内部数据传输度：最大内部数据传输率(internal data transfer rate)又称持续数据传输率(sustained transfer rate)，单位为 MB/s。它指磁头与硬盘缓存间的最大数据传输率，取决于硬盘的盘片转速和盘片数据线密度(指同一磁道上的数据间隔度)。

> 连续无故障时间(MTBF)：连续无故障时间是指硬盘从开始运行到出现故障的最长时间，单位是小时(h)。一般的硬盘 MTBF 至少在 30000 小时以上。这项指标在一般的产品广告或常见的技术特性表中并不提供，需要时可专门上网到具体生产该款硬盘的公司网站上查询。

> 硬盘表面温度：该指标表示在硬盘工作时查杀的温度使硬盘密封壳温度上升的情况。

2.5.2　硬盘的外部结构

硬盘由一个或多个铝制或玻璃制的碟片组成。这些碟片外覆盖有铁磁性材料。绝大多数硬盘都是固定硬盘，被永久性地密封固定在硬盘驱动器中。从外部看，硬盘的外部结构包括表面和后侧两部分，各自的结构特征如下：

> 硬盘表面是硬盘编号标签，上面记录着硬盘的序列号、型号等信息，反面裸露着硬盘的电路板，上面分布着硬盘背面的焊接点。

硬盘后侧则是电源、跳线和数据线的接口面板，目前主流的硬盘接口均为 SATA 接口。

2.5.3　主流硬盘的品牌

目前，市场上主要的生产厂商有希捷、西部数据、三星、日立以及迈拓等。希捷内置式3.5英寸和2.5英寸硬盘可享有5年的质保，其余品牌的盒装硬盘一般是提供3年售后服务(一年包换，两年保修)，散装硬盘则为一年。

1. 希捷(Seagate)

希捷硬盘是市场上占有率最大的硬盘，以其"物美价廉"的特性在消费者中有很好的口碑。市场上常见的希捷硬盘有如下几种：

> 希捷 Barracuda 1TB 7200 转 64MB 单碟。

> 希捷Barracuda 500GB 7200转16MB SATA3(ST500DM002)。

> 希捷 Barracuda 2TB 7200 转 64MB SATA3(ST500DM001)。

2. 西部数据(Western Digtal)

西部数据硬盘凭借着大缓存的优势，在硬盘市场中有着不错的性能表现。市场上常见的西部数据硬盘：WD 500GB 7200转 16MB SATA3 蓝盘(WD5000AAKX)、WD1TB 7200转64MB SATA3(WD10EARX)、WD鱼子酱KS 640GB 7200转16MB SATA2(WD6400 AAKS)。

3. 三星(Samsung)

三星硬盘目前在国内主要由HEDY七喜计算机代言，七喜代理的三星硬盘均为盒装。其中三星"黑匣子"硬盘的出现，使三星硬盘在数据安全、稳定性、噪音控制等方面取得了突破性的进展，在噪音和温度等方面有着业界最先进的技术和独特的卖点。

4. 迈拓(Maxtor)

希捷虽然已经受够了迈拓，但是依旧保留了迈拓品牌的硬盘产品，在国内主要由讯宜和建达蓝德代理。常见的迈拓硬盘有转速5400转/分的低端星钻系列和中端7200转/分的金钻系列。

5. 日立(HITACHI)

日立环球存储科技公司创立于2003年，它是基于IBM和日立就存储科技业务进行战略性整合而创建的。市场上常见的日立硬盘有：日立P7K500 500GB 7200转 16MB SATA2(HDS72 100CLA362)、日立 5K1000 1TB 5400转 8MB SATA3(HTS541010A9E 680)等。

2.5.4 硬盘的选购常识

在介绍了硬盘的一些相关知识后，下面将介绍选购硬盘的一些技巧，帮助用户选购一块适合的硬盘。

➤ 选择尽可能大的容量：硬盘的容量是非常关键的，大多数被淘汰的硬盘都是因为容量不足，不能适应日益增长的数据存储需求。硬盘的容量再大也不为过，容量越大，硬盘上每兆存储介质的成本越低。

> 稳定性：硬盘的容量变大了，转速加快了，稳定性问题越来越明显，所以在选购硬盘之前要多参考一些测试数据，对不太稳定的硬盘还是不要选购。而在硬盘的数据和震动保护方面，各个公司都有一些相关的技术给予支持，常见的保护措施有希捷的DST(Drive Self Test)、西部数据的 Data Life guard 等。

> 缓存：大缓存的硬盘在存取零碎数据

时具有非常大的优势，将一些零碎的数据暂存在缓存中，既可以减小系统的负荷，又能提高硬盘数据的传输速度。

> 注意观察硬盘配件与防伪标识：用户在购买硬盘时应注意不要购买水货，水货硬盘与行货硬盘最大的直观区别就是有无包装盒。此外，还可以通过国内代理商的包修标贴和硬盘顶部的防伪标识来确认。

2.6 选购光驱

光驱的主要作用是读取光盘中的数据，而刻录光驱还可以将数据刻录至光盘中保存。目前由于主流 DVD 刻录光驱的价格普遍已不到 200 元，与普通 DVD 光驱相比在价格上已经没有太大差别，因此越来越多的用户在装机时首选 DVD 刻录光驱。

2.6.1 光驱简介

光驱也称为光盘驱动器，是一种读取光盘信息的设备。

光盘存储容量大、价格便宜、保存时间长并且适宜保存大量的数据，如声音、图像、动画、视频信息、电影等多媒体信息，所以光驱是计算机不可缺少的硬件配置。

1. 常见类型

光驱按其所能读取的光盘类型分为 CD 光驱和 DVD 光驱两大类。

> CD 光驱：CD 光驱只能读取 CD/VCD 光盘，而不能读取 DVD 光盘。

> DVD 光驱：DVD 光驱既可以读取 DVD 光盘，也可以读取 CD/VCD 光盘。

光驱按读写方式又可分为只读光驱和可读写光驱。

> 只读光驱：只有读取光盘上数据的功能，而没有将数据写入光盘的功能。

> 可读写光驱：又称为刻录机，既可以读取光盘上的数据，也可以将数据写入光盘(这张光盘应该是一张可写入光盘)。

光驱按接口方式不同分为ATA/ATAPI接口光驱、SCSI接口光驱、SATA接口光驱、USB接口光驱、IEEE 1394接口光驱等。

> ATA/ATAPI 接口光驱：ATA/ATAPI接口也称为 IDE 接口，它和 SCSI 与 SATA 接口常作为内置式光驱所采用的接口。

➤ SCSI 接口光驱：SCSI 接口光驱因需要专用的 SCSI 卡与它相配套使用，所以一般计算机都采用 IDE 接口或 SATA 接口。

➤ SATA 接口光驱：SATA 接口光驱通过 SATA 数据线与主板相连，是目前常见的内置光驱类型。

➤ USB 接口、IEEE 1394 接口和并行接口光驱：USB 接口(如下图所示)、IEEE 1394 接口和并行接口光驱一般为外置光驱，其中并行接口光驱因数据传输率慢，已淘汰。

2. 技术信息

为了能赢取更多用户的青睐，光驱厂商们推出了一系列的个性化与安全性新技术，让 DVD 刻录光驱拥有更强大的功能。

➤ 光雕技术：光雕技术是一项用于直接刻印碟片表面的技术，通过支持光雕技术的刻录光驱和配套软件，可以在光雕专用光盘的标签面上刻出高品质的图案和文字，实现光盘的个性化设计、制作、刻录。

➤ 第 3 代蓝光刻录技术：蓝光(Blue-Ray)是由索尼、松下、日立、先锋、夏普、LG 电子、三星等电子巨头共同推出的新一代

DVD 光盘标准。目前第 3 代蓝光刻录光驱已经面世，拥有 8 倍速大容量高速刻录，支持 25GB、50GB 蓝光格式光盘的刻录和读取，以及最新的 BD-R LTH 蓝光格式。

➤ 24X 刻录技术：目前主流内置 DVD 刻录光驱的速度为 20X 与 22X。不过 DVD 刻录的速度一直是各大光驱厂商竞争的指标之一。目前最快的刻录速度已经达到 24X，刻满一张 DVD 光盘仅需要不到 4 分钟的时间。

2.6.2 光驱性能指标

光驱的各项指标是判断光驱性能的标准，这些指标包括：光驱的数据传输率、平均寻道时间、数据传输模式、缓存容量、接口类型等。下面将介绍这些指标的作用：

➤ 数据传输率：数据传输率是光驱最基本的性能指标参数，表示光驱每秒能读取的最大数据量。数据传输率又可详细分为读取速度与刻录速度。目前主流 DVD 光驱的读取速度为 16X，DVD 刻录光驱的刻录速度为 20X 与 22X。

➤ 平均寻道时间：平均寻道时间又称平均访问时间，是指光驱的激光头从初始位置移到指定数据扇区，并把该扇区上的第一块数据读入高速缓存所用的时间。平均寻道时间越短，光驱性能越好。

➤ CPU 占用时间：是指光驱在维持一定的转速和数据传输速率时占用 CPU 的时间。该指标是衡量光驱性能的一个重要指标，CPU 的占用率可以反映光驱的 BIOS 编写能力。CPU 占用率越少，光驱就越好。

➤ 数据传输模式：光驱的数据传输模式主要有早期的 PIO 和现在的 UDMA。对于 UDMA 模式，可以通过 Windows 中的设备管理器打开 DMA，以提高光驱性能。

➤ 缓存容量：缓存的作用是提供数据的缓冲区域，将读取的数据暂时保存，然后一

次性进行传输和转换。对于光盘驱动器来说，缓存越大，光驱连续读取数据的性能越好。目前 DVD 刻录光驱的缓存多为 2MB。

▶ 接口类型：目前市场上光驱的主要接口类型有 IDE 与 SATA 两种。此外，为了满足一些用户的特殊需要，市面上还有 SCSI、USB 等接口类型的光驱出售。

▶ 纠错能力：光驱的纠错能力指的是光驱读取质量不好或表面存在缺陷的光盘时的纠错能力。纠错能力强的光驱，读取光盘的能力就强。

2.6.3　光驱的选购常识

面对众多的光驱品牌，想要从中挑选出高品质的产品不是一件容易的事。本节将介绍选购光驱时一些需要注意的事项，作为准备装机的用户的参考。

▶ 不过度关注光驱的外观：一款光驱的外观跟光驱的实际使用没有太多直接的关系。一款前置面板不好看的光驱，并不代表它的性能和功能不行，或是代表它不好用。如果用户跟着厂商的引导去走，将选购光驱

的重点放在面板上，而忽略关注产品的性能、功能和口碑，则可能会购买到不合适的光驱。

▶ 不必过度追求速度和功能：过高的刻录速度，会提升光驱刻盘的失败几率。对于普通用户来说，刻盘的成功率是很重要的，毕竟一张质量尚可的 DVD 光盘的价格都在两元左右，因此不用太在意光驱的刻录速度，毕竟现在主流的刻录光驱速度都在 20X 以上，完全能满足需要。

▶ 注重 DVD 刻录机的兼容性：很多用户在关注光驱的价格、功能、配置和外观的同时，却忽略了一个相当重要的因素，那就是光驱对光盘的兼容性问题。事实上，有很多用户都以为买了光驱和光盘，拿回去就可以正常使用，不会有什么问题出现。但是，在实际使用中，却会发生一些光盘不能够被光驱读取、刻录，甚至是刻录失败等情况。以上这些情况，其实都可以归纳成光驱对光盘的兼容性不是太好。为了能更好地读取与刻录光盘，重视光驱的兼容性是十分必要的。

2.7　选购电源

在选择计算机时，往往只注重显卡、CPU、主板、显示器、声卡等产品，但常常忽视了电源的重要作用，一块强劲的 CPU 能使计算机飞速狂奔，一块高档显卡能使计算机显示出五光十色的 3D 效果，一块高音效的声卡更能让计算机播放出美妙的音乐，在享受这一切的同时，都是需要电源默默工作的。熟悉计算机的用户都知道，电源的好与坏直接关系着系统的稳定与硬件的使用寿命。尤其是在硬件升级换代的今天，虽然工艺上的改进可以降低 CPU 的功率，但是同时高速硬盘、高档显卡、高档声卡层出不穷，使相当一部分电源不堪重负。

2.7.1　电源简介

ATX 电源是为计算机供电的设备，作用是把 220V 的交流电压转换成计算机内部使用的直流 3.3V、5V、12V、24V 电压。从外观看，ATX 电源有一个方形的外壳，它的一端有很多

输出线及接口，另一端有一个散热风扇。

ATX 电源主要有两个版本，一个是 ATX 1.01 版，另一个是 ATX 2.01 版。2.01 版与 1.01 版的 ATX 电源除散热风扇的位置不一样外，它们的激活电流也不同。1.01 版只有 100mA，2.01 版则有 500mA～720mA。这意味着 2.01 版的

ATX电源不会像1.01版那样"过敏"，经常会受外界电压波动的影响而自行启动计算机。

2.7.2　电源的接头

电源的接头是为不同设备供电的接口，电源接头主要有主板电源接头、硬盘接头、光驱电源接头等。

1.　主板电源接头

ATX电源输出的电压有+12V、−12V、+5V、−5V、+3.3V等几种不同的电压。在正常情况下，上述几种电压的输出变化范围允许误差一般在5%之内，不能有太大范围的波动，否则容易出现死机和数据丢失的情况。

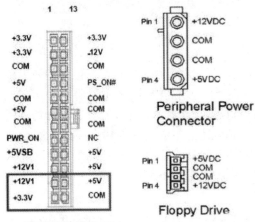

i915/i925使用新的电源架构ATX 12V-24针，它的标准接口从原来的两个提升至三个。两个+12V电压输出分别对CPU和其他I/O设备进行供电，这样可以减少由硬盘光驱等设

备对CPU工作时的影响，大大提高系统的稳定性。

仍然采用双排列电源，不过，从20针(2*10)(如下图所示)升级到24针(2*12)主电源，就像服务器上的双CPU主板。当然，只要电源功率足够，仍可使用传统的20针电源，但会缺少辅助电源输出功能，某些电源接口会失去作用。使用20针电源还要注意一个问题，必须把电源插在第一针上，11、12、23、24针不要连接。

> **知识点滴**
>
> 24针电源针脚定义：
> 1、+3.3V；2、+3.3V；3、地线；4、+5V；5、地线；6、+5V；7、地线；8、PWRGD(供电良好)；9、+5V(待机)；10、+12V；11、+12V；12、2*12连接器侦察；13、+3.3V；14、−12V；15、地线；16、PS-ON#(电源供应远程开关)；17、地线；18、

地线；19、地线；20、无连接；21、+5V；22、+5V；23、+5V；24、地线。

ATX 12V电源是 4针(2*2)的接头，提供直接电源给CPU电压调整器，CPU的功耗虽大，但还是在可控制范围之内。1、地线；2、地线；3、+12V；4、+12V。为了降低CPU供电部分的发热量，厂商们对电源回路也进行了改进，以往两个MOSFET管为一组进行供电，6个就是三相电源，现在某些主板使用4个MOSFET管为一组，两组电源供电。把来自两颗MOSFET管的热量，平摊到4颗上，无论从降低主板供电元器件的温度，还是实现最大可提供的电流强度来说，都有一定的好处。电源接头的安装方法也相当简单，接口与给主板供电的插槽相同，同样使用了防呆式设计。

下面介绍各电压的供电方式：

➤ +12V：+12V 一般为硬盘、光驱、软驱的主轴电机和寻道电机提供电源，以及为ISA 插槽提供工作电压和串口等电路逻辑信号电平。如果+12V 的电压输出不正常，会造成硬盘、光驱、软驱的读盘性能不稳定。当电压偏低时，表现为光驱挑盘严重，硬盘的逻辑坏道增加，经常出现坏道，系统容易死机，无法使用。偏高时，光驱的转速过高，容易出现失控现象、炸盘现象，硬盘表现为失速、飞转。

➤ -12V：-12V 的电压是为串口提供逻辑判断电平，需要电流较小，一般在 1 安培以下。即使电压偏差较大，也不会造成故障，因为逻辑电平的 0 电平为-3V 到-15V，有很宽的范围。

➤ +5V：+5V 电源是提供给 CPU 和PCI、AGP、ISA 等集成电路的工作电压，是计算机主要的工作电源。它的电源质量的好坏，直接关系着计算机的系统稳定性。多数AMD 的 CPU，+5V 的输出电流都大于 18A，最新的 P4 CPU 提供的电流至少要 20A。另外，AMD 和 P4 的机器所需的+5VSB 的供电电流至少要 720MA 或更多，其中 P4 系统计算机需要的电源功率最少为 230W。如果没有足够大的+5V 电压提供，表现为 CPU 工作速度变慢，经常出现蓝屏，屏幕图像停顿等，计算机的工作变得非常不稳定或不可靠。

➤ -5V：-5V 也是为逻辑电路提供判断电平的，需要的电流很小，一般不会影响系统正常工作，出现故障的几率很小。

➤ +3.3V：这是 ATX 电源专门设置的，为内存提供电源。该电压要求严格，输出稳定，纹波系数要小，输出电流大，要 20 安培以上。大多数主板在使用 SDRAM 内存时，为了降低成本，都直接把该电源输出到内存槽。一些中高档次的主板为了安全，都采用大功率场管控制内存的电源供应，不过也会因为内存插反而把这个管子烧毁。如果主板使用的是+2.5V DDR 内存，主板上都安装了电压变换电路。如果该路电压过低，表现为容易死机或经常报内存错误，或 Windows 系统提示注册表错误，或无法正常安装操作系统。

➤ +5VSB(+5V 待机电源)：ATX 电源通过 PIN 9 向主板提供+5V 720MA 的电源，这个电源为 WOL(Wake-up On Lan)和开机电路、USB 接口等电路提供电源。如果不使用网络唤醒等功能，请将此类功能关闭，跳线去除，可以避免这些设备从+5VSB 供电端分取电流。

➤ P-ON(电源开关端)：P-ON 端(PIN 14脚)为电源开关控制端，该端口通过判断该端口的电平信号来控制开关电源的主电源的工作状态。当该端口的信号电平大于 1.8V 时，主电源为关；如果信号电平低于 1.8V，主电源为开。因此在单独为开关电源加电的情况下，可以使用万用表测试该针脚的输出信号电平，一般为 4V 左右。因为该针脚输出的电压为信号电平，开关电源内部有限流电阻，输出电流也在几个毫安之内，因此我们可以直接使用短导线或打开的回形针直接短路 PIN 14 与 PIN 15(还有 3、5、7、13、15、16、17 针)，就可以让开关电源开始工作。此时我们就可以在脱机的情况下，使用万用表测试开关电源的输出电压是否正常。

▶ P-OK(电源好信号)：一般情况下，灰色线 P-OK 的输出如果在 2V 以上，那么这个电源就可以正常使用；如果 P-OK 的输出在 1V 以下，这个电源将不能保证系统的正常工作，必须更换。

▶ 220VAC(市电输入)：一般用户都不关心计算机使用的市电供应，但这是计算机工作所必需的，也是大家经常忽略的。在安装计算机时，必须使用有良好接地装置的 220V 市电插座，变化范围应该在 10%之内。如果市电的变化范围太大，最好使用 100V~260V 之间宽范围的开关电源，或者使用在线式的 UPS 电源。

2. 主板电源接头

硬盘/光驱的电源接头如下图和右上图所示，下图为串行接口硬盘和光驱的电源接头，右上图为IDE接口硬盘和光驱的电源接头。

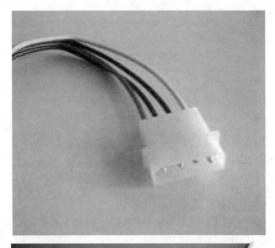

2.7.3 电源的选购常识

选购电源时，需要注意电源的品牌、输入技术指标、安全认证、功率的选择、电源重量、线材和散热孔等几点，具体如下：

▶ 品牌：目前市场上比较有名的品牌有航嘉、游戏悍将、金河田、鑫谷、长城机电、百盛、世纪之星以及大水牛等，这些都通过了 3C 认证，选购比较放心。

▶ 输入技术指标：输入技术指标有输入电源相数、额定输入电压以及电压的变化范围、频率、输入电流等。一般这些参数及认证标准在电源的铭牌上都有明显的标注。

▶ 安全认证：电源认证也是一个非常重要的环节，因为它代表着电源达到了何种质量标准。电源比较有名的认证标准是 3C 认证，它是中国国家强制性产品认证的简称，将 CCEE(长城认证)、CCIB(中国进口电子产品安全认证)和 EMC(电磁兼容认证)三证合一。一般的电源都会符合这个标准，若没有，最好不要选购。

▶ 功率的选择：虽然现在大功率的电源越来越多，但是并非电源的功率越大就越好，最常见的是 350W 的。一般要满足整台计算机的用电需求，最好有一定的功率余量，尽量不要选购小功率电源。

▶ 电源重量：通过重量往往能观察电源是否符合规格，一般来说，好的电源外壳一般都使用优质钢材，材质好、质厚，所以较重的电源，材质都比较好。电源内部的零件，比如变压器、散热片等，同样是重的比较好。好电源使用的散热片应为铝制甚至铜制的散热片，而且体积越大散热效果越好。一般散热片都做成梳状，齿越深，分得越开，厚度越大，散热效果越好。基本上我们很难在不拆开电源的情况下看清楚散热片，所以直观的办法就是从重量上去判断了。好的电源，一般会增加一些元件，以提高安全系数，所以重量自然会有所增加。劣质电源则会省掉一些电容和线圈，重量就比较轻。

▶ 线材和散热孔：电源所使用的线材粗细，与它的耐用度有很大的关系。较细的线材，长时间使用，常常会因为过热而烧毁。另外电源外壳上面或多或少都有散热孔，电源在工作的过程中，温度会不断升高，除了通过电源内附的风扇散热外，散热孔也是加大空气对流的重要设施。原则上，电源的散热孔的面积越大越好，但是要注意散热孔的位置，位置放对才能使电源内部的热气及早排出。

2.8　选购机箱

机箱作为计算机配件的一部分，所起的主要作用是放置和固定各个计算机配件，起到承托和保护作用。此外，机箱具有屏蔽电磁辐射的重要作用。虽然在 DIY 中不是很重要的配置，但是使用质量不良的机箱容易让主板和机箱短路，使计算机系统变得很不稳定。

机箱作为一个可以长期使用的计算机配件，一次性不妨投入更多资金，这样既能提供更好的使用品质，同时也不怕因为产品更新换代而出现贬值的情况，即使以后计算机升级换代，扎实的机箱仍可继续使用。

2.8.1　机箱简介

计算机的机箱对于其他硬件设备而言，更多的技术体现在改进制作工艺、增加款式品种等方面。市场上大多数机箱厂商在技术方面的改进都体现在内部结构中的一些小地方，例如电源、硬盘托架等。

目前，市场上流行的机箱，主要技术参数有以下几个：

▶ 电源下置技术：电源下置技术就是将电源安装在机箱的下部，现在越来越多的机箱开始采用电源下置的做法了，这样可以有效避免处理器附近的热量堆积，加强机箱的散热能力。

▶ 支持固态硬盘：随着固态硬盘技术的出现，一些高端机箱预留出能够安装固态硬盘的位置，方便用户以后对计算机进行升级。

▶ 无螺丝机箱技术：为了方便用户打开机箱盖，不少机箱厂家设计了无螺丝的机箱，无需工具便可完成硬件的拆卸和安装。机箱连接大部分采用锁扣镶嵌或手拧螺丝；驱动器的固定采用插卡式结构；而扩展槽位的板卡也使用塑料卡口和金属弹簧片来固定；打开机箱，装卸驱动器、板卡都可以不用螺丝刀，加快了操作速度。

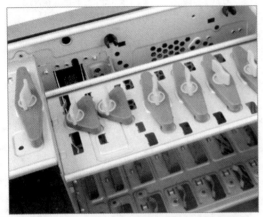

2.8.2 机箱的作用

机箱的作用主要有以下三个方面：

▶ 机箱提供空间给电源、主板、各种扩展板卡、光盘驱动器、硬盘驱动器等设备，并通过机箱内部的支撑、支架、各种螺丝或卡子、夹子等连接件将这些配件固定在机箱内部，形成一个集约型的整体。

▶ 机箱坚实的外壳保护着板卡、电源及存储设备，能防压、防冲击、防尘，并且还能发挥防电磁干扰、防辐射的功能，起屏蔽电磁辐射的作用。

▶ 机箱还提供了许多便于使用的面板开关指示灯等，让用户更方便地操作计算机或观察计算机的运行情况。

2.8.3 机箱的种类

目前主流的机箱主要为 ATX 机箱，除此之外，还有一种 BTX 机箱。

▶ 现在市场上比较普遍的是 AT、ATX、

Micro ATX 以及最新的 BTX-AT 机箱，全称应该是 BaBy AT，主要应用到只能支持安装 AT 主板的早期机器中。ATX 机箱是目前最常见的机箱，支持现在绝大部分类型的主板。Micro ATX 机箱是在 AT 机箱的基础之上建立的，为了进一步节省桌面空间，因而比 ATX 机箱的体积要小一些。各个类型的机箱只能安装其支持的类型的主板，一般是不能混用的，而且电源也有所差别，所以在选购时一定要注意。

▶ BTX 机箱就是基于 BTX(Balanced Technology Extended)标准的机箱产品。BTX 是由Intel定义并引导的桌面计算平台新规范，BTX机箱与ATX机箱最明显的区别就在于把以往只在左侧开启的侧面板，改到了右边。而其他I/O接口，也都相应改到了相反的位置，另外支持Low-Profile(即窄板设计)。BTX机箱最让人关注的设计重点就在于对散热方面的改进，CPU、显卡和内存的位置相比ATX架构都完全不同，CPU的位置完全被移到了机箱的前板，而不是ATX的后部，这是为了更有效地利用散热设备，提升对机箱内各个设备的散热效能。除了位置变换之外，在主板的安装上，BTX规范也进行了重新规范，其中最重要的是BTX机箱拥有可选的SRM(Support and Retention Module)支撑保护模块，它是机箱底部和主板之间的一个缓冲区，通常使用强度很高的低碳钢材来制

造，能够抵抗较强的外力而不易弯曲，因此可有效防止主板发生变形。

2.8.4　机箱的选购常识

机箱是计算机的外衣，是计算机展示的外在硬件，是计算机其他硬件的保护伞，所以在选购机箱时要注意以下几点：

1. 机箱的主流外观

机箱的外观主要集中在两个地方：面板和箱体颜色。目前市场上出现很多彩色的机箱，面板更是五花八门，有采用铝合金的，也有采用有机玻璃的，使得机箱看起来非常鲜明。机箱从过去的单一色逐渐发展为彩色甚至个性色。

2. 机箱的材质

机箱的材质相对于外观分量就重了许多，因为整个机箱的好坏由材质决定。目前的机箱材质也出现了多元化的气势，除了传统的钢材，在高端机箱中出现了铝合金材质和有机玻璃材质。这些材质各有各的特色，钢材最大众化，而且散热性都非常不错；铝合金作为一种新型材料外观上更漂亮，而在性能上和钢材差别不大；而有机玻璃就属于时尚化的产品了，做出的全透明机箱确实很惹眼，但散热性能不佳是其最大的缺点。做工是另一个重要的问题，从机箱来讲，做工包括以下几个方面：

▶ 卷边处理：一般对于钢材机箱，由于钢板材质相对来说还是比较薄的，因此不做卷边处理就可能划伤手，给安装造成很多不便。

▶ 烤漆处理：对于一般的钢材机箱烤漆是必需的，谁也不希望机箱用了很短的时间就出现锈斑，因此烤漆十分重要。

▶ 模具质量：也就是机箱尺寸是否规整，如果做得不好，用户安装主板、板卡、外置存储器等设备就会出现螺丝错位的现象，导致不能上螺丝或者不能上紧螺丝，这对于脆弱的主板或板卡是非常致命的。

3. 机箱的布局

布局设置包括很多方面的内容，布局与机箱的可扩展性、散热性能都有很大的关系。比如风扇的布局位置和理性的设计都会影响到机箱的散热状况以及噪声问题。再如硬盘的布局，如果不合理，即使有很多扩展槽，也仍然不能安装多块硬盘，严重影响扩展能力。

4. 机箱的散热性能

散热性能对于现在的机箱尤为重要，许多厂商都以此为卖点。机箱的散热包括 3 个方面：

▶ 材料的可散热性、机箱整体散热情况、散热装置的可扩充性。

▶ 材质的可扩充性：虽然机箱主要采用金属材料制作，而这些材料是人的良导体，但是也有很多机箱为了美观装饰而在钢板外遮罩了一层其他材质,这就严重影响了散热性能。

▶ 散热扩充能力:散热扩充能力是指我们是否可以增加一些额外的散热器材,比如在 3.5 英寸硬盘扩充槽处是否可以安装辅助散热风扇等。这些会给机箱散热带来很大的影响。

5. 机箱的安全设计

机箱材料是否导电,是关系到机箱内部的计算机配件是否安全的重要因素。如果机箱材料是不导电的,那么产生的静电就不能由机箱底壳导到地下,严重的话会导致机箱内部的主板等烧坏。冷镀锌电解板的机箱导电性较好,普通漆的机箱,导电性是不过关的。

> **实用技巧**
>
> 一般来说,好的机箱使用的是 1.6mm 以上的钢板,而劣质机箱甚至只有 0.6mm,同样的材料,厚度的不同也会造成不同的影响。劣质的机箱几乎一只手就能按扁。另外,并不是有了好的钢板,机箱的品质就有了保证,为了保证机箱的承载能力,还必须有好的机械强度设计。

6. 机箱的电磁屏蔽

机箱内部是一个充满了各种频率的电磁信号的地方,良好的电磁屏蔽,不仅对于计算机有好处,而且更对人体的健康有不可忽视的意义,实际上计算机的辐射远比想象的大得多。

良好的电磁屏蔽,就是要尽量减小外壳的开孔和缝隙。具体来说,就是机箱上不能有超过 3cm 的开孔,并且所有可拆卸部件必须能够和机箱导通。在机箱上用来做到这一点的部件就是常说的屏蔽弹片,它们的作用就是将机箱骨架和其他部件连为一体,阻止电磁波的泄漏。

虽然旋转的风扇对于电磁波也有一定的屏蔽作用,但其电磁屏蔽性能大大下降绝对是不争的事实,此时金属过滤网是决不能去掉的。其次,风扇经过长时间的转动后,会积攒不少灰尘,只有加装可拆卸清洗的过滤网,才能解决这个问题,否则不仅影响风扇的工作效率,我们清洗时也非常麻烦。

2.8.5 机箱的发展

综观计算机发展历史,机箱在整个硬件发展过程中,一直在硬件舞台的背后默默无闻地静静成长,虽然其发展速度与其他主要硬件相比要慢很多,但也经历了几次大的变革,为了适应日新月异发展着的主要硬件。从 AT 架构机箱到 ATX 架构机箱,再到后来推出却又推广乏力的 BTX 架构机箱,到如今非常盛行的 38 度机箱,内部布局更加合理,散热效果更理想,再加上更多人性化的设计,无疑给个人计算机带来一个更好的"家"。

机箱架构的变化从侧面反映了个人计算机硬件系统发生的变化,而功能的变化则更加体现了消费者对个人计算机使用舒适性和人性化的要求。近年来,各种实用的功能纷纷亮相在计算机机箱上。如可发送和接收红外线的创导机箱、带触摸屏的数字机箱、集成负离子发生器的绿色机箱等,极大地扩展了机箱的功能,全折边、免螺丝设计、防辐射弹片已经成为机箱的标准功能配置,同时也方便了消费者的使用。相信随着机箱产品同质化愈演愈烈,机箱厂商一定会开拓出更多更实用的功能来满足消费者的不同需求。

2.9 选购显示器

显示器是用户与计算机交流的窗口，选购一台满意的显示器可以大大降低使用计算机时的疲劳感。液晶显示器凭借高清晰、高亮度、低功耗、占用空间少以及影像显示稳定不闪烁等优势，成为显示器市场上的主流产品。

2.9.1 显示器简介

显示器(display)通常也称为监视器，显示器是属于计算机的 I/O 设备，即输入输出设备，是一种将一定的电子文件通过特定的传输设备显示到屏幕上再反射到人眼的显示工具。

1. 常见类型

▶ LCD 显示器：LCD 显示器即液晶显示器，是目前市场上最常见的显示器类型，优点是机身薄、占用面积少并且辐射小，给人一种健康产品的形象。但显示器不一定可以保护到眼睛，这需要看各人使用计算机的习惯。

▶ 3D 显示器：3D 显示器一直被公认为显示技术发展的终极梦想，经过多年的研究，现已开发出需佩戴立体眼镜和不需佩戴立体眼镜的两大立体显示技术体系。

> **知识点滴**
>
> LCD 液晶显示器的工作原理：在显示器内部有很多液晶粒子，它们有规律地排列成一定的形状，并且它们的每一面的颜色都不同，分为红色、绿色、蓝色。

▶ LED 显示器：LED 是一种通过控制半导体发光二极管的显示方式，用来显示文字、图形、图像、动画、行情、视频、录像信号等各种信息的显示屏幕。

> **实用技巧**
>
> 传统的 3D 电影在荧幕上有两组图像(来源于在拍摄时互成角度的两台摄影机)，观众必须戴上偏光镜才能消除重影(让一只眼只接受一组图像)，形成视差(parallax)，产生立体感。

2. 性能指标

液晶显示器的性能指标包括尺寸、分辨率、刷新率、防眩光、防反射、观察屏幕视角、亮度、对比度、响应时间、显示色素及可视角度等。

▶ 尺寸：液晶显示器的尺寸是指屏幕对角线的长度，单位为英寸。液晶显示器的尺寸是用户最为关心的性能参数，也是用户可以直接从外表识别的参数。目前市场上主流液晶显示器的尺寸包括 23 寸、24 寸、27 寸、30 寸。

▶ 可视角度：一般而言，液晶的可视角度都是左右对称的，但上下不一定对称，常常是垂直角度小于水平角度。可视角度越大越好，用户必须了解可视角度的定义。当可视角度是 170 度左右时，表示站在始于屏幕法线 170 度的位置时仍可清晰看见屏幕图像。但每个人的视力不同，因此以对比度为准。目前主流液晶显示器的水平可视角度为 170 度，垂直可视角度为 160 度。

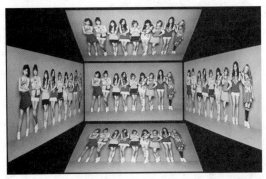

▶ 亮度：液晶显示器的亮度以流明为单位，并且亮度普遍在 250 流明到 500 流明之间。需要注意的一点是，市面上的低档液晶显示器存在严重的亮度不均匀的现象，中心的亮度和距离边框部分区域的亮度差别比较大。

▶ 对比度：对比度是直接体现液晶显示器能够显示的色阶的参数，对比度越高，还原的画面层次感就越好。即使在观看亮度很高的照片时，黑暗部位的细节也可以清晰体现。

▶ 分辨率：液晶显示器的分辨率一般不能任意调整，由制造商设置和规定。

▶ 点距：一般的 14 英寸 LCD 显示器的可视面积为 285.7mm×214.3mm，最大分辨率为 1024×768，那么点距就等于可视宽度/水平像素(或可视高度/垂直像素)。

▶ 色彩数量：由于工艺不同，液晶显示器的色彩数量要比 CRT 显示器少，目前多数液晶显示器的色彩数量为 18 位色(即 262144色)。现在的操作系统与显卡完全支持 32 位色，但用户在日常应用中接触最多的依然是 16 位色，而且 16 位色对于现在的常用软件和游戏来说可以满足需要。虽然液晶显示器在硬件上还无法支持 32 位色，但可以通过技术手段来模拟色彩显示，达到增加色彩显示数量的目的。

▶ 响应时间：响应时间是液晶显示器的一个重要参数，它反映了液晶显示器各像素点对输入信号的反应速度，即当像素点在接收到驱动信号后从最亮到最暗的转换时间。

2.9.2 显示器的选购常识

用户在选购显示器时，应首先询问该款显示器的质保时间，质保时间越长，用户得到的保障也就越多。此外在选购液晶显示器时，还需要注意以下几点：

> 选择数字接口的显示器：用户在选购时还应该看看液晶显示器是否具备了DVI(如下方左图所示)或 HDMI 数字接口，在实际使用中，数字接口比 D-SUB(如下方右图所示)模拟接口的显示效果会更加出色。

> 检查是否有坏点、暗点、亮点：亮点具体情况分为两种，第一种是在黑屏情况下单纯地呈现红、绿、蓝三色的点；第二种是在切换至红、绿、蓝三色显示模式下时，只有在红、绿或蓝中的一种现实模式下有白色点，同时在另外两种模式下均有其他色点的情况，这种情况表明在同一个像素中存在两个亮点。暗点是指在白屏的情况下出现非单纯红、绿、蓝的色点。坏点是比较常见也比较严重的情况，是指在白屏情况下为纯黑色的点或者在黑屏下为纯白色的点。

> 选择响应时间：在选择同类产品的时候，一定要认真地阅读产品技术指标说明书，因为很多中小品牌的液晶显示器产品在编写说明书的时候，采用了欺骗消费者的方法，其中最常见的，便是在液晶显示器响应时间这个重要参数上做手脚，这种产品指标说明往往不会明确地标出响应时间的指标是单程还是双程，而仅仅登出单程响应时间，使之看起来比其他品牌的响应时间要短，因此在选择的时候，一定要明确这些指标是单程还是双程。

> 选择分辨率：液晶显示器只支持所谓的真实分辨率，只有在真实分辨率下，才能显现最佳影像。在选购液晶显示器时，一定要确保能支持你所使用的应用软硬件的原始分辨率，不要盲目追求高分辨率。日常使用时一般22英寸显示器的最佳分辨率为1680×1050，24英寸显示器的最佳分辨率为1920×1080。

> 选择液晶显示器的另一个重要标准就是外观。之所以放弃传统的 CRT 显示器而选择液晶显示器，除了辐射之外，另一个主要的原因就是液晶显示器的体积小，占用桌面空间较小，产品的外观时尚、灵活。

2.10 选购键盘

键盘是最常见和最重要的计算机输入设备之一，虽然如今鼠标和手写输入应用越来越广泛，但在文字输入领域，键盘依旧有着不可动摇的地位，是用户向计算机输入数据和控制计算机的基本工具。

2.10.1 键盘简介

键盘是最常见的计算机输入设备，被广泛应用于计算机和各种终端设备。用户通过键盘向计算机输入各种指令、数据，指挥计算机的工作。将计算机的运行情况输出到显示器，可以很方便地利用键盘和显示器与计算机对话，对程序进行修改、编辑，控制和观察计算机的运行。

键盘是用户直接接触使用的计算机硬件设备，为了能够让用户可以更加舒适、便捷地使用键盘，厂商推出了一系列键盘新技术。

> 人体工程学技术：人体工程学键盘就是设计成让用户的手不需要扭转太厉害的键盘设计，一般呈现中间突起的三角结构，或进行在水平方向一定角度弯曲按键的设计。这样的设计可以比传统设计的键盘更省力，而且长时间操作不易疲劳。

> USB HUB 技术：随着 USB 设备种类的不断增多，如网卡、移动硬盘、数码设

备、打印机等，计算机主板上的 USB 接口越来越不够用。现在一些键盘集成了 USB HUB 技术，扩展了 USB 接口数量，方便用户连接更多的外部设备。

▶ 多功能键技术：现在一些键盘厂商在设计键盘时，在其中加入了一些计算机常用功能的快捷键，如视频播放控制键、音量开关与大小等。使用这些多功能键，用户可以方便地完成一些常用操作。

▶ 无线技术：无线键盘是指键盘盘体与计算机间没有直接的物理连线，通过红外或蓝牙设备进行数据传递。

2.10.2 键盘的分类

键盘是用户和计算机进行沟通的主要工具，用户通过键盘输入要处理的数据和相应的命令，使计算机完成相应的功能。键盘根据不同的分类有以下几种：

1. 按接口分类

键盘的接口有多种：PS/2 接口、USB 接口和无线接口。这几种接口只是接口插座不同，在功能上并无区别。其中 USB 口支持热插拔。无线键盘主要是利用无线电传输信号的键盘，这种键盘的优点是没有信号线的干扰，不受地形的影响。

2. 按外形分类

键盘按外形分为传统矩形键盘和人体工程学键盘两种。人体工程学键盘从造型上与传统的键盘有很大的区别，人体工程学键盘在外形上有弧形，在传统的矩形键盘上增加了托，解决了长时间悬腕或塌腕的劳累。目前人体工程学键盘有固定式、分体式和可调角度式等。

3. 按内部构造分类

　　键盘按照内部构造的不同，可分为机械式键盘与电容式键盘。

　　机械式键盘一般由印刷电路板触点和导电橡胶组成。按下按键时，导电橡胶与触点接触，开关接通；按键抬起时，导电橡胶与触点分离，开关断开，这种键盘一般使用寿命有限。

　　电容式键盘无触点开关，开关内由固定电极和活动电极组成可变的电容器。按键按下或抬起将带动活动电极动作，从而引起电容的变化，从而设置开关的状态。这种键盘由于是借助非机械力量，所以按键声音小，手感较好，寿命较长。

2.10.3　键盘的选购常识

　　对于普通用户而言，应选择一款操作舒适的键盘，此外在购买键盘时，还应注意以下几个键盘性能指标：

　　▶　可编程的快捷键：现在键盘正朝着多功能的方向发展，许多键盘除了标准的 104 键外，还有几个甚至十几个附加功能键，这些不同的按键可以实现不同的功能。

　　▶　按键灵敏度：如果用户使用计算机来完成一项精度要求很高的工作，往往需要频繁地将信息输入计算机中。如果键盘按键不灵敏，例如按下对应键后，对应的字符并没有出现在屏幕上；或者按下某个键，对应键周围的其他 3 个或 4 个键都被同时激活，就会出现按键失效的情况。

　　▶　键盘的耐磨性：键盘的耐磨性也是十分重要的一点，这也是区分键盘好坏的一个参数。一些杂牌键盘，其按键上的字都是直接印上去的，这样用不了多久，上面的字符就会被磨掉；而高级的键盘是用激光将字刻上去的，耐磨性大大增强。

2.11　选购鼠标

　　鼠标是 Windows 操作系统中必不可少的外设之一，用户可以通过鼠标快速地对屏幕上的对象进行操作。鼠标的使用是为了使计算机的操作更加简便快捷，从而代替键盘那么烦琐的指令。本节将详细介绍鼠标的相关知识，帮助用户选购适合自己使用的优质鼠标。

2.11.1　鼠标简介

　　鼠标是最常用的计算机输入设备之一，可以简单分为有线鼠标和无线鼠标两种。其中有线鼠标根据接口不同，又可分为 PS/2 接口鼠标和 USB 接口鼠标两种。

除此之外，鼠标根据工作原理和内部结构的不同又可以分为机械式鼠标、机光式鼠标和光电式鼠标三种。其中光电式鼠标为目前常见的主流鼠标。光电鼠标已经能够在使用兼容性、指针定位等方面满足绝大部分计算机用户的基本需求，其最新的几个技术信息如下：

▶ 多键鼠标：多键鼠标是新一代的多功能鼠标，如有的鼠标上带有滚轮，大大方便了上下翻页。有的新型鼠标上除了有滚轮，还增加了拇指键等快速按键，进一步简化了操作程序。

▶ 人体工程学技术：和键盘一样，鼠标是用户直接接触使用的计算机设备，采用人体工程学设计的鼠标，可以让用户使用起来更加舒适，并且降低使用疲劳感。

▶ 无线鼠标：无线鼠标是为了适应大屏幕显示器而生产的。所谓"无线"，即没有电

线连接，而是采用两节七号或五号电池无线遥控，鼠标器有自动休眠功能，电池可用上一年。

▶ 3D 振动鼠标：3D 振动鼠标不仅可以当作普通的鼠标使用，而且具有以下几个特点：1) 具有全方位的立体控制能力，具有前、后、左、右、上、下 6 个移动方向，而且可以组合出前右、左下等移动方向。2) 外形和普通鼠标不同。一般由一个扇形的底座和一个能够活动的控制器构成。3) 具有振动功能，即触觉回馈功能。玩某些游戏时，当你被敌人击中时，你会感觉到你的鼠标也振动了。4) 是真正的三键式鼠标，无论 DOS 还是 Windows 环境，鼠标的中键和右键都大派用场。

2.11.2　鼠标的性能指标

鼠标是操作计算机必不可少的一个输入设备，而且是一种屏幕指定装置，不能直接输入字符和数字。在图形处理软件的支持下，在屏幕上使用鼠标处理图形比键盘方便。

鼠标的一个重要指标是反应速度，是由它的扫描频率决定的，现在鼠标的扫描频率一般在 6000 次/秒左右，最高追踪速度可以达到 37 英寸/秒。扫描频率越高，越能精确地反映出鼠标细微的移动。

鼠标按工作原理的不同分为机械鼠标和光电鼠标，机械鼠标主要由滚球、辊柱和光栅信号传感器组成。当你拖动鼠标时，带动滚球转动，滚球又带动辊柱转动，装在辊柱端部的光栅信号传感器采集光栅信号。传感器产生的光电脉冲信号反映出鼠标器在垂直和水平方向的位移变化，再通过计算机程序的处理和转换来控制屏幕上光标箭头的移动。

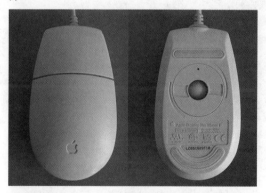

2.11.3　鼠标的选购常识

目前市场上的主流鼠标为光电鼠标。用户在选购光电鼠标时应注意包括点击分辨率、光学扫描率、色盲问题等几项参数，具体如下：

> 光学扫描率：光学扫描率是指鼠标的光眼在每一秒钟所接收光反射信号并将其转换为数字电信号的次数。鼠标光眼每一秒所能接收的扫描次数越高，鼠标就越能精确地反映出光标移动的位置，其反应速度也就越灵敏，也就不会出现光标跟不上鼠标的实际移动而上下飘移的现象。

> 点击分辨率：点击分辨率是鼠标内部的解码装置所能辨认的每英寸长度内的点数，是一款鼠标性能高低的决定性因素。目前，一款优秀的光电鼠标，其点击分辨率都达到 800dpi 以上。

> 色盲问题：对于鼠标的"光眼"来说，有些光电转换器只能对一些特定波长的色光形成感应并进行光电转化，而并不能适应所有的颜色。这就出现了光电鼠标在某些颜色的桌面上使用会出现不响应或指针遗失的现象，从而限制了其使用环境。而一款成熟的鼠标，则会对其光电转换器的色光感应技术进行改进，使其能够感知各种颜色的光，以保证在各种颜色的桌面和材质上都可以正常使用。

2.12　案例演练

本章的案例演练将完成选购计算机声卡与音箱以及主机散热设备两个项目。通过实验，将使用户对计算机的硬件设备有进一步的认识。

2.12.1 选购计算机声卡和音箱

本节的实验将重点介绍声卡与音箱的特点与选购要点，使用户在了解更多计算机硬件的相关知识的同时，进一步掌握计算机硬件的选购规律。

【例2-1】了解并选购计算机声卡和音箱。

step 1 声卡(Sound Card)也叫音频卡，它是多媒体技术中最基本的组成部分，是实现声波/数字信号相互转换的一种硬件。声卡与显卡一样，分为独立声卡与集成声卡两种，由于目前大部分主板都提供集成声卡功能，独立声卡已逐渐淡出普通计算机用户的视野。但独立声卡拥有更多的滤波电容以及功放管，经过数次级的信号放大，降噪电路，使得输出音频的信号精度提升，所以在音质输出效果方面较集成声卡要好很多。

step 2 用户在选购一款独立声卡时，应综合声卡的声道数量(越多越好)、信噪比、频率响应、复音数量、采样位数、采样频率、多声道输出以及波表合成方式与波表库容量等参数来进行选择。

step 3 音箱又称扬声器系统，它通过音频信号线与声卡相连，是整个计算机音响系统的最终发声部件，其作用类似于人类的嘴音。计算机所能发出声音的效果，取决于声卡与音箱的质量。

step 4 在如今的音箱市场中，成品音箱品牌众多，其质量参差不齐，价格也天差地别。用户在选购音箱时，应通过试听判断其效果是否能达到自己的需求，包括声音的特性、声音染色以及音调的自然平衡效果等。

2.12.2 观察计算机的结构

计算机主机的内部通常由主板、CPU、内存、硬盘、光驱、电源以及各类适配卡组成，打开主机机箱后，即可看到其内部构造。

【例2-2】观察计算机主机的结构。

step 1 关闭计算机电源后，断开一切与计算机相连的电源，然后拆卸计算机主机背面的各种接头，断开主机与外部设备的连接。

step 2 拧下固定主机机箱背面的面板螺丝后，卸下机箱右侧面板即可打开主机机箱，看到其内部的各种配件。

step 3 打开计算机主机机箱后，在机箱的主要区域可以看到计算机的主板、内存、CPU、各种板卡和驱动器以及电源。

step 4 在计算机的主机中，内存一般位于CPU的内侧，用手掰开其两侧的固定卡扣后，即可拔出内存条。

step 5 主机中，CPU的上方一般安装有散热风扇。解开CPU散热风扇上的扣具后，可以将其卸下，然后拉起CPU插座上的压力杆即可取出CPU。

step 6 卸下固定各种板卡(例如显卡)的螺丝后，即可将其从主机中取出(注意主板上的固定卡扣)。

step⑦ 拔下连接各种驱动器的数据线和电源线后,拆掉主机驱动器架上用于固定驱动器的螺丝后,可以将其从主机驱动器架上取出。

第3章

计算机的组装

　　在了解计算机各硬件设备的性能后，即可开始组装计算机。组装计算机的过程实际并不复杂，即使是计算机初学者也可以轻松完成，但要保证组装的计算机性能稳定、结构合理，用户还需要遵循一定的流程。本章将详细介绍组装一台计算机的具体操作步骤。

3.1 组装计算机前的准备

在开始准备组装一台计算机之前，用户需要提前做一些准备工作，才能有效地处理在装机过程中可能出现的各种情况。一般来说，在组装计算机配件之前，需要进行硬件与软件两个方面的准备工作。

3.1.1 软件的准备

组装计算机前的软件准备，指的是在开始组装计算机前预备好计算机操作系统(例如 Windows 7/8/10 等)的安装光盘和各种装机必备软件的安装光盘(或移动存储设备)，例如以下软件：

▶ 解压缩软件：此类软件用于压缩与解压缩文件，常见的解压缩软件有 WinRAR、ZIP 等。

▶ 视频播放软件：此类软件用于在计算机中播放视频文件，常见的视频播放软件有暴风影音、RealPlayer、KmPlayer、WMP9/10/11 等。

▶ 音频播放软件：此类软件用于在计算机中播放音频文件，常见的音频播放软件有酷狗音乐、千千静听、酷我音乐盒、QQ音乐播放器等。

▶ 输入法软件：常见的输入法软件有搜狗拼音、拼音加加、腾讯 QQ 拼音、王码五笔 86/98、搜狗五笔、万能五笔等。

▶ 系统优化软件：用于对 Windows 系统进行优化配置，使其效率更高。常见的系统优化软件有超级兔子、Windows 优化大师、鲁大师等。

▶ 图像编辑软件：此类软件用于编辑图形图像,常见的图形编辑软件有光影魔术手、Photoshop、ACDSee 等。

▶ 下载软件：常见的下载软件有迅雷、Vagaa、BitComet、QQ 超级旋风等。

▶ 杀毒软件：常见的杀毒软件有瑞星杀毒、卡巴斯基、金山毒霸、江民杀毒、诺顿杀毒等。

▶ 聊天软件：常见的聊天软件有 QQ/TM、飞信、阿里旺旺、新浪 UT Game、Skype 网络电话等。

▶ 木马查杀软件：常见的木马查杀软件有金山清理专家、360 安全卫士等。

> **知识点滴**
>
> 【矩形选框】和【椭圆选框】工具的操作方法相同，在绘制选区时，按住 Shift 键可以绘制正方形或正圆形选区；按住 Alt 键以鼠标单击点为中心绘制矩形或椭圆选区；按住 Alt+Shift 键以鼠标单击点为中心绘制正方形或正圆选区。

3.1.2 硬件的准备

组装计算机前的硬件准备，指的是在装机前预备包括螺丝刀、尖嘴钳、镊子、导热硅脂等装机必备的工具。这些工具在用户装机时，起到的具体作用如下：

▶ 螺丝刀：螺丝刀(又称螺丝起子)是安装和拆卸螺丝钉的专用工具。常见的螺丝刀由一字螺丝刀(又称平口螺丝刀)和十字螺丝刀(又称梅花口螺丝刀)两种，其中十字螺丝刀在组装计算机时，常被用于固定硬盘、主板或机箱等配件，而一字螺丝刀的主要作用则是拆卸计算机配件产品的包装盒或封条，一般不经常使用。

▶ 尖嘴钳：尖嘴钳又被称为尖头钳，是一种运用杠杆原理的常见钳形工具。在装机

之前准备尖嘴钳的目的是拆卸机箱上的各种挡板或挡片。

▶ 镊子：镊子在装机时的主要作用是夹取螺丝钉、线帽和各类跳线(例如主板跳线、硬盘跳线等)。

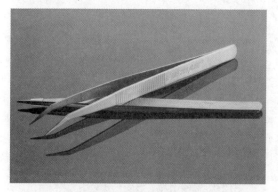

▶ 导热硅脂：导热硅脂是安装风冷式散热器必不可少的用品，其功能是填充各类芯片(例如 CPU 与显卡芯片等)与散热器之间的缝隙，协助芯片更好地进行散热。

▶ 排型电源插座：计算机的硬件中有多个设备需要与市电进行连接，因此用户在装机前至少需要准备一个多孔万用型插座，以便在测试计算机时使用。

▶ 器皿：在组装计算机时，会用到许多螺丝和各类跳线，这些物件体积较小，用一个器皿将它们收集在一起可以有效提高装机的效率。

3.1.3 组装过程中的注意事项

计算机组装是一个细活，安装过程中容易出错，因此需要格外细致，并注意以下问题：

▶ 检测硬件、工具是否齐全：将准备的硬件、工具检查一遍，看其是否齐全，可按安装流程对硬件进行有顺序的排放，并仔细阅读主板及相关部件的说明书，看是否有特殊说明。另外，硬件一定要放在平稳、安全的地方，防止发生不小心造成的硬件划伤，或者从高处掉落等现象。

▶ 防止静电损坏电子元器件：在装机过程中，要防止人体所带静电对电子元器件造成损坏。在装机前需要消除人体所带的静电，可用流动的自来水洗手，双手可以触摸自来水管、暖气管等接地的金属物，当然也可以佩戴防静电腕带等。

▶ 防止液体浸入电路上：将水杯、饮料等含有液体的器皿拿开，远离工作台，以免液体进入主板，造成短路，尤其在夏天工作时，防止汗水的低落。另外，工作环境一定要找一个空气干燥、通风的地方，不可在超市等地方进行组装。

▶ 轻拿轻放各配件：计算机安装时，要轻拿轻放各配件，以免造成配件的偏斜或折断。

3.2 组装计算机主机配件

一台计算机分为主机与外设两大部分，组装计算机的主要工作实际上就是指组装计算机主机中的各个硬件配件。用户在组装计算机主机配件时，可以参考以下流程进行操作：

3.2.1 安装 CPU

组装计算机主机时，通常都会先将CPU、内存等配件安装至主板上，并安装CPU 风扇(在选购主板和 CPU 时，用户应确认 CPU 的接口类型与主板上的 CPU 接口类型一致，否则 CPU 将无法安装)。这样做，可以避免在主板安装在计算机机箱中之后，由于机箱狭窄的空间而影响 CPU 和内存的安装。下面将详细介绍在计算机主板上安装CPU 及 CPU 风扇的相关操作方法。

1. 将 CPU 安装在主板上

CPU 是计算机的核心部件，也是组成计算机的各个配件中较为脆弱的一个，在安装CPU 时，用户必须格外小心，以免因用力过大或操作不当而损坏 CPU。因此，在正式将CPU 安装在主板上之前，用户应首先了解主板上的CPU 插座和CPU 与主板相连的针脚。

▶ CPU 插座：虽然支持 Intel CPU 与支持 AMD CPU 的主板，CPU 插座在针脚和形状上稍有区别，并且彼此互不兼容，但常见的插座结构都大同小异，主要包括插座、固定拉杆等部分。

▶ CPU针脚：CPU针脚与支持CPU的主板插座相匹配，其边缘大都会设计有相应的标记，与主板CPU插座上的标记相对应。

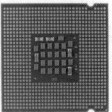

虽然新型号的CPU不断推出，但安装CPU的方法却没有太大的变化。因此，无论用户使用何种类型的CPU与主板，都可以参考以下实例中介绍的步骤来完成CPU的安装。

【例3-1】在计算机主板上安装CPU。

step① 首先，从主板的包装袋(盒)中取出主板，将其水平放置在工作台上，并在其下方垫一块塑料布。

step② 将主板上的CPU插座上的固定拉杆拉起，掀开用于固定CPU的盖子。将CPU插入插槽中，要注意CPU针脚的方向问题(在将CPU插入插槽时，可以在将CPU正面的三角标记对准主板CPU插座上三角标记后，再将CPU插入主板插座)。

step③ 用手向下按住CPU插槽上的锁杆，锁紧CPU，完成CPU的安装操作。

2. 安装 CPU 散热器

由于CPU的发热量较大，因此为其安装一款性能出色的散热器非常关键。但如果散热器安装不当，对散热的效果也会大打折扣。

常见的CPU散热器有风冷式与水冷式两种，各自的特点如下：

▶ 风冷式散热器：风冷式散热器比较常见，安装方法也相对水冷式散热器较简单，体积也较小，但散热效果却较水冷式散热器要差一些。

▶ 水冷式散热器：水冷式散热器由于较风冷式散热器出现在市场上的时间较晚，因此并不被大部分普通计算机用户所熟悉，但就散热效果而言，水冷式散热器要比风冷式散热器强很多。

【例3-2】在 CPU 表面安装水冷式 CPU 散热器。

step① 在CPU上均匀涂抹一层预先准备好的硅脂，这样做有助于将热量由处理器传导至CPU风扇上。

step② 在涂抹硅脂时，若发现有不均匀的地方，可以用手指将其抹平。

step③ 将CPU风扇的四角对准主板上相应的位置后，用力压下其扣具即可。不同CPU

风扇的扣具并不相同，有些CPU风扇的四角扣具采用螺丝设计，安装时还需要在主板的背面放置相应的螺母。

step ④ 在确认将CPU散热器固定在CPU上后，将CPU风扇的电源接头连接到主板的供电接口上。主板上供电接口的标志为"CPU_FAN"，用户在连接CPU风扇电源时应注意的是：目前有三针和四针等几种不同的风扇接口，并且主板上有防差错接口设计，如果发现无法将风扇电源接头插入主板供电接口，观察一下电源接口的正反和类型即可。

3. 安装水冷式CPU散热器

在安装水冷式散热器的过程中，需要用户将主板固定在计算机机箱上，然后才能开始安装散热器的散热排。

【例3-3】在CPU表面安装水冷式CPU散热器。

step ① 拆开水冷式CPU风扇的包装后，可以看到全部设备和附件。

step ② 在主板上安装水冷式散热器的背板。用螺丝将背板固定在CPU插座四周预留的白色安装线内。

step ③ 接下来，将散热器的塑料扣具安装在主板上，此时不要将固定螺丝拧紧，稍稍拧住即可。

step ④ 在CPU水冷头的周围和扣具的内部都有塑料的互相咬合的塑料突起，将其放置到位后，稍微一转，将CPU水冷头预安装到

位。这时，再将扣具四周的四个弹簧螺钉拧紧即可。

step 5 最后，使用水冷式散热器附件中的长螺丝时，需要先穿过风扇，再穿过散热排上的螺钉孔，将散热排固定在机箱上。

3.2.2 安装主板

在主板上安装完 CPU 和内存后，即可将主板装入机箱，因为在安装剩下的主机硬件设备时，都需要配合机箱进行安装。

【例3-4】将主板放入并固定在机箱中。

step 1 安装主板之前，先将机箱提供的主板垫脚螺母安放到机箱主板托架的对应位置。

 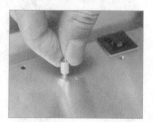

step 2 平托主板，将主板放入机箱。

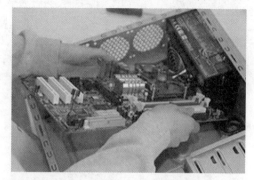

step 3 确认主板的I/O接口安装到位。

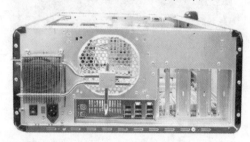

step 4 拧紧机箱内部的主板螺丝，将主板固定在机箱上(在安装螺丝时，注意每颗螺丝不要一次性就拧紧，等全部螺丝安装到位后，再将每粒螺丝拧紧，这样做的好处是随时可以在安装主板的过程中，对主板的位置进行调整)。

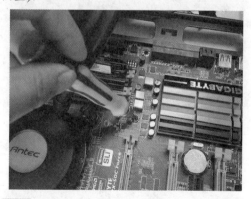

step 5 完成以上操作后，主板被牢固地固定在机箱中，安装完毕。

3.2.3 安装内存

将主板安装在机箱上后，用户可以将内存安装在主板上。若用户购买了2根或3根内存想组成多通道系统，则在安装内存前，还需要查看主板说明书，并根据说明书中的介绍将内存插在同色或异色的内存插槽中。

【例3-5】在计算机主板上安装内存。

step① 在安装内存时，先用手将内存插槽两端的扣具打开。

step② 将内存平行放入内存插槽中，用两拇指按住内存两端轻微向下压。

step③ 听到"啪"的一声响后，即说明内存安装到位。

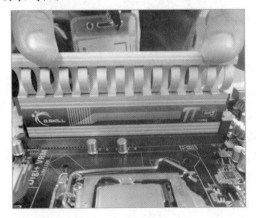

step④ 在安装主板上的内存时，注意双手要凌空操作，不可触碰到主板上的电容以及其他芯片。

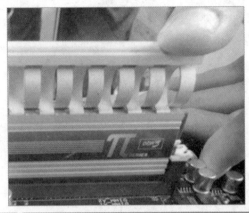

实用技巧

主板上的内存插槽一般采用两种不同颜色来区分双通道和单通道。将两条规格相同的内存插入到主板上相同颜色的内存插槽中，可以打开主板的双通道功能。

3.2.4 安装硬盘

在完成 CPU、内存和主板的安装后，下面需要将硬盘固定在机箱的 3.5 寸硬盘托架上。对于普通的机箱，只需要将硬盘放入机箱的硬盘托架上，拧紧螺丝使其固定即可。

【例3-6】在计算机机箱上安装硬盘。

step① 机箱的硬盘托架设计有相应的扳手，拉动扳手可将硬盘托架从机箱中取下。

step② 在取出硬盘托架后，将硬盘装入托架。

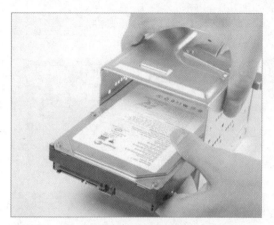

step 3 接下来，使用螺丝将硬盘固定在硬盘托架上。

step 4 将硬盘托架重新装入机箱，并把固定扳手拉回原位，固定好硬盘托架。

step 5 最后，检查硬盘托架与其中的硬盘是否被牢固地固定在机箱中，完成硬盘的安装。

> 💡 **知识点滴**
>
> 　　除了本例中介绍的硬盘安装方法以外，视机箱的类型不同，还有几种安装硬盘的方式，用户在安装时可以参考随机箱附带的说明书，本书将不再逐一介绍。

3.2.5　安装光驱

　　DVD 光驱与 DVD 刻录光驱的功能虽不一样，但其外形和安装方法都是一样的(类似于硬盘的安装方法)。用户可以参考下面介绍的方法，在计算机中安装光驱。

【例3-7】在计算机机箱上安装光驱。

step 1 在计算机中安装光驱的方法与安装硬盘类似，用户只要将机箱中的 4.25 寸托架的面板拆除。然后将光驱推入机箱并拧紧光驱侧面的螺丝即可。

step 2 成功安装光驱后，用户只需要检查其没有被装反即可。

3.2.6 安装电源

安装完前面介绍的一些硬件设备后，接着需要安装计算机电源。安装电源的方法十分简单，并且现在不少机箱会自带计算机电源。若购买了此类机箱，则无须再次动手安装电源。

【例3-8】在计算机机箱中安装电源。

step① 将计算机电源从包装中取出。

step② 将电源放入机箱为电源预留的托架中。注意电源线所在的面应朝向机箱的内侧。

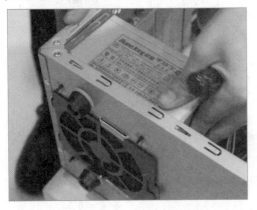

step③ 最后，使用螺丝将电源固定在机箱上即可。

3.2.7 安装显卡

目前，PCI-E 接口的显卡是市场上的主流显卡。在安装显卡之前，用户首先应在主板上找到 PCI-E 插槽的位置。如果主板有两个 PCI-E 插槽，则任意一个插槽均能使用。

【例3-9】在计算机机箱中安装显卡。

step① 在主板上找到PCI-E插槽。用手轻握显卡两端，垂直对准主板上的显卡插槽，将其插入主板的PCI-E插槽中。

step② 用螺丝将显卡固定在主板上，然后连接辅助电源即可。

3.3 连接数据线

主机中的一些设备是通过数据线与主板进行连接的，例如硬盘、光驱等。本节将详细介绍通过数据线，将机箱内的硬件组件和主板相连接的方法。目前，常见的数据线有 SATA 数据线与 IDE 数据线两种。随着 SATA 接口逐渐代替 IDE 接口，目前已经有相当一部分的光驱采用 SATA 数据线与主板连接。用户可以参考下面介绍的方法，连接计算机内部的数据线。

【例 3-10】用数据线连接主板和光驱、主板和硬盘。

step 1 打开计算机机箱后，将IDE数据线的一头与主板上的IDE接口相连。IDE数据线接口上有防插反凸块，在连接IDE数据线时，用户只需要将防插反凸块对准主板IDE接口上的凹槽，然后将IDE接口平推进凹槽即可。

step 2 将IDE数据线的另一头与光驱后的IDE接口相连。

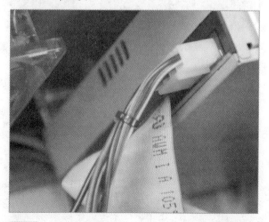

step 3 取出购买配件时附带的SATA数据线后，将SATA数据线的一头与主板上的SATA接口相连。

step 4 将SATA数据线的另一头与硬盘上的SATA接口相连。

step 5 完成以上操作后，将数据线用捆线绳或扎带捆绑在一起，以免散落在机箱内。

3.4 连接电源线

在连接完数据线后，用户可以参考下面实例中介绍的方法，将机箱电源的电源线与主板以及其他硬件设备相连接。下面将通过一个简单的实例，详细介绍连接计算机电源线的方法。

【例3-11】连接计算机主板、硬盘、光驱的电源线。

step 1 将电源盒引出的24pin电源插头插入主板上的电源插座中(目前，大部分主板的电源接口为24pin，但也有部分主板采用20pin电源)。

step 2 CPU供电接口部分采用 4pin(或 6pin、或 8pin)的加强供电接口设计，将其与主板上相应的电源插座相连即可。

step 3 将电源线上的普通四针梯形电源接口，插入光驱背后的电源插槽中。

step 4 将SATA设备电源接口与计算机硬盘的电源插槽相连。

3.5 连接控制线

在连接完数据线与电源线后，你会发现机箱内还有好多细线插头(跳线)，将这些细线插头连接到主板对应位置的插槽中后，即可使用机箱前置的 USB 接口以及其他控制按钮。

3.5.1 连接前置 USB 接口线

由于 USB 设备安装方便、传输速度快的特点，目前市场上采用 USB 接口的设备也越来越多，例如 USB 鼠标、键盘、读卡器、USB 摄像头等，主板面板后的 USB 接口已

经无法满足用户的使用需求。现在主流主板都支持 USB 扩展功能，使用具有前置 USB 接口的机箱提供的扩展线，即可连接前置 USB 接口。

1. 前置 USB 接线

目前，USB 成为日常使用范围最多的接

口，大部分主板提供了高达 8 个 USB 接口，但一般在背部的面板上仅提供 4 个，剩余的 4 个需要安装到机箱前置的 USB 接口上，以方便使用。常见机箱上的前置 USB 接线分为一体式接线(跳线)和独立式接线(跳线)两种。

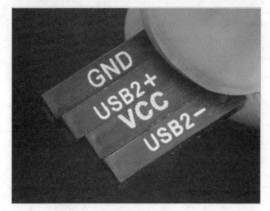

2. 主板 USB 针脚

主板上前置 USB 针脚的连接方法不仅根据主板品牌型号的不同而略有差异，而且独立式 USB 接线与一体式 USB 接线的解法也各不相同，具体如下：

▶ 一体式 USB 接线：一体式 USB 接线上有防插错设计，方向不对无法插入主板上的针脚中。

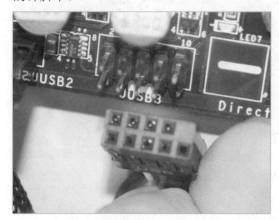

▶ 独立式 USB 接线：由 USB2+、USB2-、GND、VCC 三组插头组成，分别对应主板上不同的 USB 针脚。其中 GND 为接地线，VCC 为 USB +5V 的供电插头，USB2+ 为正电压数据线，USB2- 为负电压数据线。

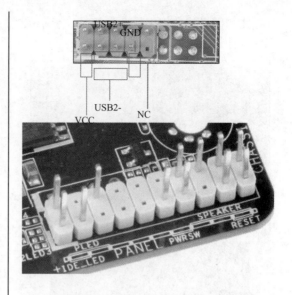

3.5.2　连接计算机机箱重置开关

在使用计算机时，用户常常会用到机箱面板上的控制按钮，如启动计算机、重新启动计算机、查看电源与硬盘工作指示灯等。这些功能都是通过将机箱控制开关与主板对应插槽连线来实现的，用户可以参考下面介绍的方法，连接各种机箱控制开关。

1. 连接开关、重启和 LED 灯线

在所有机箱面板上的接线中，开关接线、重启接线和 LED 灯接线(跳线)是最重要的三条接线。

▶ 开关接线用于连接机箱前面板上的计算机 POWER 电源按钮，连接该接线后用户可以启动与关闭计算机。

▶ 重启接线用于连接机箱前面板上的 Reset 按钮，连接该接线后用户可以通过按下 Reset 按钮重启计算机。

▶ LED 灯接线包括计算机的电源指示

灯接线和硬盘状态灯接线两种接线，分别用于显示计算机电源和硬盘状态。

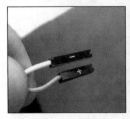

通常，在连接开关、重启和 LED 灯接线时，用户只需参考主板说明书中的介绍或使用主板上的接线工具即可。

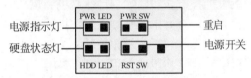

2. 连接机箱前置音频接线

目前常见主板上均提供了集成的音频芯片，并且性能上完全能够满足绝大部分用户的需求，因此很多普通计算机用户在组装计算机时，便没有再去单独购买声卡。为了方便用户使用，大部分机箱除了具备前置的 USB 接口外，音频接口也被移到了机箱的前面板上，为使机箱前面板上的耳机和话筒能够正常使用，用户在连接机箱控制线时，还应该将前置的音频接线与主板上相应的音频接线插槽正确地进行连接。

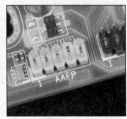

在连接前置音频接线时，用户可以参考主板说明书上的接线图。

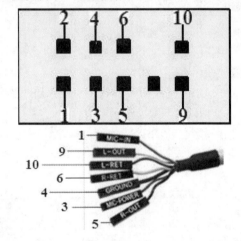

3.6 安装计算机外部设备

完成主机内部硬件设备的安装与连接后，用户需要将计算机主机与外部设备连接在一起。计算机外设主要包括显示器、鼠标、键盘和电源线等。连接外部设备时应做到"辨清接头，对准插上"，具体方法下面将详细介绍。

3.6.1 连接显示器

显示器是计算机的主要 I/O 设备之一，它通过一条视频信号线与计算机主机上的显卡视频信号接口连接。常见的显卡视频信号接口有 VGA、DVI 与 HDMI 3 种，显示器与主机之间所使用的视频信号线一般为 VGA 视频信号线和 DVI 视频信号线。

VGA(Video Graphics Array)是 IBM 在 1987 年随 PS/2 机一起推出的一种视频传输

标准，具有分辨率高、显示速率快、颜色丰富等优点，在彩色显示器领域得到了广泛应用。不支持热插拔，不支持音频传输。

DVI(Digital Visual Interface)即数字视频接口，它是 1999 年由 Silicon Image、Intel(英特尔)、Compaq(康柏)、IBM、HP(惠普)、NEC、Fujitsu(富士通)等公司共同组成 DDWG (Digital Display Working Group，数字显示工作组)推出的接口标准。

连接主机与显示器时，使用视频信号线的一头与主机上的显卡视频信号插槽连接，将另一头与显示器背面的视频信号插槽连接即可。

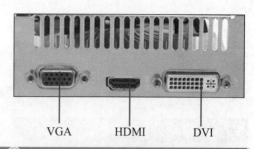

VGA　　HDMI　　DVI

知识点滴

除了 VGA 接口和 DVI 接口以外，有些计算机显卡允许用户使用 HDMI 接口(高清晰度多媒体接口)与显示器相连，用户可以在显卡配件中找到相应的 HDMI 连接线。

3.6.2 连接鼠标和键盘

目前，台式计算机常用的鼠标和键盘有 USB 接口与 PS/2 接口两种：

▶ USB接口的键盘、鼠标与计算机主机背面的USB接口相连。

▶ PS/2接口的键盘、鼠标与主机背面的 PS/2接口相连(一般鼠标与主机上的绿色 PS/2接口相连，键盘与紫色 PS/2接口相连)。

3.7 开机检测计算机状态

在完成组装计算机硬件设备的操作后，下面可以通过开机检测来查看连接是否存在问题。若一切正常，则可以整理机箱并合上机箱盖，完成组装计算机的操作。

3.7.1 启动计算机前的检查工作

组装计算机完成后不要立刻通电开机，还要再仔细检查一遍，以防出现意外。

▶ 检查主板上的各个控制线(跳线)的连接是否正确。

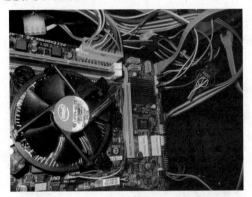

▶ 检查各个硬件设备是否安装牢固，如CPU、显卡、内存、硬盘等。

▶ 检查机箱中的连线是否搭在风扇上，以防影响风扇散热。

▶ 检查机箱内有无其他杂物。

▶ 检查外部设备是否连接良好，如显示器、音箱等。

3.7.2 开机检测

检查无误后，即可将计算机主机和显示器电源与市电电源连接。接通电源后，按下机箱开关，机箱电源灯亮起，并且机箱中的风扇开始工作。若用户听到"嘀"的一声，并且显示器出现自检画面，则表示计算机已经组装成功，用户可以正常使用。如果计算机未正常运行，则需要重新对计算机中的设备进行检查。

> **知识点滴**
>
> 若计算机组装后未能正常运行，用户应首先检查内存与显卡的安装是否正确，包括内存是否与主板紧密连接，显卡视频信号线是否与显示器紧密连接。

3.7.3 整理机箱

开机检测无问题后，即可整理机箱内部的各种线缆。整理机箱内部线缆的主要原因有下几点：

▶ 计算机机箱内部线缆很多，如果不进行整理，会非常杂乱，显得很不美观。

▶ 计算机在正常工作时，机箱内部各设备的发热量也非常大。如果线路杂乱，就会影响机箱内的空气流通，降低整体散热效果。

▶ 机箱中的各种线缆，如果不整理整齐很可能会卡住CPU、显卡等设备的风扇，影响其正常工作，从而导致各种故障出现。

3.8 案例演练

本章的案例演练将通过介绍拆卸与更换硬盘、安装CPU散热器等几个具体的实例，引导用户进一步了解计算机的结构，并掌握组装计算机的必要知识，用户可以通过练习巩固本章所学知识。

3.8.1 拆卸与更换硬盘

在计算机的日常使用与维护过程中，有时用户要对硬盘进行拆卸与重新安装，以便对硬盘进行检修或移至其他计算机上使用。下面的实验将详细介绍拆卸与更换计算机硬盘的具体方法。

【例3-12】拆卸与更换硬盘。

step 1　断开计算机主机电源。

step 2　拆开机箱侧面的盖板。

step 3　使用螺丝刀拧下用于固定硬盘的螺丝钉。

step 4　将硬盘从硬盘托架中拽出后，拔下连接硬盘的电源线，然后再拔下连接硬盘的SATA数据线。

step 5　至此，硬盘的拆卸工作就完成了。更换硬盘后，连接新硬盘的数据线和电源线。

step 6　完成后用螺丝刀将硬盘固定在机箱上的硬盘托架内，并重新装好机箱挡板。

3.8.2 安装 CPU 散热器

用户可以参考下面介绍的方法，为 CPU 安装大型散热设备。

【例3-13】安装 CPU 散热器。

step 1　在安装散热器之前，首先应拆开散热器包装，整理并确认散热器各部分配件是否齐全。

step 2　使用配件中的铁条将散热风扇固定在散热片上。

step③ 接下来，安装散热器底座上的橡胶片。大型散热器一般支持多种主板平台，在安装底座时，用户可以根据实际需求调整散热器底座螺丝孔的孔距。

step④ 安装散热器底部扣具接口，将散热器底部的螺丝松脱，然后将这些对应的扣具插入散热器与卡片之间。

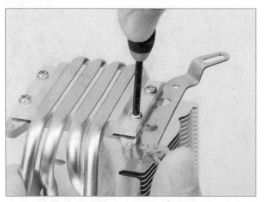

step⑤ 将不锈钢条牢牢固定在散热器底部后，用手摇晃一下，看看是否有松动。

step⑥ 将组装好的散热器底座扣到主板后面，这里要注意，一定要对正，并且仔细观察底座的金属部分是否碰到主板上的焊点。

step⑦ 将散热器落到主板上对准孔位准备进行安装。

step⑧ 使用螺丝将散热器固定在主板上。在固定四颗螺丝时一定不要单颗拧死后才进行下一颗的操作。正确的方法应该是每一颗拧一点，四颗螺丝循环调整，直到散热器稳定地锁在主板上。

step⑨ 最后，连接散热器电源，完成散热器的安装。

第 4 章

计算机的其他相关外设

　　前面介绍的硬件设备都属于计算机必备硬件或经常需要使用的设备，除此之外，还有一些扩展性硬件也占据着不可替代的位置，如打印机、扫描仪、投影仪、交换机、路由器、UPS 蓝牙适配器和读卡器等。本章将介绍这些硬件和设备并了解它们的主要性能以及一些注意事项。

4.1 打印机和扫描仪

打印机和扫描仪作为现代办公的常用设备，已经成为各大单位、企业以及各种集体组织不可或缺的办公设备之一，甚至很多个人和家庭用户也配备了这种设备。

4.1.1 打印机的类型

目前打印机在家用和商用两方面都有很大的使用市场，按打印原理不同分为针式打印机、喷墨打印机和激光打印机 3 种。

1. 针式打印机

针式打印机主要由打印机芯、控制电路和电源 3 部分组成，一般为 9 针和 24 针。针式打印机打印速度较慢，但由于使用物理击打式的方式打印纸张，一般不用于打印文档，而是打印发票、回执之类，在一些机关和事业单位应用较多。

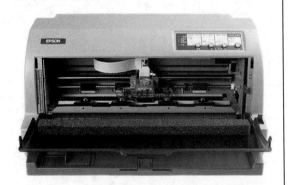

知识点滴

针式打印机之所以在很长的一段时间内能长时间流行不衰，与它极低的打印成本和很好的易用性以及单据打印的特殊用途是分不开的。当然，很低的打印质量、很大的工作噪声也是它无法适应高质量、高速度的商用打印需要的根结，所以现在只有在银行、超市等用于票单打印的很少地方还可以看见它的踪迹。

2. 喷墨打印机

喷墨打印机使用打印头在纸上形成文字或图像。打印头是一种包含数百个小喷嘴的设备，每一个喷嘴都装满了从可拆卸的墨盒中流出的墨。喷墨打印机打印的详细程度依赖于打印头在纸上打印的墨点的密度和精确度，打印品质根据每英寸上的点数来度量，点越多，打印的效果就越清晰。喷墨打印机一般在家庭或一些商务场所使用较多。

知识点滴

彩色喷墨打印机因有着良好的打印效果与较低价位，占领了广大中低端市场。此外，喷墨打印机还具有更为灵活的纸张处理能力，在打印介质的选择上，喷墨打印机也具有一定的优势：既可以打印信封、信纸等普通介质，还可以打印各种胶片、照片纸、光盘封面、卷纸、T恤转印纸等特殊介质。

3. 激光打印机

激光打印机是利用激光束进行打印的一种打印机，工作原理是使用一个旋转多角反射镜来调制激光束，并将其射到具有光导体表面的鼓轮或带子上。当光电导体表面移动时，经调制的激光束便在上面产生潜像，然后将上色剂吸附到表面潜像区，再以静电方式转印在纸上并溶化成永久图像或字符。激光打印机主要用于打印量较大的一些场合。

知识点滴

激光打印机是高科技发展的一种新产物，也是有望代替喷墨打印机的一种机型，分为黑白和彩色两种，它为我们提供了更高质量、更快速、更低成本的打印方式。

4.1.2 打印机的性能指标

打印机的性能指标主要有分辨率、打印速度、打印介质和打印耗材等，用户在购买打印机时可以根据这些指标进行选购。

1. 分辨率

打印机的分辨率是指每英寸打印的点数(dpi)，由横向和纵向两个方向的点数组成。标准的分辨率为600dpi，最高可达到1200dpi，分辨率越高，打印质量越好。但是，如果不需要顶级的图像处理效果，就不用追求1200dpi 标准。

2. 打印速度

不同的打印机，打印速度可能差别很大，一般激光打印机比喷墨打印机快，文本打印比图片打印快。打印机的打印速度以每分钟打印页数(ppm)为标准。其实这个标准只是从空白纸到打印文件的过程，并未包括系统处理时间。

3. 打印介质

打印介质也是打印机选购时必须考虑的因素，如果需要打印的仅是文本文件，许多打印机通过普通打印纸就能实现。但是为达到最佳打印效果，彩色打印机往往需要特殊的打印纸，这时每张纸的成本也需要另作计算。至于纸张的尺寸，无论是喷墨打印机还是激光打印机，一般都能满足标准纸张打印的需求，而使用特殊纸张，如重磅纸、信封、

幻灯片和标签打印的打印机价格则稍高。另外，打印机能够打印的最大幅面，即支持的纸张大小也不一样，一般用户只需打印A4纸张即可满足需求。但是如果需要打印工程图纸等，则需要能够打印A3幅面甚至更大幅面的打印机。

4. 打印耗材

打印耗材是用户购买打印机以后需要付出的潜在成本，这些耗材包括色带、墨粉、打印纸和打印机配件等，也是各厂商牟取巨额利润的地方。将这些耗材的成本分摊到打印的页数上，就可得到通常所说的单张成本。而在选择耗材类型时，如果想要降低成本，则可选择可以循环使用或市面上产品较多的类型。比如在选择硒鼓时，选择可以自行添加墨粉的硒鼓将比直接更换硒鼓成本低很多。

4.1.3 扫描仪的类型

扫描仪(Scanner)是一种高精度的光电一体化的科技产品，能将各种形式的图像信息快速输入计算机，是继键盘和鼠标之后功能极强的第三代计算机输入设备，从最直接的图片、照片到各类图纸图形，以及各类文稿等都可以用扫描仪扫描到计算机中，进而对这些图像形式的信息进行处理、转换、存储和输出等。根据不同的使用类型，扫描仪的外观也各不相同。

1. 按照扫描原理分类

扫描仪的种类很多，根据扫描仪原理的不同可分为手持式扫描仪、鼓式扫描仪、笔

式扫描仪、实物扫描仪和 3D 扫描仪，特点分别如下：

> 手持式扫描仪：用手推动完成扫描工作，也有个别产品采用电动方式在纸面上移动，最大扫描宽度为 105mm。

> 鼓式扫描仪：又称为滚筒式扫描仪，使用电倍增管作为感光器件，性能远远高于 CCD 类扫描仪，这些扫描仪一般光学分辨率在 1000dpi~8000dpi，色彩位数为 24~48 位，在印刷排版领域应用广泛。

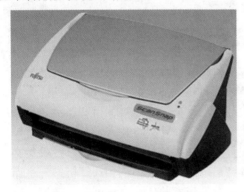

> 笔式扫描仪：又称为扫描笔，外形与普通的笔相似，扫描宽度大约只有四号汉子的宽度，使用时贴在纸上一行一行扫描，主要用于文字识别。

> 实物扫描仪：结构原理类似于数码相机，不过是固定式结构，拥有支架和扫描平台，分辨率远远高于市场上常见的数码相机，但一般只能拍摄静态物体，扫描一幅图像所花费的时间与扫描仪相当。

> 3D 扫描仪：一种针对实物的扫描仪，扫描后生成的文件能够精确描述物体三维结构的一系列坐标数据，输入 3dsMax 中即可完整地还原出物体的 3D 模型，由于只记录物体的外形，因此无彩色和黑白之分。

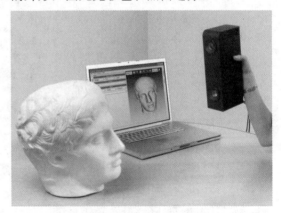

2. 按照用途分类

按照扫描仪的用途可分为家用扫描仪和工业使用扫描仪两种，特点分别如下：

> 家用扫描仪：一般为平板式的外形，使用方式类似于复印机，用户可将需要扫描的图片、照片和文稿等放在扫描仪的扫描板上，通过配套软件即可快速进行扫描。

> 工业使用扫描仪：体积通常较大，一般采用滚筒式或平台式，能很轻易地处理篇幅较大的文稿和照片，精确度和色彩逼真度都比家用扫描仪高，但价格也相对较贵。

4.1.4 扫描仪的性能指标

扫描仪的性能指标有分辨率、色彩深度、灰度值、感光元件、光源和扫描速度等。用户在选购时，可参考比对这些指标。

1. 分辨率

分辨率是扫描仪最重要的性能指标之一，直接决定了扫描仪扫描图像的清晰程度。通常用每英寸长度上的点数(dpi)来表示。较普通的扫描仪，光学分辨率为 300×600dpi，扫描质量好一些的扫描仪，光学分辨率通常为 600×1200dpi。一般普通用户使用 300×600dpi 的扫描仪就能满足需要。

2. 色彩深度、灰度值

扫描仪的色彩深度一般有24bit、30bit、32bit 和36bit 几种，较高的色彩深度位数可保证扫描仪保存的图像色彩与实物的真实色彩尽可能一致，而且图像色彩会更加丰富。通常分辨率为300×600dpi 的扫描仪，色彩深度为24bit 或30bit，而600×1200dpi 的扫描仪为36bit，最高的有48bit。灰度值则是进行灰度扫描时对图像由纯黑到纯白整个色彩区域进行划分的级数，编辑图像时一般都使用8bit，即256级，而主流扫描仪通常为10bit，最高可达12bit。

3. 感光元件

感光元件是扫描图像的拾取设备，相当于人的眼睛，对于靠光线工作的扫描仪来说，其重要性不言而喻。目前扫描仪所使用的感光器件有 3 种，即光电倍增管、电荷耦合器(CCD)和接触式感光器件(CIS 或 LIDE)。采用 CCD 的扫描仪技术经过多年的发展已经比较成熟，是目前大多数扫描仪主要采用的感光元件；而市场上能够见到的价格较便宜的 600×1200dpi 扫描仪几乎都是采用 CIS 作感光元件的，选购时要特别注意。

4. 光源

对于扫描仪而言，光源也是非常重要的一项性能指标，是指扫描仪机身内部的灯管与步进电机合成一体，随步进电机一起运动。因为 CCD 上所感受的光线全部来自于扫描仪自身的灯管。光源不纯或偏色，会直接影响到扫描结果。扫描仪内部用得较多的光源类型主要由 3 种：冷阴极荧光灯、RGB 三色发光二极管(即 LED)和卤素灯光源，其中卤素灯光源使用较少。

5. 扫描速度

扫描速度是指扫描仪从预览开始到图像扫描完成后光头移动的时间，但这段时间并不足以准确地衡量扫描的速度，有时把扫描图像送到相应的软件或文档中所花费的时间，往往比单纯的扫描过程还要长。而作业任务从打开扫描仪完成预热，到把从原稿放置在扫描平台上开始，再到最终完成图像处理的整个过程都计算在内，全面体现了扫描仪的速度性能。

4.2 认识投影仪

随着科学技术的发展，投影技术也不断成熟。投影仪在各种公共场所发挥着扩大展示的作用，越来越多的学校和企业开始使用投影仪取代传统的黑板和显示器。

4.2.1 投影仪的类型

按照投影仪成像原理的不同，可分为 CRT(阴极射线管)投影仪、LCD(液晶)投影仪和 DLP(数字光处理器)投影仪 3 类，特点分别如下：

CRT 投影仪：采用的技术和 CRT 显示器类似，是最早的投影技术。CRT 投影仪使用寿命较长，显示的图像色彩丰富，还原性好，具有丰富的几何失真调整能力。由于受到技术的制约，无法在提高分辨率的同时提高流明，直接影响 CRT 投影仪的亮度值，再加上体积较大和操作复杂，已逐渐被淘汰。

LCD 投影仪：采用最为成熟的透射式投影技术，投影画面色彩还原真实鲜艳，色彩饱和度高，光利用效率很高，LCD 投影仪比用相同瓦数光源灯的 DLP 投影仪有更高的 ANSI 流明光输出。目前市场上高流明的投影仪主要以 LCD 投影仪为主，但缺点是黑色层次表现不是很好，对比度一般都在500:1左右，可以明显看到投影画面的像素结构。

知识点滴

流明是指蜡烛的烛光在一米以外所显现出的亮度，一个 40W 的白炽灯泡，其发光效率大约是每瓦10 流明，因此可以发出 400 流明的光。

DLP 投影仪：采用反射式投影技术，DLP 投影仪的投影图像灰度等级、图像信号噪声相比其他类别的投影仪大幅度提高，画面质量细腻稳定，尤其在播放动态视频时，没有像素结构感，形象自然，数字图像还原真实精确，但由于考虑到成本和机身体积等因素，目前 DLP 投影仪多半采用单芯片设计，所以在图像颜色的还原上比 LCD 投影仪稍逊一筹，色彩不够鲜艳生动。

实用技巧

目前大多数 LCD 投影机产品的标称对比度为400:1，而大多数 DLP 投影机的标称对比度在 1500:1 以上。如果仅用于演示文字和黑白图片，则对比度在 400:1左右即可。

4.2.2 投影仪的性能指标

作为一种计算机产品，投影仪也有一些参数和性能指标，只有了解了这些指标之后，才能更加深入地认识投影仪。

1. 分辨率

投影仪的分辨率关系到投影仪所能显示的图像清晰程度，是由投影机内部的核心成像器体决定的，目前投影仪的分辨率通常为SVGA(800×600dpi)、XGA(1024×768dpi)和 SXGA(1280×1024dpi)3 种。

2. 对比度

投影仪的对比度是指成像的画面中黑与白的比值，也就是从黑到白的渐变层次，比值越大，从黑到白的渐变层次就越多，色彩表现越丰富。对比度对视觉效果的影响非常关键，一般来说对比度越大，图像越清晰，色彩也越鲜明、艳丽，对于图像的清晰度、细节表现、灰度层次表现都有很大帮助；反之，则会让整个画面都灰蒙蒙的。在一些黑白反差较大的文本显示、CAD 显示和黑白照片显示等方面，高对比度产品在黑白反差、清晰度和完整性等方面都具有优势。对比度对于动态视频显示效果的影响要更大一些，由于动态图像中明暗转换比较快，对比度越高，人眼越容易分辨出这样的转换过程。对比度高的产品在一些暗部场景中的细节表现、清晰度和高速运动物体的表现上优势更加明显。

3. 亮度

亮度的高低直接关系着在明亮的环境中是否能够看清楚投影的内容。一般来说，高度较高的投影仪，画面效果也更好一些。但亮度并不是决定画面质量的唯一因素。一般 300cd/m² 的投影仪适合在有遮光装置的教室、办公室或大型娱乐场合使用，800cd/m² 的投影仪可以满足采光条件一般的普通家庭使用，而亮度在 1000cd/m² 以上的投影仪可以在较明亮的场所使用。目前大多数小型高级影院和专业投影仪的亮度都在 1000cd/m² 以上，不过用户如果长时间观看这种投影仪所产生的图像，会对视力产生不良影响。

4. 灯泡

灯泡是投影仪的主要照明设备，但使用寿命较短，目前大多数投影机灯泡的寿命在 12000~30000 小时之间。而灯泡的价格较贵，并且不同品牌的投影仪灯泡一般也不能通用，所以在选购投影仪时，应询问其所使用灯泡的寿命和价格。

5. 梯形校正

在使用投影仪时，其位置应尽可能与投影屏幕成直角才能保证投影效果，如果无法保证两者垂直，画面就会产生梯形。如果投影仪不是吊装而是摆在桌面上，一般很难通过调整位置来保证垂直，此时可使用投影仪的梯形校正功能来进行校正，保证画面成标准的矩形。梯形校正通常有两种方法，即光学梯形校正和数码梯形校正。光学梯形校正是指通过调整镜头的物理位置来达到调整梯形的目的；数码梯形校则是通过软件的方法来实现梯形校正。目前，几乎所有的投影仪厂商都采用了数码梯形校正技术，而且采用数码梯形校正的绝大多数投影仪都支持垂直梯形校正功能，即投影仪在垂直方向可调节自身的高度。通过投影仪进行垂直方向的梯形校正，即可使画面调整成矩形，从而方便了用户的使用。

6. 噪音

投影仪的噪音主要是由投影仪的风扇旋转时产生的，由于投影仪的灯泡发热量较大，必须依靠机内风扇散热，在散热的同时会产生一些噪音。如果风扇噪声过大，会影响到用户使用时的效果，所以用户在选购时最好对风扇的噪音进行测试，一般能将噪音控制在 40dB 以下比较好。

7. 投影距离

投影距离是指投影仪镜头与屏幕之间的距离，一般用米(m)作为单位。普通的投影仪为标准镜头，适合大多数用户使用。而在实际的应用中，如果在狭小的空间内要获取大画面，需要选用配有广角镜头的投影仪，这样就可以在很短的投影距离内获得较大的投影画面尺寸。

> **实用技巧**
>
> 一般来讲，亮度越高的投影仪可以投射出较大的画面。根据镜头焦距有最小画面尺寸和最大画面尺寸，在这两个尺寸之间投影仪投射的画面很清晰。如果超出，可能会出现不清晰的情况。

8. 色彩数

色彩数就是屏幕上可以显示的颜色种类的总数。同显示器一样，投影仪投影出的画面能够显示的色彩数越丰富，投影效果就越好，现在多数投影仪都支持 24 位真彩色。

4.3　其他输入和输出设备

除了前面介绍的常见输入和输出设备外，你还会接触到一些其他的设备，如指纹读取器、手写板和摄像头等，这些设备可能并不经常使用，但在一些场合或者对于一部分用户来说，确有其用。

4.3.1 指纹读取器

指纹读取器是一种特殊的输入设备，主要用于在司法工作中鉴别指纹。它通过光学传感器将手指上的指纹成像，然后传输至计算机的系统数据库中，和数据库中存储的信息进行校对，以识别指纹所有者的身份。

4.3.2 手写板

手写板也是一种输入设备，其作用和键盘类似，对于不习惯使用键盘的用户来说非常方便，只需通过手写笔在手写板上滑动便可实现文字输入等功能。手写板还可以用于精确制图，例如可用于电路设计、CAD 设计、图形设计、自由回话以及文本和数据的输入等。选购手写板时需要注意以下性能指标：

▶ 压感计数：电磁式感应板分为有压感和无压感两种，其中有压感的输入板可以感应到手写笔在手写板上的力度，以实现更多的功能。目前主流的电磁式感应板的压感已经达到了 512 级，压感级数越高越好。

▶ 分辨率：指手写板在单位长度上分布的感应点数，精度越高对手写的反应越灵敏。

▶ 最高读取速度：手写板每秒钟所能读取的最大感应点数量，最高读取速度越高，手写板的反应速度越快，输入速度也就越快。

▶ 最大有效尺寸：表示手写板有效的手写区域，手写区越大，手写的回旋余地就越大，运笔也就更加灵活方便。

4.3.3 摄像头

摄像头是目前计算机最常用的视频交流设备，使用它可以通过网络聊天工具，例如腾讯 QQ 和视频电话等进行视频聊天，还可以通过摄像头对现场进行实时拍摄，然后通过电缆连接到电视机或计算机上，从而可以对现场进行实时监控。

摄像头有别于其他硬件，它的任何性能指标都关系到成像效果。

> **知识点滴**
>
> 摄像头分为数字摄像头和模拟摄像头，数字摄像头可以将视频采集设备产生的模拟视频信号转换成数字信号，模拟摄像头必须通过转换才能应用，目前一般均为数字摄像头。

▶ 像素：摄像头的像素大小直接决定着摄像效果的清晰程度。由于大多数用户都是使用摄像头进行视频交流，因此在选择摄像头时，一定要关注拍摄动态画面的像素值，而不要被静态拍摄时的高像素所误导。

▶ 分辨率：分辨率就是摄像头解析辨别图像的能力，在实际使用时，640×480dpi 的分辨率就已经可以满足普通用户的日程应用需求了。有些摄像头所标识的高分辨率是利用软件实现的，和硬件分辨率有一定的差距，购买时一定要注意。

▶ 调焦功能：调焦功能也是摄像头一项比较重要的性能指标，一般质量较好的摄像头都具备手动调焦功能，以得到清晰的图像。

▶ 感光元件：摄像头的感光元件主要由 CCD(电荷耦合)和 CMOS(互补金属氧化物导体)两种，相比较之下，采用 CCD 感光元件的摄像头的成像更清晰，色彩更逼真，但价格较高。对普通用户而言，选择 CMOS 感光元件的摄像头就足够了。

▶ 成像距离：摄像头的成像距离就是指摄像头可以相对清晰成像的最近距离到无限远这一范围。还有一个概念就是超焦距，它是指对焦以后能清晰成像的距离，摄像头一般都是利用了超焦距的原理，即短焦镜头可以让一定距离之外的景物都能比较清晰地成像的特点，省去对焦功能。

▶ 最大帧数：就是在 1 秒钟内传输的图片数量，通常用 fps(frames per second)表示，较高的帧率可以得到更流畅、更逼真的动画，所显示的动作也会越流畅。

4.4　局域网交换机

交换(Switching)是按照通信两端传输信息的需要，用人工或设备自动完成的方法，将要传输的信息送到符合要求的相应路由上的技术统称。

4.4.1　交换机与集线器的区别

局域网中的交换机也称为交换式 Hub(集线器)，如下图所示。20 世纪 80 年代初期，第一代 LAN 技术开始应用时，即使在上百个用户共享网络介质的环境中，10Mbps 似乎也是一个非凡带宽。但随着计算机技术的不断发展和网络应用范围的不断扩宽，局域网远远超出了原有 10Mbps 传输的要求，网络交换技术开始出现并很快得到了广泛应用。

用集线器组成的网络通常被称为共享式网络，而用交换机组成的网络则被称为交换式网络。共享式以太网存在的主要问题是所有用户共享带宽，每个用户的实际可用带宽随着网络用户数量的增加而递减。这是因为当信息繁忙时，多个用户可能同时"争用"一个信道，而一个信道在某一时刻只允许一个用户占用，所以大量用户经常处于监测等待状态，从而致使信号传输时产生抖动、停滞或失真，严重影响网络的性能。

而在交换式以太网中，交换机提供给每个用户的信息通道，除非两个源端口企图同时将信息发送至一个目的端口，否则多个源端口与目的端口之间可同时进行通信而不会发生冲突。

综上所述，交换机只是在工作方式上与集线器不同，其他如连接方式、速度选择等都与集线器基本相同。目前，市场上常见的交换机同样从速度上分为 10/100Mbps、100Mbps 和 1000Mbps 等几种，其所提供的端口数多为 8 口、16 口和 24 口等几种。

4.4.2　交换机的常用功能

交换式局域网可向用户提供共享式局域网不能实现的一些功能，主要包括隔离冲突区域、扩展距离、扩大联机数量、数据率灵活等。

1. 隔离冲突域

在共享式以太网中，使用 CSMA/CD(带有检测冲突的载波侦听多路访问协议)算法来进行介质访问控制。如果两个或更多个站点同时检测到信道空闲而又准备发射，它们将发生冲突。一组竞争信道访问的站点称为冲突域。显然同一个冲突域中的站点竞争信道，便会导致冲突和退避，而不同冲突的站点不会竞争公共信道，它们之间不会产生冲突。

在交换式局域网中，每个交换机端口就对应一个冲突域，端口就是冲突域的终点，由于交换机具有交换功能，不同端口的站点之间不会产生冲突。如果每个端口只连接一台计算机站点，那么在任何一对站点之间都不会有冲突。若一个端口连接一个共享式局域网，那么在该端口的所有站点之间会产生冲突，但该端口的站点和交换机其他端口的站点之间将不会产生冲突，因此交换机隔离了每个端口的冲突域。

2. 扩展距离、扩大联机数量

每个交换机端口可以连接一台计算机或不同的局域网。因此，每个端口都可以连接不同的局域网，其下级交换机还可以再次连接局域网，所以交换机扩展了局域网的连接距离。另外，用户还可以在不同的交换机中同时连接计算机，也扩展大了局域网连接计算机的数量。

3. 数据率灵活

交换式局域网中交换的每个端口可以使用不同的数据率，所以能够以不同的数据率部署站点，非常灵活。

4.4.3　交换机的选购常识

目前，各种网络设备公司不断推出不同功能及种类的交换机产品，而且市场上交换机的价格也越来越低廉。但是众多的品牌和产品系列也给用户带来了一定的选择困难，

选择交换机时需要考虑以下几个方面：

▶ 外形和尺寸：如果用户所应用的网络规模较大，或已经完成综合布线，工程要求网络设备集中管理，用户可以选择功能较多、端口数量较多的交换机，比如 19 英寸宽的机架式交换机应该是首选。如果用户所应用的网络规模较小，如家庭网，则可以考虑选择性价比较高的桌面型交换机。

▶ 端口数量：所选购交换机的端口数量应该根据网络中的信息点数量来决定，但是在满足需求的情况下，还应考虑到一定的冗余，以便日后增加信息点。若网络规模较小，如家庭网，用户选择 6~8 端口的交换机就能够满足家庭上网需求。

▶ 背板带宽：交换机所有端口间的通信都要通过背板来完成，背板所能够提供的带宽就是端口间通信时的总带宽。带宽越大，能够给各通信端口提供的可用带宽就越大，数据交换的速度就越快。因此，在选购交换机时用户应根据自身的需要选择适当背板带宽的交换机。

4.5　宽带路由器

宽带路由器是近年来新兴的一种网络产品，它伴随着宽带的普及应运而生。宽带路由器在一个紧凑的箱子中集成了路由器、防火墙、带宽控制和管理等功能，具备快速转发能力，拥有灵活的网络管理和丰富的网络状态等特点。

4.5.1　路由器的常用功能

宽带路由器的 WAN 接口能够自动检测或手动设定带宽运营商的接入类型，具备宽带运营商客户端发起功能，例如可以作为 PPPoE 客户端，也可以作为 DHCP 客户端，或是分配固定的 IP 地址。下面将介绍宽带路由器的一些常用功能。

1. 内置 PPPoe 虚拟拨号

在宽带数字线上进行拨号,不同于在模拟电话线上使用调制解调器的拨号。一般情况下,采用专门的协议 PPPoE(Point-to-Point Protocol over Ethernet),拨号后直接由验证服务器进行检验,检验通过后就建立起一条高速的用户数字通道,并分配相应的动态 IP。宽带路由器或带路由的以太网接口 ADSL 等都内置有 PPPoE 虚拟拨号功能,可以方便地替代手工拨号接入宽带。

2. 内置 DHCP 服务器

宽带路由器都内置 DHCP 服务器的功能和交换机端口,便于用户组网。DHCP 是 Dynamic Host Configuration Protocol(动态主机分配协议)的缩写,该协议允许服务器向客户端动态分配 IP 地址和配置信息。

3. 网络地址转换(NAT)功能

宽带路由器一般利用网络地址转换功能(NAT)以实现多用户的共享接入,NAT 功能比传统的采用代理服务器 Proxy Server 的方式具有更多的优点。NAT 功能提供了连接互联网的一种简单方式,并且通过隐藏内部网络地址的手段为用户提供安全保护。

4.5.2 路由器的选购常识

由于宽带路由器和其他网络设备一样,品种繁多、性能和质量也参差不齐,因此在选购时,应充分考虑需求、品牌、功能、指标参数等因素,并综合各项参数做出最终的选择。

▶ 明确需求:用户在选购宽带路由器时,应首先明确自身需求。目前,由于应用环境的不同,用户对宽带路由器也有不同的要求。例如 SOHO(家庭办公)用户需要简单、稳定、快捷的宽带路由器;而中小型企业和网吧用户对宽带路由器的要求则是技术成熟、安全、组网简单方便、宽带接入成本低廉等。

▶ 指标参数:路由器作为一种网间连接设备,一个作用是连通不同的网络,另一个作用是选择信息传送的线路。选择快捷路径,能大大提高通信速度,减轻网络系统的通信负荷,节约网络系统资源,提高网络系统性能。宽带路由器的吞吐量、交换速度及响应时间是 3 个最为重要的参数,用户在选购时应特别留意。

▶ 功能选择:随着技术的不断发展,宽带路由器的功能不断扩展。目前,市场上大部分宽带路由器提供 VPN、防火墙、DMZ、按需拨号、支持虚拟服务器、支持动态 DNS 等功能。用户在选购时,应根据自己的需要选择合适的产品。

▶ 选择品牌:在购买宽带路由器时,应选择信誉较好的名牌产品,例如Cisco、D-Link、TP- Link等。

4.6 ADSL Modem

ADSL Modem 是 ADSL(非对称用户数字环路)提供调制数据和解调数据的设备,此设备最高支持 8Mbps/s(下行)和 1Mbps/s(上行)的速率,抗干扰能力强,适于普通家庭用户使用。

4.6.1 ADSL Modem 常见类型

目前,市场上出现的 ADSL Modem 按照

其与计算机的连接方式,可以分为以太网 ADSL Modem、USB ADSL Modem 以及 PCI ADSL Modem 等几种。

1. 以太网 ADSL Modem

以太网 ADSL Modem 是一种通过以太网接口与计算机进行连接的 ADSL Modem。常见的 ADSL Modem 都属于以太网 ADSL Modem。

以太网 ADSL Modem 的性能最为强大，功能比较丰富，有的型号还带有路由和桥接功能，特点是安装与使用都非常简单，只要将各种线缆与其进行连接后即可开始工作。

2. USB ADSL Modem

USB ADSL Modem 在以太网 ADSL Modem 的基础上增加了一个USB接口，用户可以选择使用以太网接口或USB接口与计算机进行连接。USB ADSL Modem的内部结构、工作原理与以太网ADSL Modem并没有太大的区别。

3. PCI ADSL Modem

PCI ADSL Modem 是一种内置式Modem。相对于以太网 ADSL Modem 和 USB ADSL Modem，该 ADSL Modem 的安装方式稍微复杂一些，需要用户打开计算机主机机箱，将 Modem 安装在主板上相应的插槽内。另

外，PCI ADSL Modem 大都只有一个电话接口，其线缆的连接也较简单。

4.6.2 ADSL Modem的选购常识

用户在选购一款 ADSL Modem 的过程中，应充分考虑接口、安装软件以及是否随机附带分离器等方面，具体如下：

▶ 选择接口：现在ADSL Modem的接口方式主要有以太网、USB和PCI三种。USB、PCI接口的ADSL Modem适用于家庭用户，性价比较好，并且小巧、方便、实用；外置型以太网接口的ADSL Modem更适用于企业和办公室的局域网，可以带多台计算机进行上网。另外，有的以太网接口的ADSL Modem同时具有桥接和路由的功能，这样就可以省掉一个路由器。外置型以太网接口的带路由功能的 ADSL Modem支持DHCP、NAT、RIP等功能，还有自己的IP POOL(IP池)可以给局域网内的用户自动分配IP，既可以方便网络的搭建，又能够节约组网的成本。

▶ 比较安装软件：虽然 ADSL 被电信公司广泛推广，而且 ADSL Modem 的装配和使用也都很方便，但这并不等于说 ADSL 在推广中就毫无障碍。由于 ADSL Modem 的设置相对较复杂，厂商提供安装软件的好坏直接决定用户是否能够顺利地安装上 ADSL Modem。因此，用户在选购 ADSL Modem 时还应充分考虑其安装软件是否简单易用。

▶ 是否附带分离器：由于 ADSL 使用的信道与普通 Modem 不同，其利用电话介质但不占用电话线，因此需要一个分离器。有的厂家为了追求低价，就将分离器单独拿出来卖，这样 ADSL Modem 就会相对便宜，用户选购时应注意这一点。

4.7　案例演练

本章的案例演练部分包括连接打印机和使用移动存储设备两个综合实例操作，用户通过练习可巩固本章所学知识。

4.7.1　连接打印机

在安装打印机前，应先将打印机连接到计算机上并装上打印纸。常见的打印机一般都为 USB 接口，只需连接到计算机主机的 USB 接口，然后接好电源并打开打印机开关即可。

【例 4-1】将打印机与计算机相连，并在打印机中装入打印纸。

step 1　使用 USB 连接线将打印机与计算机 USB 接口相连，并装入打印纸。

step 2　调整打印机中打印纸的位置，使其位于打印机纸匣的中央。

step 3　接下来，连接打印机电源。

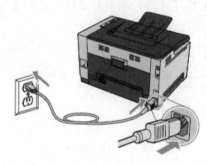

step 4　最后，打开打印机开关。

4.7.2　使用移动存储设备

U 盘、移动硬盘是目前最为常用的移动存储设备，使用它们可以将计算机中的数据与资料随身携带。用户可以参考下例中介绍的方法，在计算机中使用 U 盘与移动硬盘。

【例 4-2】操作移动硬盘，将当前计算机 D 盘中的 Music 文件夹拷贝到 U 盘中。

step 1　将 U 盘插入到计算机机箱上的 USB 插槽中，连接成功后，在桌面任务栏的通知区域会显示图标。

step 2 此时，双击【计算机】图标，打开【计算机】窗口，在【有可移动存储的设备】区域会出现【可移动磁盘】图标。双击【本地磁盘(D:)】图标。

step 3 打开【本地磁盘(D:)】窗口，右击【Music】文件夹，在弹出的快捷菜单中选择【复制】命令。

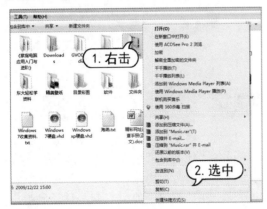

step 4 返回【计算机】窗口，双击【可移动磁盘(F:)】图标。

step 5 打开【可移动磁盘(F:)】窗口，在空白处右击，在弹出的快捷菜单中选择【粘贴】命令。

step 6 系统即开始复制文件到 U 盘中并显示文件复制的进度。

step 7 此时，观察 U 盘的指示灯，会发现指示灯在不停地闪烁。

step 8 文件复制完成后，U 盘不能直接拔下。单击通知区域的图标，并选择【弹出 Mass Storage】命令。

step 9 当桌面的右下角出现【安全地移除硬件】提示并且 U 盘的指示灯熄灭时，再将 U 盘从计算机上拔出。

第5章

设置 BIOS

对于很多普通的计算机用户来说，BIOS 就好像计算机中一个神秘的东西，高深莫测。其实，BIOS 只是计算机硬件的设置和管理程序，了解 BIOS 的设置方法将有助于用户日后对计算机的使用和维护。首先要通过 BIOS 设置程序对控制系统的某些重要参数进行调整，例如更改设备的启动顺序，以便通过光驱安装操作系统或设定系统的日期和时间等。

 对应光盘视频

5.1 BIOS 的基础知识

BIOS(Basic Input Output System，基本输入输出系统)是一组固化在计算机主板上一个 ROM 芯片上的程序，保存着计算机最重要的基本输入输出程序、系统设置信息、开机后自检程序和系统自启动程序，主要功能是为计算机提供最底层的、最直接的硬件设置和控制。本节将介绍 BIOS 的基础知识。

5.1.1 BIOS 简介

BIOS 是计算机中最基础而又最重要的一段程序。这段程序存放在一个不需要电源、可重复编程、可擦写的只读存储器(BIOS 芯片)中。该存储器也被称作 EEPROM(电可擦除可编程只读存储器)。它为计算机提供最低级的、但却最直接的硬件控制并存储一些基本信息，计算机的初始化操作都是按照固化在 BIOS 里的内容来完成的。

知识点滴

准确地说，BIOS 是硬件与软件之间的"转换器"，或者说是人机交流的接口，它负责解决硬件的即时要求，并按软件对硬件的操作具体执行。用户在使用计算机的过程中都会接触到 BIOS，它在计算机系统中起着非常重要的作用。

5.1.2 BIOS 与 CMOS 的区别

在日常操作与维护计算机的过程中，用户经常会接触到 BIOS 设置与 CMOS 设置的说法，一些计算机用户会把 BIOS 和 CMOS 的概念混淆起来。下面将详细介绍 BIOS 与 COMS 的区别。

▷ CMOS(Complementary Metal Oxide Semiconductor，互补金属氧化物半导体)是计算机主板上的一块可读写的 RAM 芯片，由主板电池供电。

▷ BIOS 是设置硬件的一组计算机程序，该程序保存在主板上的 CMOS RAM 芯片中，通过 BIOS 可以修改 CMOS 参数。

由此可见，BIOS是用来完成系统参数设置与修改的工具，CMOS是设定系统参数的存放场所。CMOS RAM芯片可由主板上的电池供电，这样即使系统断电，CMOS中的信息也不会丢失。目前计算机的CMOS RAM芯片多采用Flash ROM，可以通过主板跳线开关或专用软件对其重写，以实现对BIOS的升级。

5.1.3 BIOS 的基本功能

BIOS 用于保存计算机最重要的基本输入/输出程序、系统设置信息、开机上电自检程序和系统自检及初始化程序。虽然 BIOS 设置程序目前存在各种不同版本，功能和设置方法也各不相同，但主要的设置项基本上是相同的，一般包括如下几个方面：

▷ 设置 CPU：大多数主板采用软跳线

的方式来设置 CPU 的工作频率。设置的主要内容包括外频、位频系数等 CPU 参数。

▶ 设置基本参数：包括系统时钟、显示器类型、启动时对自检错误处理的方式。

▶ 设置磁盘驱动器：包括自动检测IDE接口、启动顺序、软盘硬盘的型号等。

▶ 设置键盘：包括接电时是否检测硬盘、键盘类型、键盘参数等。

▶ 设置存储器：包括存储器容量、读写时序、奇偶校验、内存测试等。

▶ 设置缓存：包括内/外缓存、缓存地址/尺寸、显卡缓存设置等。

▶ 设置安全：包括病毒防护、开机密码、Setup 密码等。

▶ 设置总线周期参数：包括AT总线时钟(ATBUS Clock)、AT 周期等待状态(AT Cycle Wait State)、内存读写定时、缓存读写等待、缓存读写定时、DRAM刷新周期、刷新方式等。

▶ 管理电源：这是关于系统的绿色环保节能设置，包括进入节能状态的等待延时时间、唤醒功能、IDE 设备断电方式、显示器断电方式等。

▶ 设置即插即用及 PCI 局部总线参数：关于即插即用的功能设置，包括 PCI 插槽 IRQ 中断请求号、CPU 向 PCI 写入直冲、总线字节合并、PCI IDE 触发方式、PCI 突发写入、CPU 与 PCI 时钟比等。

▶ 设置板上集成接口：包括板上FDC软驱接口、串行并行接口、IDE接口允许/禁止状态、I/O地址、IRQ及DMA设置、USB接口、IrDA接口等。

5.1.4　BIOS 的分类

根据制造厂商的不同，可以将BIOS程序分为 Award BIOS、Phoenix BIOS、AMI BIOS 三种类型，由于 Award和Phoenix已经合并，目前新主板使用的BIOS只有Phoenix-Award BIOS和AMI BIOS两种。另外，Intel公司还推出了一种图形化操作的BIOS——EFT，它

将是下一代计算机的主流BIOS。下面分别进行介绍：

▶ Phoenix-Award BIOS：Phoenix BIOS 是由Phoenix公司开发的BIOS程序，而Award BIOS是由以前的Award Software公司开发的BIOS程序，这两种BIOS也曾是市场上主流的计算机BIOS程序。两家公司合并后，推出了Phoenix-Award BIOS，它是目前主板上使用最广泛的BIOS。

▶ AMI BIOS：开发于 20 世纪 80 年代中期，早期的 286、386 大多采用 AMI BIOS，它对各种软硬件的适应性好，能保证系统性能的稳定。到 20 世纪 90 年代后，绿色节能计算机开始普及，AMI 却没能及时推出新版本来适应市场，使得 Award BIOS 占领了大半壁江山。当然 AMI 也有非常不错的表现，新推出的版本依然功能强劲。

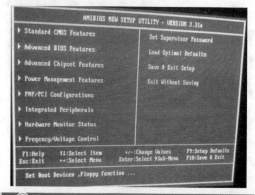

知识点滴

BIOS 虽然也是一组程序，但因为系统必须先执行 BIOS 才能使键盘、光盘上的程序正常工作，所以 BIOS 程序不能放在这些存储介质中，而必须存放在 ROM 中，进行永久保存。

> EFI BIOS：可扩展固件接口，它是Intel 公司推出的一种在未来的计算机系统中代替传统 BIOS 的升级方案，它全新的图像优化设计使 BIOS 设置就像使用操作系统一样简单，代替了传统 BIOS 的文字界面，并且支持高级显示模式和鼠标操作，目前 EFI BIOS 已经开始普及，逐步替代传统的 BIOS。

5.2　BIOS 参数设置

本节将通过实例操作结合图片说明的形式，详细介绍设置计算机 BIOS 的具体方法，并帮助用户进一步了解 BIOS 的相关知识。

5.2.1　BIOS 设置界面

> Award BIOS：启动计算机时按Del键进入。

> AMI BIOS：启动计算机时按 Del 键或 Esc 键进入。

Award BIOS 的设置界面，用方向键"←"、"↑"、"→"、"↓"移动光标来选择界面上的选项，然后按 Enter 键进入子菜单，用 Esc 键来返回父菜单，用 Page Up 和 Page Down 键来选择具体选项。

5.2.2　认识 BIOS 界面

在 Award BIOS 设置主界面中，各选项的功能如下所示：

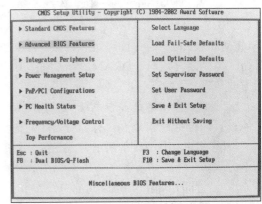

> Standard CMOS Features(标准 CMOS 设定)：用来设定日期、时间、软硬盘规格、工作类型以及显示器类型。

> Advanced BIOS Features(BIOS 功能设定)：用来设定 BIOS 的特殊功能，例如开机磁盘优先程序等。

> Integrated Peripherals(内建整合设备周边设定)：这由主板整合设备设定。

> Power Management Setup(省电功能设定)：设定CPU、硬盘、显示器等设备的省电功能。

> PnP/PCI Configurations(即插即用设备与 PCI 组态设定)：用来设置 ISA 以及其他即插即用设备的中断以及其他差数。

> Load Fail-Safe Defaults(载入 BIOS 预设值)：用于载入 BIOS 初始设置值。

> Load Optimized Defaults(载入主板 BIOS 出厂设置)：这是 BIOS 的最基本设置，用来确定故障范围。

> Set Supervisor Password(管理者密码)：由计算机管理员设置进入 BIOS 修改设置的密码。

> Set User Password(用户密码)：用于设置开机密码。

> Save & Exit Setup(存储并退出设置)：用于保存已经更改的设置并退出 BIOS 设置。

> Exit Without Saving：用于不保存已经修改的设置，并退出 BIOS 设置。

5.2.3 装机常用的 BIOS 设置

本节将详细介绍如何在 BIOS 中完成一些装机常用设置，包括设置日期时间、设置启动设备顺序、屏蔽板载声卡、设置 BIOS 密码等，使用户掌握装机时必要的 BIOS 设置方法。

1. 调整系统日期和时间

进入BIOS设置界面后，首先设置BIOS的日期和时间，这样在安装操作系统后，系统的日期与时间会自动根据BIOS中设置的日期和时间来设置。

【例 5-1】在 BIOS 中设置计算机的日期与时间。

🔴 视频

step① 首先进入BIOS设置界面，使用键盘的方向键，选择【Standard CMOS Features】选项。

step② 按Enter键，使用方向键移动至日期参数处，按Page Down或Page Up键设置日期参数，以同样的方法设置时间，按Esc键返回。

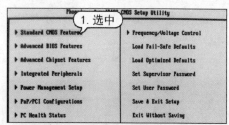

2. 设置驱动设备的启动顺序

要正常启动计算机，需要经历硬盘、光驱、软驱等设备的引导。掌握设置计算机设备启动顺序的方法十分重要，如要使用光盘安装 Windows 操作系统，就需要将光驱设置为第一启动设备。

【例 5-2】在 BIOS 中设置第一启动设备。

🔴 视频

step① 进入 BIOS 设置主界面后，使用方向键选择【Advanced BIOS Features】选项。

step② 按Enter键，进入【Advanced BIOS Features】选项的设置界面，默认选中【First Boot Device】选项。

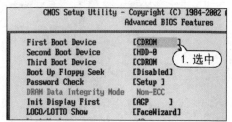

step③ 按Enter键，打开【First Boot Device】

选项的设置界面，使用方向键选择【CDROM】选项。

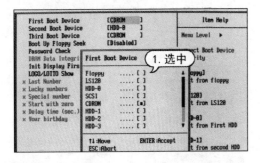

step④ 按Enter键确认，设置光驱为第一启动设备，然后按Esc键返回BIOS设置主界面。

3. 关闭软驱检测

现在组装计算机的时候都不安装软驱，但是一些低版本的 BIOS 在默认设置下每次开机时都要自动检测软驱，为了缩短自检时间，用户可以设置开机不检测软驱。

【例5-3】设置在开机时不检测软驱。

🔘 视频

step① 进入BIOS设置主界面后，使用方向键选择【Advanced BIOS Features】选项。

step② 在打开的界面中，选择【Boot Up Floppy Seek】选项。然后按Page Up或Page Down键，选择【Disabled】选项。

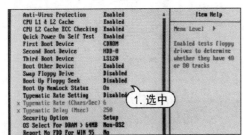

step③ 按 Esc 键返回 BIOS 设置主界面。

4. 屏蔽主板板载声卡

目前大部分主板都集成了声卡，若对板载声卡的音质不满意，更换了一块性能更强的独立声卡，则在使用时需要在 BIOS 中屏蔽板载声卡。

【例5-4】设置屏蔽主板上的集成声卡。

🔘 视频

step① 进入BIOS设置主界面后，选择【Integrated Peripherals】选项。

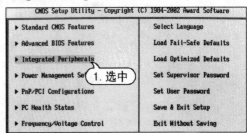

step② 按Enter键进入【Integrated Peripherals】选项的设置界面。

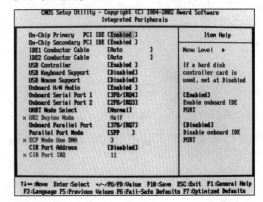

step③ 使用方向键移至【Onboard H/W Audio】选项。

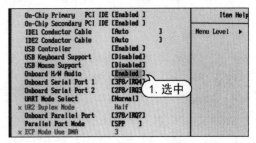

step④ 按Enter键，打开【Onboard H/W Audio选项的设置界面】，使用方向键选择Disabled选项，最后按下Enter键。

5. 保存并退出 BIOS 设置

在进行了一系列的 BIOS 设置操作后，用户需要将设置保存并重新启动计算机，才能使所做的修改生效。

【例 5-5】保存并退出 BIOS 设置。

视频

step 1 进入 BIOS 设置主界面后，使用方向键选择【Save & Exit Setup】选项。

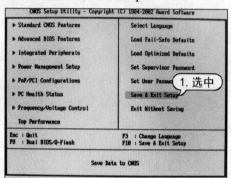

step 2 按 Enter 键，打开保存提示框，询问是否需要保存。

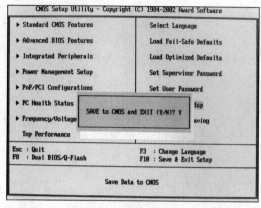

step 3 输入 Y，按 Enter 键确认保存并退出 BIOS，自动重新启动计算机。

5.3　BIOS 的升级

BIOS 程序决定了计算机对硬件的支持，由于新的硬件不断出现，使计算机无法支持旧的硬件设备，这就需要对 BIOS 进行升级，提高主板的兼容性和稳定性，同时还能获得厂家提供的新功能。

5.3.1　升级前的准备

升级 BIOS 属于比较底层的操作，如果升级失败，将导致计算机无法启动，且处理起来比较麻烦，因此在升级 BIOS 之前应做好以下几方面的准备工作：

1. 查明主板类型以及 BIOS 的种类和版本

不同类型的主板 BIOS 升级方法存在差异，可通过查看主板的包装盒及说明书、主板上的标注、开机自检画面等方法查明主板类型。另外需要确定 BIOS 的种类和版本，这样才能找到与其对应的 BIOS 升级程序。

2. 准备 BIOS 文件和擦写软件

不同的主板厂商会不定期地推出其 BIOS 升级文件，用户可到主板厂商的官方网站进行下载。对于不同的 BIOS 类型，升级 BIOS 需要相应的 BIOS 擦写软件，如 AWDFlash 等。一些著名的主板会要求使用专门的软件。

3. BIOS 和掉线设定

为了保障 BIOS 升级的顺畅无误，在升级前还需要进行一些相关的 BIOS 设定，如关闭病毒防范功能、关闭缓存和镜像功能、设置 BIOS 防写跳线为可写入状态等。

5.3.2　升级 BIOS

做好 BIOS 升级准备后，便可进入 DOS 系统下，运行升级程序进行 BIOS 的升级。关于 DOS 环境，可下载一个 MaxDOS 工具进行安装，然后重新启动计算机到该系统下进行操作。

下面将在DOS环境下，对一款主板的BIOS进行升级，并在升级前对BIOS进行备份。

【例5-6】升级BIOS。

step 1 打开机箱，查看主板型号，然后在官方网站上搜索，查找对应主板BIOS的升级程序。下载与主板BIOS型号相匹配的BIOS数据文件。

step 2 将下载的BIOS升级程序和数据文件拷贝到C盘下，在C盘根目录下新建一个名为"UpateBIOS"的文件夹，然后将BIOS升级程序和数据文件拷贝到该目录下。

step 3 重启计算机，在出现开机画面时按下键盘对应键进入CMOS设置，进入【BIOS Features Setup】界面，将【Boot Virus Deltection】选项设置为【Disabled】。

step 4 设置完成后，按F10功能键保存退出CMOS并重启。在计算机启动过程中，不断按F8功能键以进入系统启动菜单，选择【带命令行提示的安全模式】选项。

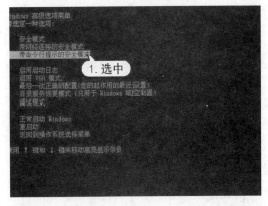

step 5 在命令提示符状态下，输入如下图所示命令，将当前目录切换至c:\UpdateBIOS下。

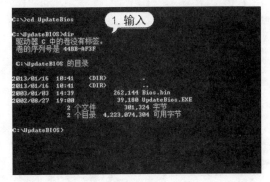

step 6 在命令提示符状态下，输入命令UpdateBIOS，按下Enter键，进入BIOS更新程序，显示器上出现下图画面。

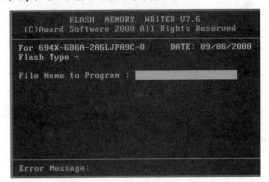

step 7 根据屏幕提示，输入升级文件名bios.bin，并按下Enter键确定。

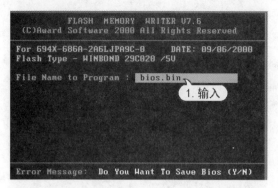

下，询问是否要升级BIOS。

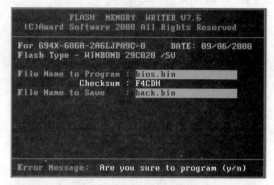

step 8 刷新程序提示是否备份主板的BIOS文件，把目前系统的BIOS内容备份到机器上并记住文件名，在此将BIOS备份文件命名为back.bin，以便在更新BIOS的过程中发生错误时，可以重新写回原来的BIOS数据。

step 11 选择【y】选项，刷新程序开始正式刷新BIOS。在刷新BIOS的过程中，不要中途关机，否则计算机可能出现错误。

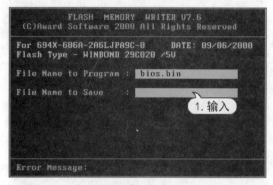

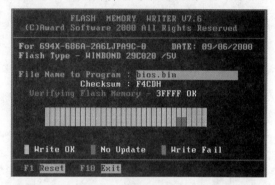

step 9 在【File Name to Save】文本框中输入要保存的文件名back.bin。按下Enter键，刷新程序开始读出主板的BIOS内容，保存成一个文件。

step 12 当进度条达到100%时，刷新过程就完成了，刷新程序提示按下F1功能键重启计算机或按F10功能键退出刷新程序。一般选择重启计算机，按F10功能键进入BIOS设置，进入【BIOS Features Setup】界面，将【Boot Virus Deltection】选项设置为【Enable】。再次重启计算机，至此，完成BIOS的升级工作。

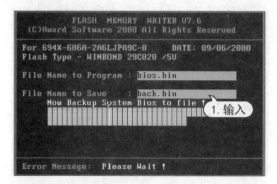

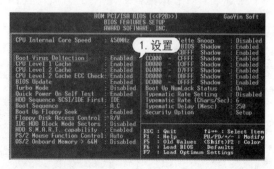

step 10 完成备份后，刷新程序出现的画面如

5.4　BIOS 自检报警声的含义

启动计算机，经过大约 3 秒钟，如果一切顺利没有问题的话，机箱里的扬声器就会清脆地发出"滴"的一声，并且显示器出现启动信息。否则，BIOS 自检程序会发出报警声音，根据出错的硬件不同，报警声音也不相同。

5.4.1　Award BIOS 报警声

Award BIOS 报警声的含义解释如下：

▶ 1 声长报警音：没有找到显卡。

▶ 2 短 1 长声报警音：提示主机上没有连接显示器。

▶ 3 短 1 长声报警音：与视频设备相关的故障。

▶ 1 声短报警音：刷新故障，主板上的内存刷新电路存在问题。

▶ 2 声短报警音：奇偶校验错误。

▶ 3 声短报警音：内存故障。

▶ 4 声短报警音：主板上的定时器没有正常工作。

▶ 5 声短报警音：主板 CPU 出现错误。

▶ 6 声短报警音：BIOS 不能正常切换到保护模式。

▶ 7 声短报警音：处理器异常，CPU 产生了一个异常中断。

▶ 8 声短报警音：显示错误，没有安装显卡，或是内存有问题。

▶ 9 声短报警音：ROM 校验和错误，与 BIOS 中的编码值不匹配。

▶ 10 声短报警音：CMOS 关机寄存器出现故障。

▶ 11 声短报警音：外部高速缓存错误。

5.4.2　AMI BIOS 报警声

AMI BIOS 报警声的含义解释如下：

▶ 1 声短报警音：内存刷新失败。

▶ 2 声短报警音：内存 ECC 校验错误。解决方法：在 BIOS 中将 ECC 禁用。

▶ 3 声短报警音：系统基本内存(第一个 64KB)检查失败。

▶ 4 声短报警音：校验时钟出错。解决方法：尝试更换主板。

▶ 5 声短报警音：CPU 出错，解决方法是检查 CPU 设置。

▶ 6 声短报警音：键盘控制器错误。

▶ 7 声短报警音：CPU 意外中断错误。

▶ 8 声短报警音：显存读/写失败。

▶ 9 声短报警音：提示 ROM BIOS 检验错误。

▶ 10 声短报警音：CMOS 关机注册时读/写出现错误。

▶ 11 声短报警音：Cache(高速缓存)存储错误。

5.4.3　常见错误提示

除了报警提示音外，当计算机出现问题或 BIOS 设置错误时，在显示器屏幕上会显示错误提示信息，根据提示信息，用户可以快速了解问题所在并加以解决。常见错误提示与解决方法如下：

▶ Press TAB to show POST screen：有一些 OEM 厂商会以自己设计的显示画面来取代 BIOS 预设的开机显示画面。该提示就是要告诉用户，可以按 TAB 键切换厂商的自定义画面与 BIOS 预设的开机画面。

▶ CMOS battery failed：提示 CMOS 电池电量不足，需要更换新的主板电池。

▶ CMOS check sum error-defaults loaded：表示 CMOS 执行全部检查时发现错误，因此载入预设的系统设定值。通常发生这种状况都是因为主板电池电力不足造成的，所以不妨先换个电池试试看。如果问题依然存在的话，那就说明 CMOS RAM 可能有问题，最好送回原厂处理。

实用技巧

主板上的 BIOS 电池寿命为 30 年，除非维护失当，否则一般不用更换。

> Display switch is set incorrectly：较旧的主板上有跳线可设定显示器为单色或彩色，而这个错误提示信息表示主板上的设定和 BIOS 里的设定不一致，重新设定即可。

> Press ESC to skip memory test：如果在 BIOS 内没有设定快速加电自检，则开机时就会测试内存。如果不想等待，可按 Esc 键跳过或到 BIOS 设置程序中开启【Quick Power On Self Test】选项。

> Secondary slave hard fail：表示检测从盘失败。原因有两种：CMOS 设置不当，例如没有从盘但在 CMOS 中设有从盘；硬盘的数据线可能未接好或者硬盘跳线设置不当。

> Override enable-defaults loaded：表示当前 BIOS 设定无法启动计算机，载入 BIOS 预设值以启动计算机。这通常是由于 BIOS 设置错误造成的。

5.5　案例演练

本章的案例演练部分包括设置 BIOS 密码、载入 BIOS 设置和设置计算机定时关机等多个综合实例操作，用户可以通过练习巩固本章所学的知识。

5.5.1　设置 BIOS 密码

用户可以参考下面介绍的方法，为 BIOS 界面设置访问密码。

【例 5-7】设置 BIOS 访问密码。

■视频

step 1 进入 BIOS 设置主界面后，使用方向键选择【Set Supervisor Password】选项，然后按 Enter 键。

step 2 打开【Enter Password】对话框，输入设置的密码。

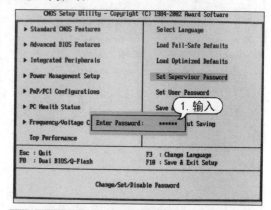

知识点滴

设置的 BIOS 密码字符可以是英文字母、数字、符号和空格键等，且字母将区分大小写。在设置时留意计算机的大小写字母状态，以免再次进入时输入错误密码。

step 3 按 Enter 键，打开【Confirm Password】对话框，再次输入设置的密码。

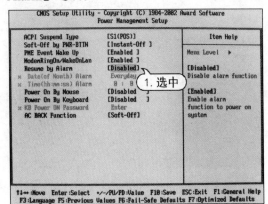

step 4 输入完成后，按Enter键确认并返回。

5.5.2 设置计算机定时关机

在 BIOS 设置界面中，用户可以参考下面介绍的方法，设定计算机定时自动关机。

【例5-8】设置计算机定时关机。

●视频

step 1 在开机时按Del键进入BIOS设置主界面。使用方向键选择【Power Management Setup】选项后，按Enter键。

step 2 在【Power Management Setup】选项的设置界面中，使用方向键选择【Resume by Alarm】选项。

step 3 按Enter键，在弹出的【Resume by Alarm】对话框中选择【Enabled】选项。

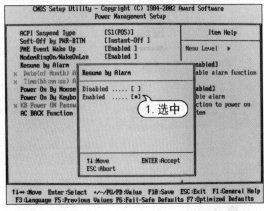

step 4 按Enter键，激活下方的【Time(hh:mm: ss)Alarm】选项，然后配合方向键和数字键设置适当的时间。设置完成后，保存并退出BIOS，完成计算机定时关机的设置。

第6章

安装与配置操作系统

　　在为计算机安装操作系统之前，需要对计算机的硬盘进行分区和格式化。分区是指将硬盘划分成多个区域，以便数据的存储和管理；而格式化是为硬盘的各个分区选择所需的文件系统，并将分区操作划分的硬盘进一步划分为可以用来存储数据的单元。对计算机硬盘进行分区和格式化之后，就可以安装操作系统了。

- - - - - - - - 对应光盘视频 -

6.1 认识硬盘分区与格式化

简单地说，硬盘分区就是将硬盘内部的空间划分为多个区域，以便在不同的区域中存储不同的数据；而格式化硬盘则是将分区好的硬盘，根据操作系统的安装格式需求进行格式化处理，以便在系统安装时，安装程序可以对硬盘进行访问。

6.1.1 认识硬盘分区

硬盘分区是指将硬盘划分为多个区域，以便数据的存储与管理。对硬盘进行分区主要包括创建主分区、扩展分区和逻辑分区 3 部分。主分区一般安装操作系统，将剩余的空间作为扩展空间，在扩展空间中再划分一个或多个逻辑分区。

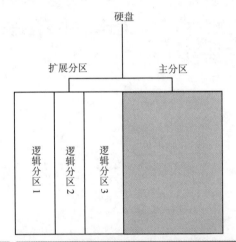

知识点滴

一块硬盘上只能有一个扩展分区，而且扩展分区不能被直接使用，必须将扩展分区划分为逻辑分区才能使用。在 Windows 7、Linux 等操作系统中，逻辑分区的划分数量没有上限。但分区数量过多会造成系统的启动速度变慢，而单个分区的容量过大也会影响到系统读取硬盘的速度。

6.1.2 硬盘的格式化

硬盘格式化是指将一张空白的硬盘划分成多个小的区域，并且对这些区域进行编号。对硬盘进行格式化后，系统就可以读取硬盘，并在硬盘中写入数据了。做个形象比喻，格式化相当于在一张白纸上用铅笔打上格子，这样系统就可以在格子中读写数据了。如果

没有格式化操作，计算机就不知道要从哪里写、哪里读。另外，如果硬盘中存有数据，那么经过格式化操作后，这些数据将会被清除。

6.1.3 常见文件系统简介

文件系统是基于存储设备而言的，通过格式化操作可以将硬盘分区和格式化为不同的文件系统。文件系统是有组织地存储文件或数据的方法，目的是便于数据的查询和存取。

在DOS/Windows系列操作系统中，常使用的文件系统为FAT 16、FAT 32、NTFS等。

▶ FAT 16：FAT 16 是早期 DOS 操作系统下的格式，它使用 16 位的空间来表示每个扇区配置文件的情形，故称为 FAT 16。由于设计上的原因，FAT 16 不支持长文件名，受到 8 个字符的文件名加 3 个字符的扩展名的限制。另外，FAT 16 所支持的单个分区的最大尺寸为 2GB，单个硬盘的最大容量一般不能超过 8GB。如果硬盘容量超过 8GB，8GB 以上的空间将会因无法利用而浪费，因此该类文件系统对磁盘的利用率较低。此外，此系统的安全性比较差，易受病毒的攻击。

▶ FAT 32：FAT 32 是继 FAT 16 后推出的文件系统，它采用 32 位的文件分配表，并且突破了 FAT 16 分区格式中每个分区容量只有 2GB 的限制，大大减少了对磁盘的浪费，提高了磁盘的利用率。FAT 32 是目前普遍使用的文件系统分区格式。FAT 32 分区格式也有缺点，由于这种分区格式支持的磁盘分区文件表比较大，因此其运行速度略低于 FAT 16 分区格式的磁盘。

▶ NTFS：NTFS是Windows NT的专用格式，具有出色的安全性和稳定性。这种文件系统与DOS以及Windows 98/Me系统不兼

容，要使用该文件系统应安装Windows 2000操作系统以上的版本。另外，使用NTFS分区格式的另一个优点是在用户使用的过程中不易产生文件碎片，还可以对用户的操作进行记录。NTFS格式是目前最常用的文件格式。

6.1.4　硬盘的分区原则

对硬盘分区并不难，但要将硬盘合理地分区，则应遵循一定的原则。对于初学者来说，掌握了硬盘分区的原则，就可以在对硬盘分区时得心应手。在对硬盘进行分区时可参考以下原则：

▶　分区实用性：对硬盘进行分区时，应根据硬盘的大小和实际的需求对硬盘分区的容量和数量进行合理的划分。

▶　分区合理性：分区合理性是指对硬盘的分区应便于日常管理，过多或过细的分区会降低系统启动和访问资源管理器的速度，同时也不便于管理。

▶　最好使用NTFS文件系统：NTFS文件系统是一个基于安全性及可靠性的文件系统，除兼容性之外，在其他方面远远优于FAT 32 文件系统。NTFS文件系统不但可以支持高达 2TB大小的分区，而且支持对分区、文件夹和文件的压缩，可以更有效地管理磁盘空间。对于局域网用户来说，NTFS分区允许用户对共享资源、文件夹以及文件设置访问许可权限，安全性要比FAT 32 高很多。

▶　C 盘分区不宜过大：一般来说 C 盘是系统盘，硬盘的读写操作比较多，产生磁盘碎片和错误的几率也比较大。如果 C 盘分得过大，会导致扫描磁盘和整理碎片这两项日常工作变得很慢，影响工作效率。

▶　双系统或多系统优于单一系统：如今，病毒、木马、广告软件、流氓软件无时无刻不在危害着用户的计算机，轻则导致系统运行速度变慢，重则导致计算机无法启动甚至损坏硬件。一旦出现这种情况，重装、杀毒要消耗很长时间，往往令人头疼不已。并且有些顽固的开机即加载的木马和病毒甚至无法在原系统中删除。而此时如果用户的计算机中安装了双操作系统，事情就会简单得多。用户可以启动到其中一个系统，然后进行杀毒和删除木马来修复另一个系统，甚至可以用镜像把原系统恢复。另外，即使不做任何处理，也同样可以用另外一个系统展开工作，而不会因为计算机故障而耽误正常工作。

6.2　对硬件进行分区与格式化

Windows 7 操作系统自身集成了硬盘分区功能，用户可以使用该功能，轻松地对硬盘进行分区。使用该功能可分两个步骤进行，首先在安装系统的过程中建立主分区，然后在系统安装完成后，使用磁盘管理工具对剩下的硬盘空间进行分区。

6.2.1　安装系统时建立主分区

对于一块全新的没有进行过分区的硬盘，用户可在安装 Windows 7 的过程中，使用安装光盘轻松地对硬盘进行分区。

【例 6-1】使用 Windows 7 安装光盘为硬盘创建主分区。

🔘视频

step 1 在安装操作系统的过程中，当安装进行到如右图步骤时，选择【驱动器选项(高级)】选项。

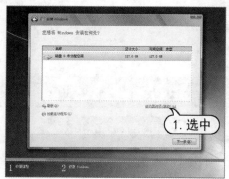

step 2 在打开的新界面中，选中列表中的磁盘，然后选择【新建】选项。

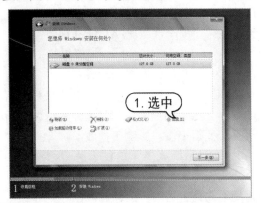

step 3 打开【大小】微调框，在其中输入要设置的主分区的大小(该分区会默认为C盘)，设置完成后，单击【应用】按钮。

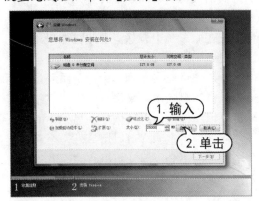

step 4 在弹出的提示对话框中单击【确定】按钮。

6.2.2 格式化硬盘主分区

对硬盘划分主分区后，在安装操作系统前，还应该对主分区进行格式化。下面通过实例来介绍如何进行格式化。

【例6-2】使用 Windows 7 安装光盘对主分区进行格式化。

📀 视频

step 1 选中刚刚创建的主分区，然后选择【格式化】选项。

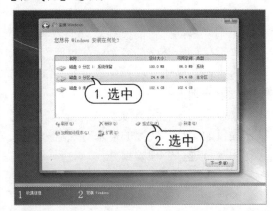

step 2 打开提示对话框，直接单击【确定】按钮，即可进行格式化操作。

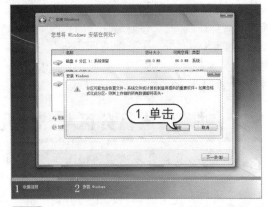

step 3 主分区划分完成后，选中主分区，然后单击【下一步】按钮，之后开始安装操作系统。

实用技巧

Windows 7 安装光盘中也提供了命令提示符，通过它也可以实现分区和格式化，只需在安装界面中按 shift+F10 组合键启动命令窗口，然后输入 Dikpart 并按 Enter 键，便可进入 Diskpart 的命令环境，具体命令可以在网上搜索一下。

6.3　使用 DiskGenius 管理硬盘分区

在为计算机安装与重装操作系统时，除了可以使用系统自带功能对硬盘进行分区和格式化以外，还可以使用第三方软件对硬盘进行分区，并进行格式化操作。

6.3.1　DiskGenius 简介

DiskGenius 是一款常用的硬盘分区工具，支持快速分区、新建分区、删除分区、隐藏分区等多项功能，是对硬盘进行分区的好帮手。

▶ 分区、目录层次图：该区域显示了分区的层次和分区内文件夹的树型结构，通过单击可切换当前硬盘、当前分区。

▶ 硬盘分区结构图：在硬盘分区结构图中，软件会用不同颜色来区别不同的分区，用文字显示分区的卷标、盘符、类型、大小。使用鼠标单击，可在不同分区之间进行切换。

▶ 分区参数区：显示了各个分区的详细参数，包括起止位置、名称和容量等。区域下方显示了当前所选分区的详细信息。

6.3.2　快速执行硬盘分区操作

DiskGenius 软件的快速分区功能适用于对新硬盘进行分区或对已分区硬盘进行重新分区。在执行该功能时软件会删除现有分区，按设置对硬盘重新分区，分区后立即快速格式化所有分区。

【例6-3】使用 DiskGenius 快速为硬盘分区。

step 1 双击DiskGenius程序启动软件，在左侧列表中选中要进行快速分区的硬盘。

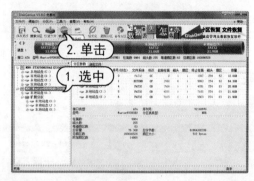

step 2 单击【快速分区】按钮，打开【快速分区】对话框。在【分区数目】区域选择想要为硬盘分区的数目，在【高级设置】区域设置硬盘分区数量。

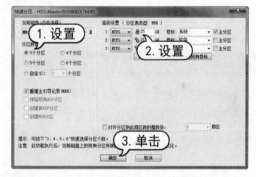

step 3 设置完成后，单击【确定】按钮，如果该硬盘已有分区，将弹出提示对话框，提示用户"重新分区后，将会把现有分区删除并会在重新分区后对硬盘进行格式化"。

step 4 确认无误后，单击【是】按钮，软件会自动对硬盘进行分区和格式化操作。

step 5 分区完成后，效果如下图所示。

6.3.3 手动执行硬盘分区操作

除了使用快速分区功能对硬盘分区外，用户还可以手动对硬盘进行分区。

【例 6-4】使用 DiskGenius 手动对硬盘分区和格式化。

step 1 双击DiskGenius程序启动软件，在左侧列表中，选中需要手动进行分区的硬盘。

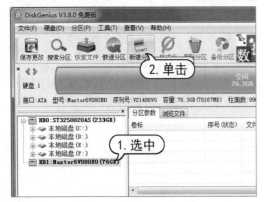

step 2 单击【新建分区】按钮，打开【建立新分区】对话框。在【请选择分区类型】区域选中【主磁盘分区】单选按钮，在【请选择文件系统类型】下拉列表中选择【NTFS】选项，然后在【新分区大小】微调框中设置数值为"25GB"。

step 3 单击【详细参数】按钮，可设置起止柱面等更详细的参数。如果用户对这些参数不了解，保持默认设置即可。

step 4 设置完成后，单击【确定】按钮，即可成功建立第一个主分区。

💡 知识点滴

使用 DiskGenius 对硬盘新建分区时，不仅能够根据设置分区类型和文件系统类型等参数，而且还可以进行更加详细的参数设置，例如起止柱面、磁头和扇区等。

step 5 在【硬盘分区结构图】中选中【空闲】分区,单击【新建分区】按钮。

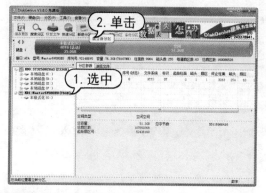

step 6 打开【新建分区】对话框,在【请选择分区类型】区域选中【扩展磁盘分区】单选按钮,在【新分区大小】微调框中保持默认数值(扩展分区大小保持默认的含义是:把除主分区之外的所有剩余分区划分为扩展分区)。

step 7 单击【确定】按钮,即可把所有剩余分区划分为扩展分区。在左侧列表中选中【扩展分区】选项,然后单击【新建分区】按钮。

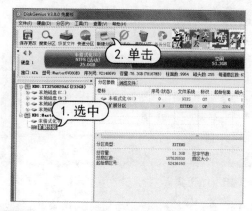

step 8 打开【新建分区】对话框,此时可将扩展分区划分为若干个逻辑分区。在【新分区大小】微调框中输入想要设置的第一个逻辑分区的大小,其余选项保持默认设置,然后单击【确定】按钮,即可划分第一个逻辑分区。

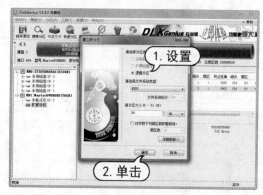

step 9 使用同样的方法将剩余分区根据需求划分为逻辑分区。分区划分完成后,在软件主界面的左侧列表中选中刚刚进行分区的硬盘,然后单击【保存更改】按钮。

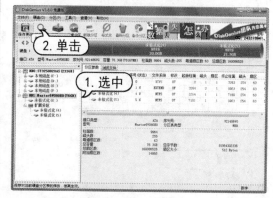

step 10 在打开的软件提示对话框中，单击【是】按钮。

step 11 打开提示对话框，单击【是】按钮。

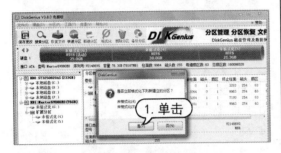

step 12 开始对新分区进行格式化。

step 13 格式化完成后，在软件主界面左侧的列表中选中主分区，然后单击【格式化】按钮。

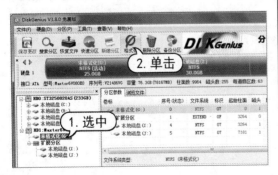

step 14 打开【格式化分区(卷)未格式化(G:)】对话框，保持默认设置，单击【格式化】按钮。

实用技巧

DiskGenius 不仅可以对硬盘进行分区和格式化等操作，还可以对硬盘进行检查和修复，通过其中的菜单命令即可实现不同的功能。

step 15 在打开的提示对话框中单击【是】按钮。

step 16 开始格式化主分区，格式化完成后，完成对硬盘的分区操作。

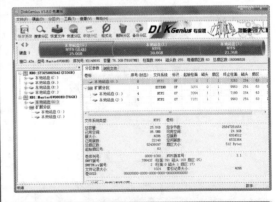

知识点滴

对于某些操作，还需要对操作进行保存才能生效，可查看主界面中的【保存更改】按钮是否呈可操作状态，若可操作，单击即可保存之前所做的操作。

6.4　安装 Windows 7 操作系统

Windows 7 是微软公司推出的 Windows 系列操作系统的新版本，与之前的版本相比，Windows 7 不仅具有靓丽的外观和桌面，而且操作更方便、功能更强大。

6.4.1　Windows 7 简介

在计算机中安装 Windows 7 系统之前，用户应了解该系统的版本、特性以及安装硬件需求的相关知识。

1. Windows 7 版本介绍

Windows 7 系统共包含 Windows 7 Starter(初级版)、Windows 7 Home Basic(家庭普通版)等6个版本：

▶ Windows 7 Starter(初级版)的功能较少，缺乏 Aero 特效功能，没有 64 位支持，没有 Windows 媒体中心和移动中心等，对更换桌面背景有限制。

▶ Windows 7 Home Basic(家庭普通版)是简化的家庭版，支持多显示器，有移动中心，限制部分 Aero 特效，没有 Windows 媒体中心，缺乏 Tablet 支持，没有远程桌面，只能加入不能创建家庭网络组(Home Group)等。

▶ Windows 7 Home Premium(家庭高级版)主要面向家庭用户，满足家庭娱乐需求，包含所有桌面增强和多媒体功能，如 Aero 特效、多点触控功能、媒体中心、建立家庭网络组、手写识别等。

▶ Windows 7 Professional(专业版)主要面向计算机爱好者和小企业用户，满足办公开发需求，包含加强的网络功能，比如对活动目录和域的支持、远程桌面等，另外还有网络备份、位置感知打印、加密文件系统、演示模式、Windows XP 模式等功能。64 位版的可支持更大内存(192GB)。

▶ Windows 7 Ultimate(旗舰版)拥有新操作系统的所有功能，与企业版基本上是相同的产品，仅仅在授权方式和相关应用及服务上有区别，面向高端用户和软件爱好者。

▶ Windows 7 Enterprise(企业版)是主要面向企业市场的高级版本，满足企业数据共享、管理、安全等需求，包含多语言包、UNIX 应用支持、BitLocker 驱动器加密、分支缓存(Branch Cache)等。

> **知识点滴**
>
> 在以上 6 个版本中，Windows 7 家庭高级版和 Windows 7 专业版是两大主力版本，前者面向家庭用户，后者针对商业用户。此外，32 位版本和 64 位版本没有外观或功能上的区别，但 64 位版本支持 16GB(最高至 192GB)内存，而 32 位版本只能支持最大 4GB 内存。

2. Windows 7 系统的特性

Windows 7 具有以往 Windows 操作系统所不可比拟的特性，可以为用户带来全新体验，具体如下：

▶ 任务栏：Windows 7 全新设计的任务栏，可以将来自同一个程序的多个窗口集中在一起并使用同一个图标来显示，使有限的任务栏空间发挥更大的作用。

▶ 文件预览：使用 Windows 7 的资源管理器，用户可以通过文件图标的外观预览文件的内容，从而可以在不打开文件的情况下，直接通过预览窗格来快速查看各种文件的详细内容。

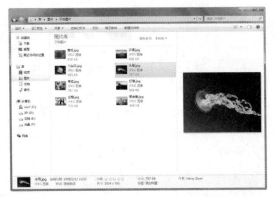

> 窗口智能缩放：Windows 7 系统加入了窗口的智能缩放功能，当用户使用鼠标将窗口拖动到显示器的边缘时，窗口即可最大化或平行排列。

> 自定义通知区域图标：在 Windows 7 操作系统中，用户可以对通知区域的图标进行自由管理。可以将一些不常用的图标隐藏起来，通过简单的拖动来改变图标的位置，通过设置面板对所有的图标进行集中管理。

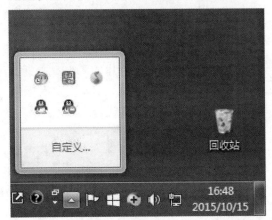

> 常用操作更加方便：在 Windows 7 中，一些常用操作被设计得更加方便快捷。例如单击任务栏右下角的【网络连接】按钮，即可显示当前环境中的可用网络和信号强度，使用鼠标单击，即可进行连接。

> Jump List 功能：Jump List 是 Windows 7 的一个新功能，用户可以通过【开始】菜单和任务栏的右键快捷菜单使用该功能。

3. Windows 7 安装要求

要在计算机中正常使用 Windows 7，需满足以下最低配置需求：

> CPU：1GHz 或更快的 32 位(x86)或 64 位(x64)CPU。

> 内存：1GB 物理内存(基于 32 位)或 2GB 物理内存(基于 64 位)。

> 硬盘：16GB 可用硬盘空间(基于 32 位)或 20GB 可用硬盘空间(基于 64 位)。

> 显卡：带有 WDDM 1.0 或更高版本驱动程序的 DirectX 9 图形设备。

> 显示设备：显示器屏幕纵向分辨率不低于 768 像素。

> **知识点滴**
>
> 如果要使用 Windows 7 的一些高级功能，则需要额外的硬件标准。例如要使用 Windows 7 的触控功能和 Tablet PC，就需要使用支持触摸功能的屏幕。要完整地体验 Windows 媒体中心，则需要电视卡和 Windows 媒体中心遥控器。

6.4.2 全新安装 Windows 7

要全新安装 Windows 7，应先将计算机的启动顺序设置为光盘启动，然后将 Windows 7 的安装光盘放入光驱，重新启动计算机，再按照提示逐步操作即可。

【例 6-5】在计算机中全新安装 Windows 7 操作系统。

🔘 视频

step 1 将计算机的启动方式设置为光盘启动，然后将光盘放入光驱。重新启动计算机后，系统将开始加载文件。

step 2 文件加载完成后，系统将打开下图所示的界面。在该界面中，用户可以选择要安装的语言、时间和货币格式以及键盘和输入方法等。选择完成后，单击【下一步】按钮。

step 3 打开下图所示的界面，单击【现在安装】按钮。

step 4 打开【请阅读许可条款】界面，在该界面中必须选中【我接受许可条款】复选框，继续安装系统，并单击【下一步】按钮。

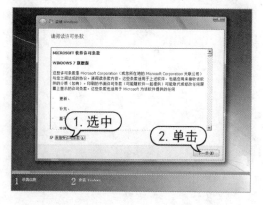

step 5 打开【您想进行何种类型的安装】界面，单击【自定义(高级)】选项。

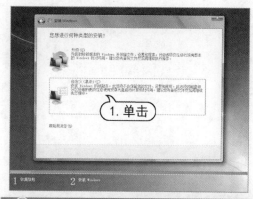

知识点滴

并不是选择"升级"选项就可以从原有的系统升级到 Windows 7，如果当前系统不能升级到 Windows 7，安装将停止。

step 6 选择要安装的目标分区，单击【下一步】按钮。

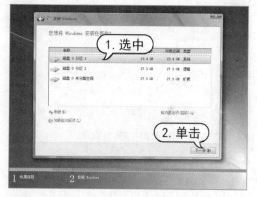

step 7 开始复制文件并安装Windows 7，该过程大概需要 15~25 分钟。在安装的过程中，系统会多次重新启动，用户无需参与。

step 8 打开下图所示界面,设置用户名和计算机名称,然后单击【下一步】按钮。

step 9 打开账户密码设置界面,也可不设置,直接单击【下一步】按钮。

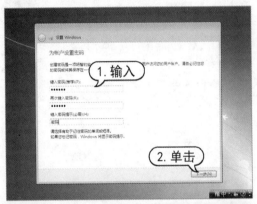

💡 **知识点滴**

需要注意的是,如果设置了密码,必须牢记,否则安装完操作系统后将无法进入系统。

step 10 输入产品密钥,单击【下一步】按钮。

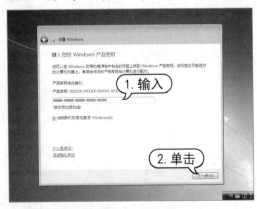

step 11 设置Windows更新,单击【使用推荐设置】选项。

step 12 设置系统的日期和时间,保持默认设置即可,单击【下一步】按钮。

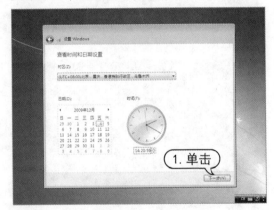

step 13 设置计算机的网络位置,其中共有【家庭网络】、【工作网络】和【公用网络】3种选择,单击【家庭网络】选项。

step 14 接下来,Windows 7会启用刚才的设置,并显下图所示的界面。

step 15 稍等片刻后，系统打开Windows 7的登录界面，输入正确的登录密码后，按下Enter键。

step 16 此时，将进入Windows 7操作系统的桌面。

6.4.3　认识Windows 7系统的桌面

登录 Windows 7 后，出现在整个屏幕上的区域称为"桌面"。在 Windows 7 中，大部分的操作都是通过桌面完成的。桌面主要由桌面图标、任务栏、开始菜单等组成。

➤　桌面图标：桌面图标就是整齐排列在桌面上的一系列图片，图片由图标和图标名称两部分组成。有的图标左下角有一个箭头，这些图标被称为"快捷方式"，双击此类图标可以快速启动相应的程序。

➤　任务栏：任务栏是位于桌面下方的一块条形区域，它显示了系统正在运行的程序、打开的窗口和当前时间等内容。

➤　【开始】菜单：【开始】按钮位于桌面的左下角，单击该按钮将弹出【开始】菜单。【开始】菜单是 Windows 操作系统中的重要元素，其中存放了操作系统或系统设置的绝大多数命令，而且还可以使用当前操作系统中安装的所有程序。

6.4.4　使用桌面图标

常用的桌面系统图标有【计算机】、【网络】、【回收站】和【控制面板】等。除了添加系统图标之外，用户还可以添加快捷方式图标。

1. 添加系统图标

用户第一次进入 Windows 7 操作系统的时候，会发现桌面上只有【回收站】图标，诸如【计算机】、【网络】、【用户的文件】和【控制面板】这些常用的系统图标都没有显示在桌面上，因此需要在桌面上添加这些系统图标。

【例6-6】在桌面上添加【用户的文件】系统图标。
视频

step 1 右击桌面空白处，在弹出的快捷菜单中选择【个性化】命令。

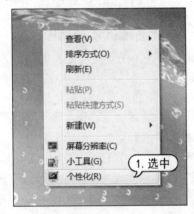

step 2 弹出【个性化】对话框，选择【更改桌面图标】选项。

实用技巧

【用户的文件】图标通常以当前登录的系统账户名命名。另外，用户若要删除系统图标，可在【桌

面图标设置】对话框中取消选中相应图标前方的复选框即可。

step 3 弹出【桌面图标设置】对话框。选中其中的【用户的文件】复选框，单击【确定】按钮。

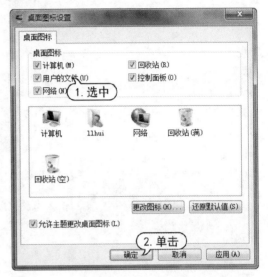

step 4 即可在桌面上添加【用户的文件】系统图标。

2. 添加快捷方式图标

除了系统图标，还可以添加其他应用程序或文件夹的快捷方式图标。

一般情况下，安装了一个新的应用程序后，都会自动在桌面上建立相应的快捷方式图标。如果该程序没有自动建立快捷方式图标，可采用以下方法来添加：

在程序的启动图标上右击鼠标，选择【发送到】|【桌面快捷方式】命令，即可创建一

个快捷方式，并将其显示在桌面上。

3. 排列桌面图标

用户可以按照名称、大小、类型和修改日期来排列桌面图标。

首先右击桌面空白处，在弹出的快捷菜单中选择【排序方式】|【修改日期】命令。

此时桌面图标即可按照修改日期的先后顺序进行排列。

4. 重命名图标

用户还可以根据自己的需要和喜好对桌面图标重新命名。一般来说，重命名的目的是让图标的意思表达得更明确，以方便用户使用。例如右击【计算机】图标，在弹出的快捷菜单中选择【重命名】命令。

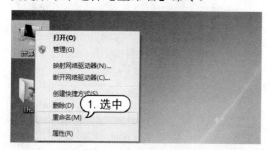

此时图标的名称会显示为可编辑状态，直接使用键盘输入新的图标名称，然后按 Enter 键或者在桌面的其他位置单击，即可完成图标的重命名。

可编辑状态　　输入新名称　　重命名后的状态

6.4.5　使用任务栏

Windows 7 采用了大图标显示模式的任务栏，并且还增强了任务栏的功能。例如任务栏图标的灵活排序、任务进度监视、预览功能等。

Windows 7 的任务栏主要包括快速启动栏、正在启动的程序区以及应用程序栏 3 部分，各自的功能如下：

➤ 快速启动栏：用户若单击该栏中的某个图标，可快速地启动相应的应用程序，例如单击 ⒠ 按钮，可启动 IE 浏览器。

➤ 正在启动的程序区：该区域显示当前正在运行的所有程序，其中的每个按钮都代表一个已经打开的窗口，单击这些按钮即可在不同的窗口之间进行切换。另外，按住 Alt 键不放，然后依次按 Tab 键，可在不同的窗口之间快速地进行切换。

➤ 语言栏：该栏用来显示系统中当前正在使用的输入法和语言。

➤ 应用程序区：该区域显示系统当前的时间和在后台运行的某些程序。单击【显示隐藏的图标】按钮，可查看当前正在运行的程序。

1. 任务栏图标排序

在 Windows 7 系统中，任务栏中图标的位置不再是固定不变的，用户可根据需要使用鼠标拖动的方式，任意拖动改变图标的位置。

左右拖动

Windows 7 将快速启动栏的功能和传统程序窗口对应的按钮进行了整合，单击这些图标即可打开对应的应用程序，并由图标转换为按钮的外观，用户可根据按钮的外观来分辨未运行的程序图标和已运行程序窗口按钮的区别，如上右图所示。

未运行的程序　　正在运行的程序

2. 任务栏进度监视

在 Windows 7 操作系统中，任务栏中的按钮具有任务进度监视的功能。例如用户在复制某个文件时，在任务栏的按钮中同样会显示复制的进度，如下图所示。

3. 显示桌面按钮

当桌面上打开的窗口比较多时，用户若要返回桌面，则要将这些窗口一一关闭或者最小化，这样不但麻烦而且浪费时间。其实 Windows 7 操作系统在任务栏的右侧设置了一个矩形按钮，如下图所示，当用户单击该按钮时，即可快速返回桌面。

6.5　安装 Windows 8 操作系统

作为Windows 7的"接任者"，Windows 8操作系统在视觉效果、操作体验以及应用功能上的突破与创新都是革命性的，该系统大幅改变了以往操作的逻辑，提供了超炫的触摸体验。

6.5.1　Windows 8 简介

Windows 8全新的系统画面与操作方式相比传统Windows变化极大，采用了全新的Metro风格用户界面，各种应用程序、快捷方式等能够以动态方块的样式呈现在屏幕上。

1. Windows 8 版本介绍

目前，Windows 8 操作系统有以下 4 种版本：

➤ 适用于台式计算机和笔记本电脑用户以及普通家庭用户的标准版，包含全新的应用商店、资源管理器以及之前仅在企业版中提供的功能服务。

➤ 针对技术爱好者、企业技术人员的专业版，内置一系列 Windows 8 增强技术，例如加密、虚拟、域名连接等。

➤ 为全面满足企业需求，增加计算机管理和部署，以先进的安全性和虚拟化为导向的企业版。

▶ 针对 ARM 架构处理器的计算机和平板电脑的 RT 版。

2. Windows 8 系统特性

Windows 8 具有一些独特的新特性，可以为用户带来与以往所有 Windows 系列操作系统不同的体验，具体如下：

▶ Metro UI 用户界面：Metro UI 是一种卡片式交互界面，它在主屏幕上提供邮件、天气、消息、应用程序和浏览器等功能。Metro UI 界面效果炫丽、时尚，并且当程序较多时滑动方便、快捷，它和系统桌面之间的切换只需一键即可完成。

▶ 全新的 Internet Explorer 10 浏览器：Windows 8 系统提供全新的 Internet Explorer 10 浏览器(简称 IE10)，该浏览器以提高浏览速度和提供更快捷的 Web 浏览体验为目的，同时支持 CSS 和 CSS 3D 动画编程技术，"全页动画"的加入可以为用户提供更好的性能与体验。IE10 支持更多 Web 标准，针对触控操作进行优化并且支持硬件加速。

▶ 可触控的用户界面：Windows 8 可在多点触屏显示器上强化多点触屏技术，使其成为正常的触屏操作系统。触屏操作系统的更新完善，是平板电脑触控体验流畅的保证，同时触屏功能也成为 Windows 8 系统的显著特征。

▶ 支持智能手机与平板电脑：目前，所有的智能手机 CPU 和大部分平板电脑 CPU 都采用 ARM 架构，而计算机的 CPU 则均为 X86 架构。Windows 8 能够同时支持 ARM 和 X86 架构，在智能手机与平板电脑上运行。用户可以通过 Windows 8 在智能手机或平板电脑中运行海量的计算机程序。

3. Windows 8 安装要求

在安装 Windows 8 操作系统之前，用户应先了解该系统对硬件的配置要求，以判断当前设备是否能够安装。Windows 8 系统的安装运行环境需求如下：

▶ 1GHz(或以上)的处理器。

▶ 1GB RAM(32位)或2GB RAMH(64位)。

▶ 16GB(32 位)或 20GB(64 位)硬盘空间。

▶ 一台带有 Windows 显示驱动 1.0 的

DirectX 9 图形设备。

在确认本机可以安装 Windows 8 系统后，即可开始直接安装该系统。下面将通过实例详细介绍在普通计算机中安装 Windows 8 的方法(包括全新安装和升级安装)。

6.5.2　全新安装 Windows 8

若需要通过光盘启动安装 Windows 8，应重新启动计算机并将光驱设置为第一启动盘，然后使用 Windows 8 安装光盘引导完成系统的安装操作。

【例 6-7】使用安装光盘在计算机中安装 Windows 8 系统。

step 1　在 BIOS 设置中将光驱设置为第一启动盘后，将 Windows 8 安装光盘放入光驱，然后启动计算机，并在提示 "Press any key to boot from CD or DVD.." 时，按下键盘上的任意键进入 Windows 8 安装程序。在打开的【Windows 安装程序】窗口中，单击【现在安装】按钮。

💡 **知识点滴**

Windows 8 的起始界面不像以往的操作系统显示桌面，而是显示了一个开始界面，这更适合于移动平台及触摸屏设备。

step 2　然后在打开的【输入产品秘钥以激活 Windows】窗口中，输入 Windows 8 的产品密钥后，单击【下一步】按钮。

step 3　接下来，在打开的对话框中选择 Windows 8 的安装路径后，单击【下一步】按钮。

step 4　在打开的提示对话框中单击【确定】按钮，然后单击【下一步】按钮。Windows 8 操作系统将完成系统安装信息的收集，开始系统的安装阶段。

step 5　在系统的安装提示下，单击【立即重启】按钮，重新启动计算机。

step 6 在打开的【个性化】设置界面中输入计算机名称(例如home-PC)后,单击【下一步】按钮。

step 9 完成以上操作后,根据安装程序的提示完成相应的操作,即可开始安装系统应用与桌面,并进入Metro UI界面。

step 7 在打开的【设置】界面中,单击【使用快速设置】按钮。

step 10 单击Metro UI界面左下角的【桌面】图标,可以打开Windows 8的系统桌面。

step 8 在打开的【登录到电脑】界面中,输入电子邮箱,单击【下一步】按钮。

6.5.3　启用屏幕转换功能

当计算机外接其他显示设备(例如显示器或投影仪)时,用户可以在 Windows 8 系统所提供的多种显示模式间进行切换,具体方

法如下:

【例6-8】在 Windows 8 系统中启用平面转换功能。

step ① 将鼠标指针移至系统桌面的右上角,在弹出的Charm菜单中单击【设备】按钮。

step ② 在打开的【设备】选项区域单击【第二屏幕】选项。在打开的选项区域提供了仅计算机屏幕、复制、扩展和仅第二屏幕4种模式,可以根据需要进行选择。

6.5.4 激活 Windows 8 系统

用户完成 Windows 8系统的安装操作后,需要通过网络或电话激活系统,才能够正常使用。下面将详细介绍通过网络在线激活 Windows 8的具体操作方法。

【例6-9】通过网络在线激活 Windows 8 操作系统。

🔘视频

step ① 在确认当前计算机能够接入 Internet 后,将鼠标指针悬停于系统界面的右下角,然后在弹出的 Charm 菜单中单击【设置】按钮。

step ② 在打开的选项区域单击【控制面板】按钮。

step ③ 在打开的【控制面板】窗口中单击【系统和安全】选项,打开【系统和安全】|【操作中心】选项。

step ④ 在【操作中心】窗口中,单击【转至Windows激活】按钮(在激活Windows 8之前,用户需要提前获得产品密钥,产品密钥位于装有Windows DVD的包装盒上)。

step 5 在【Windows激活】窗口中,单击【使用新密钥激活】按钮。

step 6 在打开的窗口的【产品密钥】文本框中,输入购买Windows 8时获取的产品密钥后,单击【激活】按钮即可。

6.5.5 关闭 Windows 8 系统

Windows 8 启动后,将进入 Metro UI 界面。在该界面中,用户可以参考下面介绍的方法关闭操作系统。

【例 6-10】关闭 Windows 8 操作系统。

▶ 视频

step 1 将鼠标指针移至Metro UI界面右上角(或右下角),当桌面右侧出现下图所示的Charm菜单时,单击该菜单中的【设置】按钮🔧。

step 2 在打开的选项区域单击【电源】选项,然后在弹出的菜单中选中【关机】按钮(用户也可以在Metro UI界面中按下Win+I快捷键以显示【电源】选项)。

step 3 除了以上方法可以关机以外,用户还可以在Windows 8 系统的桌面上按下Alt+F4组合键,打开【关闭Windows】对话框。

step 4 在打开的【关闭Windows】对话框中,单击【确定】按钮即可关闭Windows 8系统(单击该对话框中的下拉列表按钮,在弹出的下拉列表中可以对计算机"注销"、"重启"、"睡眠"或"关机")。

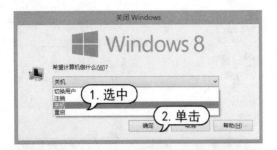

6.5.6 设置电源按钮的功能

在 Windows 8 中,用户可以参考下面介绍的方法修改计算机主机上电源按钮的功能,用户在按下主机上电源按钮时计算机将执行预设操作。

【例6-11】在 Windows 8 中设置计算机主机电源按钮的功能。

step ① 在Metro UI界面右下方单击,显示【所有应用】选项,然后单击该选项,在显示的选项区域单击【控制面板】选项,打开【控制面板】窗口。

step ② 在【控制面板】窗口中单击【系统和

安全】选项,打开【系统和安全】窗口。

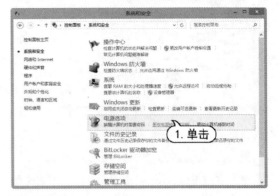

step ③ 在【系统和安全】窗口中单击【更改电源按钮的功能】选项,打开【系统设置】窗口并单击【按电源按钮时】下拉列表按钮。在弹出的下拉列表中,根据需要设置按下计算机主机上电源按钮后执行的具体操作。

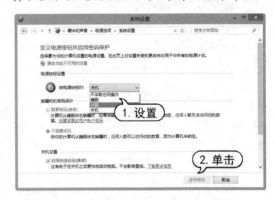

step ④ 完成以上操作后,单击【系统设置】窗口中的【保存修改】按钮即可。此时,用户在启动计算机时,按下计算机主机上的电源按钮,计算机将执行本例中设置的操作。

6.6 多操作系统的基础知识

多操作系统是指在一台计算机上安装两个或两个以上操作系统,它们分别独立存在于计算机中,并且用户可以根据不同的需求来启动其中的任意一个操作系统。本节将向用户介绍多操作系统的相关基础知识以及安装多操作系统的方法。

6.6.1 多操作系统的安装原则

在计算机中安装多操作系统时,应对硬盘分区进行合理的配置,以免产生系统冲突。

安装多操作系统时,应遵循以下原则:

▶ 由低到高原则:由低到高是指根据操作系统版本级别的高低,先安装较低级的版本,再安装较高级的版本。例如用户要在计算机中安装 Windows 7 和 Windows 8 双操作系统，最好先安装 Windows 7 系统，再安装 Windows 8 系统。

```
                              Windows 启动管理器

选择要启动的操作系统，或按 Tab 选择工具:
(使用箭头键突出显示您的选择，然后按 Enter。)

  Windows 8
  Windows 7
```

▷ 单独分区原则: 单独分区是指应尽量将不同的操作系统安装在不同的硬盘分区上，最好不要将两个操作系统安装在同一个硬盘分区上，以避免操作系统之间冲突。

▷ 相对独立的硬盘文件格式: 由于不同的操作系统所支持的硬盘文件格式不同，例如 Windows XP 系统既可以安装在 FAT 32 格式的硬盘中；也可以安装在 NTFS 格式的硬盘中，而 Windows 7 则只能安装在 NTFS 格式的硬盘中；因此在安装多操作系统时，应为不同的操作系统设置不同的硬盘文件格式。

▷ 保持系统盘的清洁: 用户应养成不要随便在系统盘中存储资料的好习惯，这样不仅可以减轻系统盘的负担，而且在系统崩溃或要格式化系统盘时，也不用担心会丢失重要资料。

6.6.2　多操作系统的优点

与单一操作系统相比，多操作系统具有以下优点:

▷ 避免软件冲突: 有些软件只能安装在特定的操作系统中，或者只有在特定的操作系统中才能达到最佳效果。因此如果安装了多操作系统，就可以将这些软件安装在最适宜其运行的操作系统中。

▷ 更高的系统安全性: 当一个操作系统受到病毒感染而导致系统无法正常启动或杀毒软件失效时，就可以使用另外一个操作系统来修复中毒的系统。

▷ 有利于工作和保护重要文件: 当一个操作系统崩溃时，可以使用另一个操作系统继续工作，并对磁盘中的重要文件进行备份。

▷ 便于体验新的操作系统: 用户可在保留原系统的基础上，安装新的操作系统，以免因新系统的不足带来不便。

6.6.3　多系统安装前的准备

在为计算机安装多操作系统之前，需要做好以下准备工作:

▷ 对硬盘进行合理的分区，保证每个操作系统各自都有一个独立的分区。

▷ 分配好硬盘的大小，对于 Windows 7 系统来说，最好应有 20GB~25GB 的空间，对于 Windows Server 2008 系统来说，最好应有 25GB~40GB 的空间。

▷ 对于要安装 Windows 7、Windows 8 或 Windows Server 2008 系统的分区，应将其格式化为 NTFS 格式。

▷ 备份好磁盘中的重要文件，以免出现意外损失。

6.6.4　安装Windows Server 2008

下面介绍在Windows 7 操作系统中安装 Windows Server 2008。

【例 6-12】在 Windows 7 操作系统中安装 Windows Server 2008。

▶视频

step 1 要在Windows 7系统中安装Windows Server 2008 操作系统，应先将要安装 Windows Server 2008操作系统的硬盘分区格式化为NTFS格式。在【计算机】窗口中右击 D盘图标，在弹出的快捷菜单中选择【格式化】命令，打开【格式化 本地磁盘(D:)】对话框。

step 2 在【文件系统】下拉列表中，选择【NTFS】选项，并选中【快速格式化】复选框，然后单击【确定】按钮，打开提示框，提醒用户是否进行格式化。

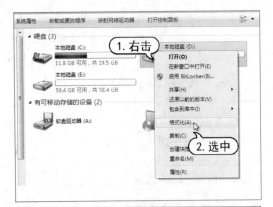

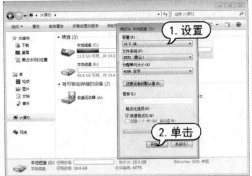

step 3 在打开的对话框中单击【确定】按钮，开始对硬盘进行格式化。

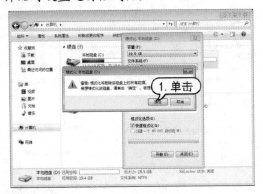

step 4 格式化完成后打开下图所示对话框，单击【确定】按钮，完成格式化。

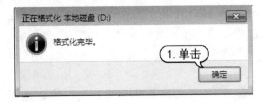

step 5 格式化完毕后，将Windows Server 2008的安装光盘插入光驱，然后双击光盘驱动器。

step 6 进入到光盘界面，然后双击其中的【setup】图标。

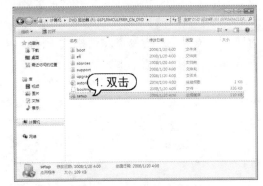

step 7 打开【用户帐户控制】对话框，单击【是】按钮，启动Windows Server 2008的安装程序。

step 8 打开下图所示界面，单击【现在安装】按钮。

step 9 系统开始进行安装前的准备工作，并显示下图所示的【请稍候】界面。

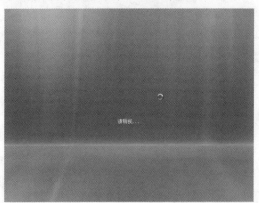

step 10 稍后打开【获取安装的重要更新】窗口，选择【联机以获取最新安装更新(推荐)】选项。

step 11 此时，系统会自动连接互联网并搜索和下载更新信息，下载完成后会自动安装更新。

step 12 安装完成后，打开【选择要安装的操作系统】界面，要求用户选择要安装的操作系统类型，选中要安装的操作系统类型后，单击【下一步】按钮。

step 13 打开【请阅读许可条款】界面，选中【我接受许可条款】复选框，然后单击【下一步】按钮。

step 14 打开【您想进行何种类型的安装】界面，单击【自定义(高级)】选项。

step 15 打开【您想将Windows安装在何处】界面。在该界面中选择一个要安装操作系统的磁盘分区，选择磁盘D，单击【下一步】按钮。

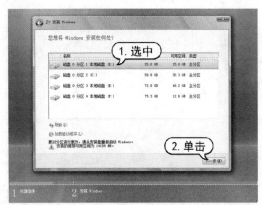

step 16 开始安装Windows Server 2008 操作系统，这个过程用户需要耐心等待。

step 17 在安装的过程中，系统会根据需要自动重新启动。

step 18 重新启动后，会自动选择系统，并继续未进行完的安装过程。稍等片刻，更新和配置完毕后，继续进行系统的安装。

step 19 系统安装完成后，将打开下图所示界面，提示用户首次登录系统之前必须更改密码，单击【确定】按钮。

step 20 打开密码设置界面，然后输入要设置的密码，设置完成后，单击 按钮。

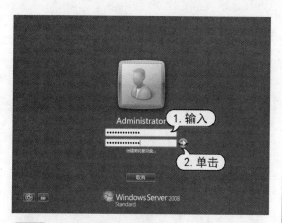

step 21　系统开始更改密码。

step 22　更改完成后，打开【您的密码已更改】界面。单击【确定】按钮，系统开始为进入桌面做准备。

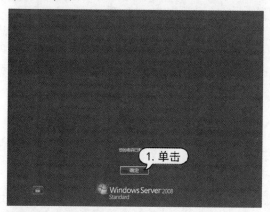

step 23　稍后即可进入 Windows Server 2008 操作系统的桌面。此时完成 Windows 7 和 Windows Server 2008 双系统的安装。

6.6.5　设置双系统的启动顺序

　　计算机在安装了双操作系统后，用户还可设置这两个操作系统的启动顺序或者将其中的任意一个操作系统设置为系统默认启动的操作系统。在 Windows 7 中安装了 Windows Server 2008 系统后，系统会将默认启动的操作系统变为 Windows Server 2008 系统。可通过设置修改默认启动的操作系统。

【例 6-13】设置 Windows 7 为默认启动的操作系统并设置等待时间为 10 秒。
视频

step 1　启动 Windows 7 系统，在桌面上右击【计算机】图标，选择【属性】命令。

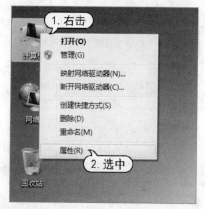

step 2　在打开的【系统】窗口中，单击左侧的【高级系统设置】链接。

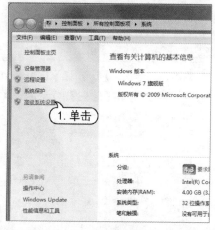

step 3　打开【系统属性】对话框。在【高级】选项卡的【启动和故障恢复】区域单击【设

置】按钮。

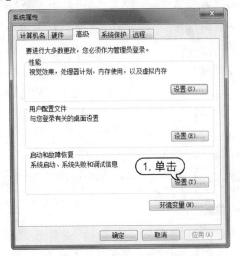

step 4 打开【启动和故障恢复】对话框。在【默认操作系统】下拉列表中选择【Windows 7】选项。选中【显示操作系统列表时间】复

选框，然后在其后的微调框中设置时间为 10 秒。最后，单击【确定】按钮即可。

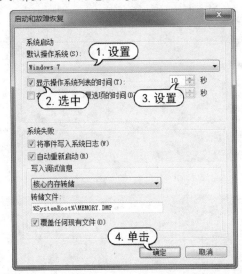

6.7 案例演练

本章的案例演练主要介绍安装操作系统后创建其他分区和格式化硬盘上的其他分区，通过实例操作进一步巩固所学的知识。

6.7.1 安装系统后创建其他分区

操作系统安装完成后，可使用 Windows 7 自带的磁盘管理功能，对没有分区的硬盘进行分区。

【例 6-14】使用 Windows 7 的磁盘管理功能对硬盘进行分区。
🎬 视频

step 1 在桌面上右击【计算机】图标，在弹出的快捷菜单中选择【管理】命令。

step 2 打开【计算机管理】窗口，选择左侧的【磁盘管理】选项。

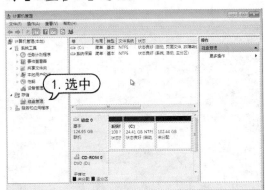

step 3 打开【磁盘管理】窗口，在【未分配】卷标上右击鼠标，选择【新建简单卷】命令。

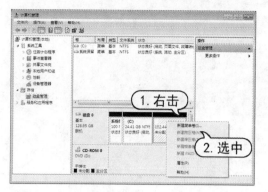

step 4 打开【新建简单卷向导】对话框，单击【下一步】按钮。

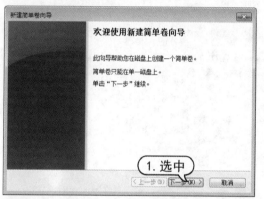

step 5 打开【指定卷大小】对话框，为新建的卷指定大小，此处的单位是MB，其中 1GB =1024MB。

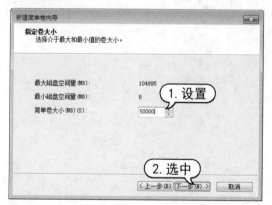

step 6 设置完成后，单击【下一步】按钮，打开【分配驱动器号和路径】对话框，可为驱动器指定编号，保持默认设置，单击【下一步】按钮.

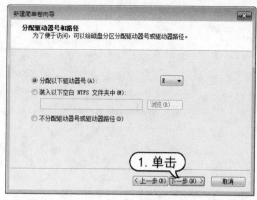

step 7 打开【格式化分区】对话框，在该对话框中，为【文件系统】选择【NTFS】格式、【分配单元大小】保持默认。通过【卷标】可为该分区起一个名字，然后选中【执行快速格式化】复选框，单击【下一步】按钮。

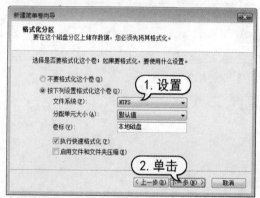

step 8 单击【完成】按钮，将自动进行格式化，等格式化完成后即可成功创建分区。

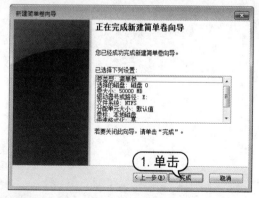

step 9 使用同样的操作方法，可以对其余未分配的磁盘空间进行创建分区，最终效果如下图所示。

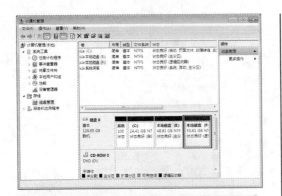

6.7.2 格式化硬盘其他分区

硬盘的剩余分区划分完成后，应先对这些分区进行格式化，然后再使用。

【例6-15】在 Windows 7 操作系统中格式化硬盘分区。

▶视频

step 1 打开【计算机】窗口，右击要格式化的硬盘分区盘符，在弹出的快捷菜单中，选择【格式化】命令。

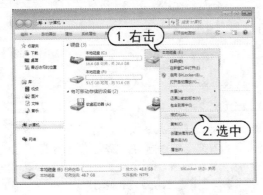

step 2 打开【格式化】对话框后，在该对话框中设置以何种文件格式来格式化硬盘，然后单击【开始】按钮。

step 3 打开警告提示框，提示格式化将删除该磁盘上的所有数据，单击【确定】按钮。

第7章

安装驱动程序与检测计算机

　　安装完操作系统后，还要为硬件安装驱动程序，这样才能使计算机中的各个硬件有条不紊地进行工作。另外用户还可以使用工具软件对计算机硬件的性能进行检测，了解自己的硬件配置，以方便进行升级和优化。

对应光盘视频

7.1 认识驱动程序

在安装完操作系统后，计算机还不能正常使用，因为此时计算机的屏幕还不是很清晰、分辨率还不是很高，甚至可能没有声音，因为计算机还没有安装驱动程序。那么什么是驱动程序呢？本节将介绍什么是驱动程序并使用户了解驱动程序的相关知识。

7.1.1 认识驱动程序

驱动程序的全称为设备驱动程序，是一种可以使操作系统和硬件设备进行通信的特殊程序，其中包含了硬件设备的相关信息，可以说驱动程序为操作系统访问和使用硬件提供了一个程序接口，操作系统只有通过该接口，才能控制硬件设备并使之有条不紊地进行工作。

如果计算机中某个设备的驱动程序未能正确安装，该设备便不能正常工作。因此，驱动程序在系统中占有重要地位。一般来说，操作系统安装完毕后，首先要安装硬件设备的驱动程序。

> **知识点滴**
>
> 常见的驱动程序的文件扩展名有以下几种：.dll、.drv、.exe、.sys、.vxd、.dat、.ini、.386、.cpl、.inf及.cat等。其中核心文件有.dll、.drv、.vxd和.inf。

7.1.2 驱动程序的功能

驱动程序是硬件不可缺少的组成部分。一般来说，驱动程序具有以下几项功能：

▶ 初始化硬件设备：实现对硬件的识别和硬件端口的读写操作，并进行中断设置，实现硬件的基本功能。

▶ 完善硬件功能：驱动程序可对硬件存在的缺陷进行消除，并在一定程度上提升硬件的性能。

▶ 扩展辅助功能：目前驱动程序的功能不仅仅局限于对硬件进行驱动，还增加了许多辅助功能，以帮助用户更好地使用计算机。驱动程序的多功能化已经成为未来发展的一个趋势。

7.1.3 驱动程序的分类

驱动程序按照支持的硬件来分，可分为主板驱动程序、显卡驱动程序、声卡驱动程序、网络设备驱动程序以及外设驱动程序(例如打印机和扫描仪驱动程序)等。

另外，按照驱动程序的版本分，一般可分为以下几类：

▶ 官方正式版：官方正式版的驱动程序是指按照芯片厂商的设计研发出来的，并经过反复测试和修正，最终通过官方渠道发布出来的正式版驱动程序，又称公版驱动程序。在运行时正式版本的驱动程序可保证硬件的稳定性和安全性，因此建议用户在安装驱动程序时，尽量选择官方正式版本。

▶ 微软WHQL认证版：该版本是微软对各硬件厂商驱动程序的一个认证，是为了测试驱动程序与操作系统的兼容性和稳定性而制定的。凡是通过WHQL认证的驱动程序，都能很好地和Windows操作系统相匹配，并具有非常好的稳定性和兼容性。

▶ Beta测试版：测试版是指尚处于测试阶段、尚未正式发布的驱动程序，该版本驱动程序的稳定性和安全性没有足够的保障，因此建议用户最好不要安装该版本的驱动程序。

> 第三方驱动：第三方驱动是指硬件厂商发布的在官方驱动程序的基础上优化而成的驱动程序。与官方驱动程序相比，具有更高的安全性和稳定性，并且拥有更加完善的功能和更加强劲的整体性能。因此，推荐品牌机用户使用第三方驱动；但对于组装机用户来说，官方正式版驱动仍是首选。

7.1.4　需要安装驱动的硬件

驱动程序在系统中占有举足轻重的地位，一般来说安装完操作系统后的首要工作就是安装硬件驱动程序，但并不是计算机中所有的硬件都需要安装驱动程序，例如硬盘、光驱、显示器、键盘、鼠标等就不需要安装驱动程序。

一般来说，计算机中需要安装驱动程序的硬件主要有主板、显卡、声卡和网卡等。如果需要在计算机中安装其他外设，就需要为其安装专门的驱动程序，例如外接游戏硬件，就需要安装手柄、摇杆、方向盘等驱动程序；对于外接打印机和扫描仪，就需要安装打印机和扫描仪驱动程序等。

知识点滴

以上所提到的需要或不需要安装驱动程序的硬件并不是绝对的，因为不同版本的操作系统对硬件的支持也是不同的，一般来说越是高级的操作系统，所支持的硬件设备就越多。

7.1.5　驱动程序的安装顺序

在安装驱动程序时，为了避免安装后造成资源的冲突，应按照正确的顺序进行安装。一般来说，正确的驱动安装顺序如下：

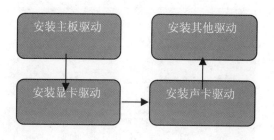

7.1.6　获取驱动程序的途径

安装硬件设备的驱动程序前，首先需要了解该设备的产品型号，然后找到对应的驱动程序。通常用户可以通过以下 4 种方法来获得硬件的驱动程序：

1. 操作系统自带驱动

现在的操作系统对硬件的支持越来越好，操作系统本身就自带大量的驱动程序，这些驱动程序可随着操作系统的安装而自动安装，因此无需单独安装，便可使相应的硬件设备正常运行。

2. 产品自带驱动光盘

一般情况下，硬件生产厂商都会针对自己产品的特点，开发出专门的驱动程序，并在销售硬件时将这些驱动程序以光盘的形式免费附赠给购买者。由于这些驱动程序针对性比较强，因此其性能优于 Windows 自带的驱动程序，能更好地发挥硬件的性能。

3. 网络下载驱动程序

用户可以通过访问相关硬件设备的官方网站来下载相应的驱动程序，这些驱动程序大多是最新推出的新版本，比购买硬件时赠送的驱动程序具有更高的稳定性和安全性，用户可及时地对旧版的驱动程序进行升级更新。

4. 使用万能驱动程序

如果用户通过以上方法还不能获得驱动程序的话，可以通过网站下载该类硬件的万能驱动，以暂时解决燃眉之急。

7.2 安装驱动程序

通过本章前面各节对驱动程序的介绍，用户对驱动程序已经有了一定的了解，一般来说需要手动安装的驱动程序主要有主板驱动、显卡驱动、声卡驱动、网卡驱动以及一些外设的驱动等。本节就向读者介绍这些驱动程序的安装方法。

7.2.1 安装主板驱动

主板是计算机的核心部件之一，主板的工作性能将直接影响到计算机中其他设备的性能。为主板安装驱动程序，可以提高主板的稳定性和兼容性，同时也可提高其他硬件的运行速度。

用户在购买主板或计算机时，一般都会附赠带主板驱动程序的安装光盘，在完成操作系统的安装后，用户可使用光盘来安装主板驱动程序。

【例 7-1】安装主板驱动。

step 1 首先将驱动光盘放入光驱，稍后光盘将自动运行。

step 2 如果光盘没有自动运行，可打开【计算机】窗口，然后双击光盘驱动器盘符。

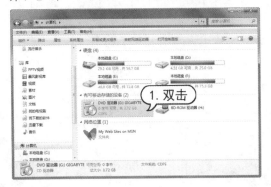

step 3 打开即可查看光盘内容，找到并双击其中的【run.exe】文件。

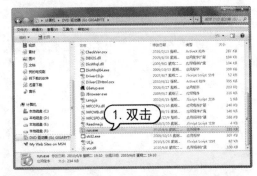

step 4 此时，可打开驱动程序的安装主界面。

step 5 接下来，默认打开【芯片组驱动】选项卡，在界面右侧，有【一键安装】和【安装单项驱动】两种选择。如果用户想要一键安装所有芯片组驱动，可在【Xpress Install】标签中单击【Xpress Install total install】按钮，即可开始自动安装。

step ⑥　如果用户想要单独安装某项芯片组驱动，可切换至【安装单项驱动】标签，然后单击相应选项后面的【Install】按钮即可。

7.2.2　安装显卡驱动

显卡是计算机的主要显示设备，计算机中是否安装显卡驱动程序将直接影响显示器屏幕的画面显示质量。如果用户的计算机中没有安装或者错误安装了显卡驱动程序，将会导致计算机显示画面效果低劣，显示屏幕闪烁等问题。

【例 7-2】安装显卡驱动。

step ①　首先将显卡驱动程序的安装光盘放入光驱，此时系统会自动开始初始化安装程序，并打开下图所示的选择安装目录界面。

step ②　保持默认设置，然后单击【OK】按钮，安装程序开始提取文件。

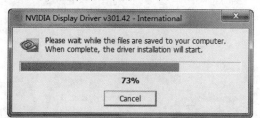

step ③　打开初始化界面。

step ④　初始化完成后会打开安装界面，单击【同意并继续】按钮，打开【安装选项】对话框。

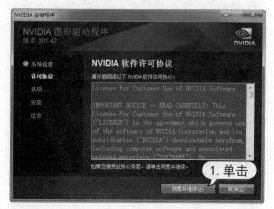

step ⑤　用户可选择【精简】和【自定义】两种模式，选中【精简】单选按钮，然后单击【下一步】按钮。

step ⑥　弹出【安装选项】窗口，选中【安装 NVIDIA 更新】复选框，然后单击【下一步】按钮。

step ⑦　接下来，系统将开始自动安装显卡驱动程序，并在当前窗口中显示安装进度。

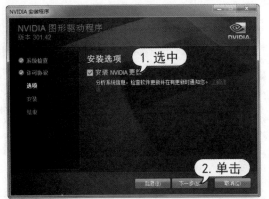

step 8 驱动程序安装完成后,打开【NVIDIA 安装程序已完成】对话框,单击【关闭】按钮,完成显卡驱动程序的安装。

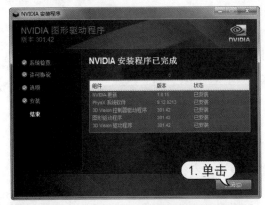

7.2.3 安装声卡驱动

声卡是计算机播放音乐和电影的必要设备,用户要使计算机能够发出声音,除了要在计算机主板上安装声卡,在声卡上连接音箱以外,还需要在操作系统中安装声卡驱动程序。

下面将以安装Realtek瑞昱HD Audio音频驱动为例,介绍声卡驱动程序的安装方法。

【例7-3】安装声卡驱动。

step 1 双击声卡驱动的安装程序,开始初始化安装过程。

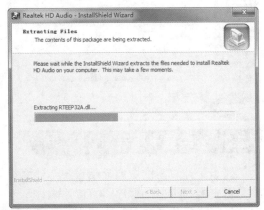

step 2 初始化完成后,打开下图所示的驱动程序安装界面。

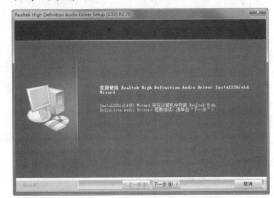

step 3 单击【下一步】按钮,打开【自定义安装帮助】对话框,该对话框中显示了驱动程序的安装步骤。

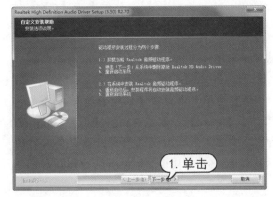

step ④ 单击【下一步】按钮，开始自动卸载原有的旧版驱动。

step ⑤ 卸载完成后，打开【卸载完成】对话框，然后选中【是，立即重新启动计算机】单选按钮，单击【完成】按钮。

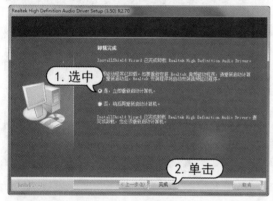

step ⑥ 计算机重启后，驱动程序会继续未完成的安装，单击【下一步】按钮。

step ⑦ 开始安装新的声卡驱动(当显示【正在安装】界面时，用户需稍等片刻)。驱动程序安装完成后会打开完成安装的对话框，选

中【是，立即重新启动计算机】单选按钮，然后单击【完成】按钮，重新启动计算机后，即完成声卡驱动程序的安装。

> **知识点滴**
>
> 驱动程序安装完成后，系统都会提示用户重新启动计算机，为了避免每安装一种驱动都要重启计算机的麻烦，用户可选择稍后重启计算机，等驱动程序全部安装完成后再重启计算机。

7.2.4　安装网卡驱动

网络如今已进入千家万户，要使用计算机上网，就必须为计算机安装网卡，同时还要为网卡安装驱动程序，以保证网卡的正常运行。

【例7-4】安装网卡驱动。

step ① 双击网卡驱动程序的安装文件，启动网卡安装程序。

step ② 稍等片刻，系统将自动打开【欢迎使用】对话框，单击【下一步】按钮。

step ③ 打开【许可证协议】对话框，选中【我接受许可协议中的条款】单选按钮，单击【下一步】按钮。

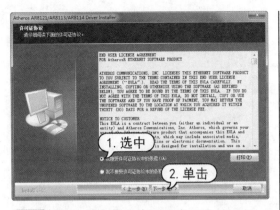

step 4 打开【可以安装该程序了】对话框，单击【安装】按钮。

step 5 系统开始安装网卡驱动程序，并显示安装进度。

step 6 网卡驱动程序安装完成后，在弹出的对话框中单击【完成】按钮，系统会自动检测计算机的网络连接状态。最后单击【完成】按钮即可。

7.3 使用设备管理器管理驱动

设备管理器是 Windows 的一种管理工具，用它可以管理计算机上的硬件设备。可以用来查看和更改设备属性、更新设备驱动程序、配置设备设置和卸载设备等。

7.3.1 查看硬件设备信息

通过设备管理器，用户可查看硬件的相关信息，例如哪些硬件没有安装驱动程序、哪些设备或端口被禁用等。网络如今已进入千家万户，要想使用计算机上网，就必须为计算机安装网卡，同时还要为网卡安装驱动程序，以保证网卡的正常运行。

【例7-5】查看硬件设备信息。

视频

step 1 在系统桌面上右击【计算机】图标，在弹出的快捷菜单中选择【管理】命令。

step 2 打开【计算机管理】窗口，单击【计算机管理】窗口左侧列表中的【设备管理器】选项，即可在窗口的右侧显示计算机中安装

的硬件设备的信息。

在【计算机管理】窗口中，当某个设备不正常时，通常会出现以下 3 种提示：

➤ 红色叉号：表示该设备已被禁用，这通常是用户不常用的一些设备或端口，禁用后可节省系统资源，提高启动速度。要想启用这些设备，可在该设备上右击鼠标，在弹出的快捷菜单中选择【启用】命令即可。

➤ 黄色的问号：表示该硬件设备未能被操作系统识别。

➤ 黄色的感叹号：表示该硬件设备没有安装驱动程序或驱动安装不正确。

🔍 知识点滴

出现黄色的问号或感叹号时，用户只需重新为硬件安装正确的驱动程序即可。

7.3.2　更新硬件驱动程序

用户可通过设备管理器窗口查看或更新驱动程序。

【例 7-6】在计算机中更新驱动程序。
📀 视频

step 1　如果用户需要查看计算机中显卡的驱动程序，可以在系统桌面上右击【计算机】图标，在弹出的快捷菜单中选择【管理】命令。在打开的【计算机管理】窗口中，单击左侧列表中的【设备管理器】命令，打开【设备管理器】界面。单击【显示适配器】选项前面的 ▷ 号。

step 2　在展开的列表中，右击【NVIDIA GeForce 9600 GT】选项，在弹出的快捷菜单中选择【属性】命令。打开【NVIDIA GeForce 9600 GT属性】对话框，在该对话框中，用户可查看显卡驱动程序的版本等信息

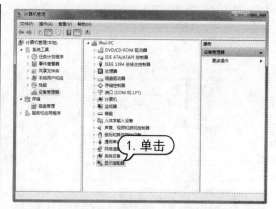

step 3　在【设备管理器】窗口中右击【NVIDIA GeForce 9600 GT】选项，选择【更新驱动程序软件】命令，可打开更新向导。

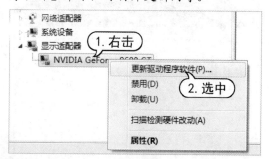

step 4　在更新向导对话框中，选中【自动搜索更新的驱动程序软件】选项。

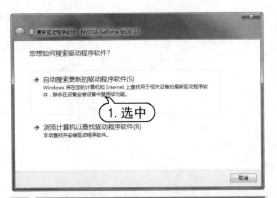

知识点滴

如果用户已经准备好新版本的驱动，可选择【浏览计算机以查找驱动程序软件】选项，手动更新驱动程序。

step 5 系统开始自动检测已安装的驱动信息，并搜索可以更新的驱动程序信息。

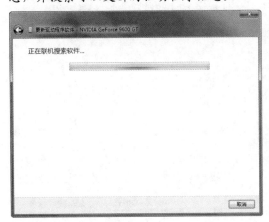

step 6 如果用户已经安装了最新版本的驱动，将显示下图所示的对话框，提示用户无需更新，单击【关闭】按钮。

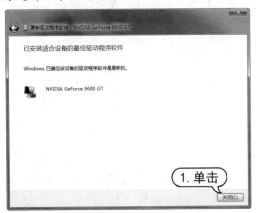

7.3.3　卸载硬件驱动程序

用户可通过设备管理器来卸载硬件驱动程序，本节以卸载声卡驱动为例介绍驱动程序的卸载方法。

【例7-7】在 Windows 7 操作系统中，使用设备管理器卸载声卡驱动程序。

🎬视频

step 1 打开设备管理器窗口，然后单击【声音、视频和游戏控制器】选项前方的 ▷ 号，在展开的列表中右击要卸载的选项，在弹出的快捷菜单中选择【卸载】命令。

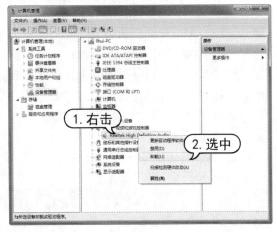

step 2 程序将自动弹出【确认设备卸载】对话框，选中【删除此设备的驱动程序软件】复选框，单击【确定】按钮。

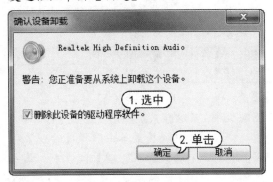

step 3 稍后打开【系统设置改变】对话框。单击【是】按钮，重新启动计算机后，完成声卡驱动程序的卸载。

7.4　使用驱动精灵管理驱动

驱动精灵是一款优秀的驱动程序管理专家，它不仅能够快速而准确地检测计算机中的硬件设备，为硬件寻找最佳匹配的驱动程序，而且还可以通过在线更新，及时地升级硬件驱动程序。另外，它还可以快速地提取、备份以及还原硬件设备的驱动程序，在简化原本烦琐操作的同时也极大地提高了工作效率，是用户解决系统驱动程序问题的好帮手。

7.4.1　安装"驱动精灵"软件

要使用"驱动精灵"软件来管理驱动程序，首先要安装驱动精灵。用户可通过网络来下载，网址为 http://www.drivergenius.com。

【例7-8】安装"驱动精灵"软件。

step 1　下载"驱动精灵"程序后，双击安装程序，打开安装向导，单击【一键安装】按钮。

step 2　此时将开始安装"驱动精灵"软件，完成后打开该软件的主界面。

7.4.2　检测和升级驱动程序

驱动精灵具有检测和升级驱动程序的功

能，可以方便快捷地通过网络为硬件找到匹配的驱动程序并为驱动程序升级，从而免除用户手动查找驱动程序的麻烦。

【例7-9】安装"驱动精灵"软件。

step 1　启动"驱动精灵"程序后，单击软件主界面中的【一键体检】按钮，将开始自动检测计算机的软硬件信息。

step 2　检测完成后，会进入软件的主界面，并显示需要升级的驱动程序。单击界面上驱动程序名称后的【立即升级】按钮。

step 3　在打开的界面中选择需要更新的驱动程序，单击【安装】按钮。

step 4　此时，"驱动精灵"软件将自动开始下载用户选中的驱动程序更新文件。

step 5 完成驱动程序更新文件的下载后，将自动安装驱动程序。

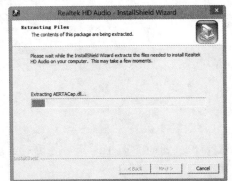

step 6 接下来，在打开的驱动程序安装向导

中，单击【下一步】按钮。

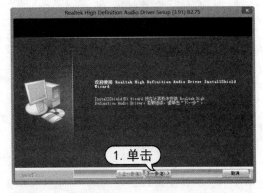

step 7 完成驱动程序的更新安装后，单击【完成】按钮即可。

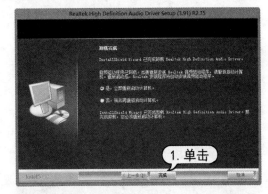

step 8 最后，驱动程序的安装程序将自动引导计算机重新启动。

7.4.3 备份与恢复驱动程序

驱动精灵还具有备份驱动程序的功能，用户可使用驱动精灵方便地备份硬件驱动程序，以保证在驱动丢失或更新失败时，可以通过备份方便地进行还原。

1. 备份驱动程序

用户可以参考下面介绍的方法，使用"驱动程序"软件备份驱动程序。

【例7-10】检测和升级驱动。

step 1 启动"驱动精灵"程序后，在其主界面上单击【驱动程序】选项卡，然后在打开的界面中选中【备份还原】选项卡。

step 2 在【备份还原】选项卡中，选中要备份的驱动程序前所对应的复选框，然后单击

【一键备份】按钮。

2. 还原驱动程序

如果用户备份了驱动程序，那么当驱动程序出错或更新失败导致硬件不能正常运行时，就可以使用驱动精灵的还原功能来还原驱动程序。

【例 7-11】使用驱动精灵还原驱动程序。

step 1 启动驱动精灵，单击【驱动程序】按钮，在打开的界面上选中【备份还原】选项卡，然后单击驱动程序后的【还原】按钮。

step 3 开始备份驱动程序，并显示备份进度。

step 4 驱动程序备份完成后，提示已完成驱动程序的备份。

step 2 此时，将开始还原选中的驱动程序，并显示还原进度。

7.5　查看计算机硬件参数

系统装好了，用户可以对计算机的各项硬件参数进行查看，以更好地了解自己计算机的性能。查看硬件参数包括查看 CPU 主频、内存的大小和硬盘的大小等。

7.5.1 查看 CPU 主频

CPU 主频即 CPU 内核工作的时钟频率。用户可通过设备管理器来查看 CPU 的主频。

【例 7-12】通过设备管理器查看 CPU 主频。

🎬视频

step 1 在桌面上右击【计算机】图标，在弹出的快捷菜单中选择【管理】命令。

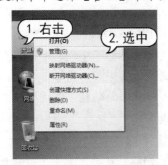

step 2 打开【计算机管理】窗口，选择【计算机管理】窗口左侧列表中的【设备管理器】选项，即可在窗口的右侧显示计算机中安装的硬件设备的信息。展开【处理器】前方的选项，即可查看CPU的主频。

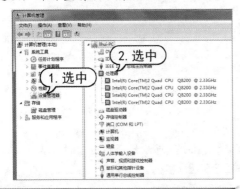

7.5.2 查看内存容量

内存容量是指内存条的存储容量，是内存条的关键参数，用户可通过【系统】窗口查看内存的容量。

【例 7-13】通过【系统】窗口查看计算机的内存容量。

🎬视频

step 1 在桌面上右击【计算机】图标，在弹出的快捷菜单中选择【属性】命令。

step 2 打开【系统】窗口，在该窗口的【系统】区域，用户可看到本机安装的内存的容量，以及可用容量。

7.5.3 查看硬盘容量

硬盘是计算机的主要数据存储设备，硬盘的容量决定着个人计算机的数据存储能力。用户可通过磁盘管理来查看硬盘的总容量和各个分区的容量。

【例 7-14】通过磁盘管理查看硬盘容量。

🎬视频

step 1 在桌面右击【计算机】图标，在弹出的快捷菜单中选择【管理】命令。

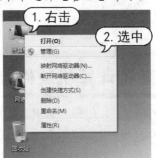

step 2 打开【计算机管理】窗口，单击【磁盘管理】选项，即可在窗口的右侧显示硬盘的总容量和各个分区的容量。

7.5.4 查看键盘属性

键盘是重要的输入设备，了解了键盘的型号和接口等属性，有助于用户更好地组装和使用键盘。

【例7-15】通过【控制面板】窗口查看键盘属性。

视频

step 1 选择【开始】|【控制面板】命令，打开【控制面板】窗口，单击【键盘】图标。

step 2 打开【键盘 属性】对话框，在【速度】选项卡中，用户可对键盘的各项参数进行设置，如【重复延迟】、【重复速度】等。

step 3 选择【硬件】选项卡，查看键盘型号和接口属性，单击【属性】按钮。

step 4 查看键盘的驱动程序信息。

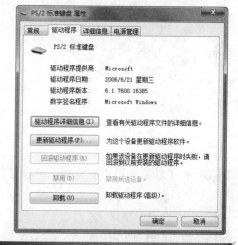

7.5.5 查看显卡属性

显卡是组成计算机的重要硬件设备之一，显卡性能的好坏直接影响着显示器的显示效果。查看显卡的相关信息可以帮助用户了解显卡的型号和显存等信息，方便以后维修或排除故障。

【例7-16】通过【控制面板】窗口查看显卡属性。

视频

step 1 选择【开始】|【控制面板】命令，打开【控制面板】窗口，单击【显卡】图标。

step 2 打开【显示】窗口，然后在窗口的左侧选择【调整分辨率】选项。

step ④ 打开下图所示对话框，在其中可以查看显卡的型号以及驱动等信息。

step ③ 打开【屏幕分辨率】窗口，选择【高级设置】选项。

7.6 检测计算机硬件性能

了解了计算机硬件的参数以后，还可以通过性能检测软件来检测硬件的实际性能。这些硬件测试软件会将测试结果以数字的形式展现给用户，方便用户更直观地了解设备性能。

7.6.1 检测 CPU 性能

CPU-Z 是一款常见的 CPU 测试软件，除了使用 Intel 或 AMD 推出的检测软件之外，我们平时使用最多的此类软件就数它了。CPU-Z 支持的 CPU 种类相当全面，软件的启动速度及检测速度都很快。另外，它还能检测主板和内存的相关信息。

下面将通过实例，介绍使用 CPU-Z 软件检测计算机 CPU 性能的方法。

【例 7-17】使用 CPU-Z 检测计算机中 CPU 的具体参数。

🔘 视频

step ① 在计算机中安装并启动 CPU-Z 程序后，该软件将自动检测当前计算机中 CPU 的参数(包括工程、工艺、型号等)，并显示在其主界面中。

step ② 在 CPU-Z 界面中，可以选择【缓存】、【主板】、【内存】等选项卡，查看 CPU 的具体参数指标。

step ③ 单击【工具】下拉列表按钮，在弹出的下拉列表中选中【保存报告】命令，可以将获取的CPU参数报告保存。

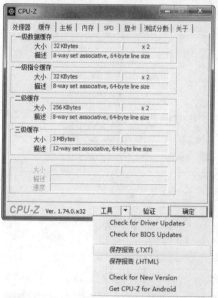

7.6.2 检测硬盘性能

HD Tune是一款小巧易用的硬盘工具软件，主要功能包括检测硬盘传输速率、检测健康状态、检测硬盘温度及磁盘表面扫描等。

另外，HD Tune 还能检测出硬盘的固件版本、序列号、容量、缓存大小以及当前的Ultra DMA 模式等。

【例7-18】在当前计算机中使用 HD Tune 软件测试硬盘性能。

📹视频

step❶ 启动HD Tune程序，然后在软件界面

上单击【开始】按钮。

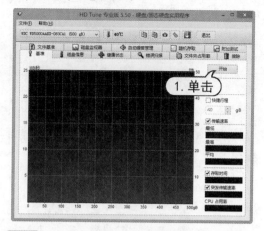

step❷ HD Tune将开始自动检测硬盘的基本性能。

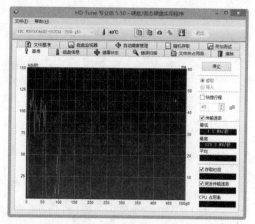

step❸ 在【基准】选项卡中会显示通过检测得到的硬盘的基本性能信息。

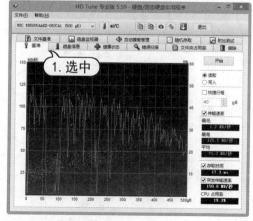

step❹ 选中【磁盘信息】选项卡，在其中可

以查看硬盘的基本信息，包括分区、支持功能、版本、序列号以及容量等。

step⑤ 选中【健康状态】选项卡，可以查阅硬盘内部存储的运作记录。

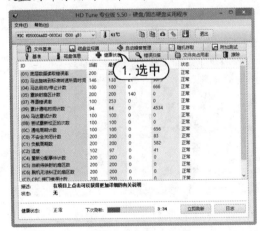

step⑥ 打开【错误扫描】选项卡，单击【开始】按钮，检查硬盘坏道。

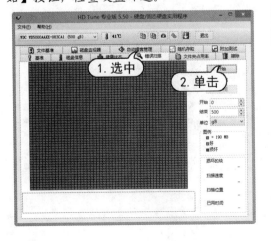

step⑦ 打开【擦除】选项卡，单击【开始】按钮，软件即可安全擦除硬盘中的数据。

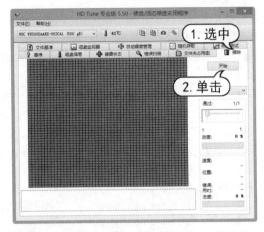

step⑧ 选择【文件基准】选项卡，单击【开始】按钮，可以检测硬盘的缓存性能。

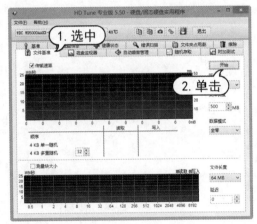

step⑨ 打开【磁盘监视器】选项卡，单击【开始】按钮，可监视硬盘的实时读写状况。

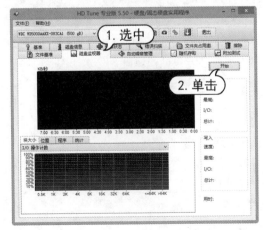

step ⑩ 打开【自动噪音管理】选项卡，在其中拖动滑块可以降低硬盘的运行噪音。

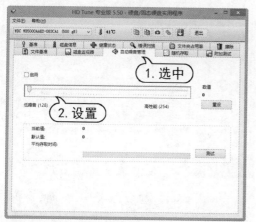

step ⑪ 打开【随机存取】选项卡，单击【开始】按钮，即可测试硬盘的寻道时间。

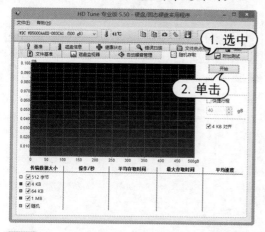

step ⑫ 打开【附加测试】选项卡，在【测试】列表框中，可以选择执行更多的一些硬盘性能测试，单击【开始】按钮开始测试。

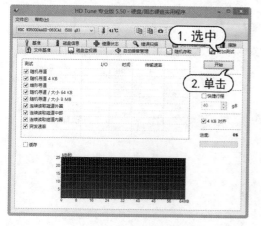

7.6.3 检测显卡性能

3DMark是一款常用的显卡性能测试软件，简单清晰的操作界面和公正准确的测试功能使其受到广大用户的好评，本节就将通过一个实例介绍使用3DMark检测显卡性能的方法。

【例7-19】在当前计算机中使用 3DMark 软件检测显卡性能。

step ① 启动 3DMark主界面，在软件主界面上单击Select按钮。

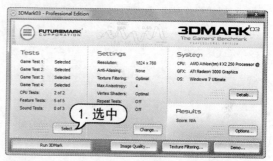

step ② 打开Select Tests对话框，在其中选择要测试的显卡项目，选择完成后单击OK按钮。

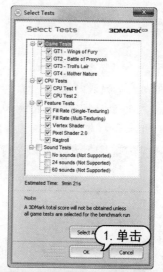

知识点滴

3DMark 的版本越高，对显卡以及其他计算机硬件设备的要求也就越高。在相同计算机配置的情况下，3DMark 的版本越高，测试得分越低。

step 3 返回3DMark主界面,然后单击Change按钮。

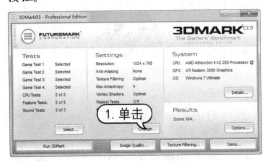

step 4 打开Benchmark Settings对话框,在其中可以设置测试参数,例如在Resolution下拉列表中选择测试时使用的分辨率,设置完成后单击OK按钮。

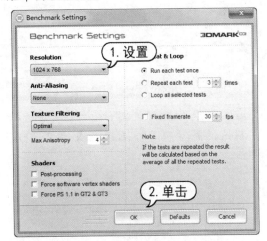

step 5 在设置完测试内容与测试参数后,返回3DMark主界面,然后单击Run 3DMARK按钮,3DMark开始自动测试显卡性能。

step 6 测试完成后,3DMark会打开对话框显示测试得分,得分越高代表所测试显卡的

性能越强。

7.6.4 检测显示器

Piexl Exerciser是一款专业的液晶显示器测试软件,该软件可以快速检测显示器存在的亮点和坏点。该软件无需安装,即可执行并开始检测显示器。

【例7-20】在当前计算机中,使用Piexl Exerciser显示器性能检测软件,检测液晶显示器的性能。
视频

step 1 双击Piexl Exerciser启动图标,打开Piexl Exerciser软件的主界面,然后在该界面上选中I have read复选框,并单击Agree按钮。

step 2 接下来,右击屏幕中显示的色块,在弹出的菜单中选中Set Size/Location命令。

step ③ 打开Set Size & Location对话框，在 Set Size & Location对话框中设置显示器的检测参数后，单击OK按钮。

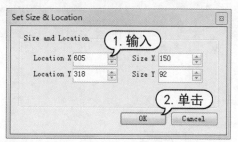

step ④ 右击屏幕中显示的色块，在弹出的菜单中选中Set Refresh Rate命令，打开Settings对

话框，输入显示器测试速率后，单击OK按钮。

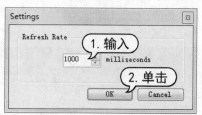

step ⑤ 接下来，右击屏幕中显示的色块，在弹出的菜单中选中Start Exercising命令，开始检测显示器性能。

7.7 案例演练

本次案例演练向用户介绍一款比较常用的硬件检测软件——鲁大师，使用户进一步掌握查看和维护计算机硬件的方法。

【例 7-21】使用"鲁大师"硬件检测工具，检测并查看当前计算机的硬件详细信息。

🔘 视频

step ① 下载并安装"鲁大师"软件，然后启动该软件，将自动检测计算机硬件信息。

step ② 在"鲁大师"软件界面的左侧，单击【硬件健康】按钮，在打开的界面中将显示硬件的制造信息。

step ③ 单击软件界面左侧的【处理器信息】按钮，在打开的界面中可以查看 CPU 的详细信息，例如处理器类型、速度、生产工艺、插槽类型、缓存以及处理器特征等。

step ④ 单击软件左侧的【主板信息】按钮，显示计算机主板的详细信息，包括型号、芯片组、BIOS 版本和制造日期。

step ⑤ 单击软件左侧的【内存信息】按钮，显示计算机内存的详细信息，包括制造日期、型号和序列号等。

step ⑥ 单击软件左侧的【硬盘信息】按钮，显示计算机硬盘的详细信息，包括产品型号、容量大小、转速、缓存、使用次数、数据传输率等。

step ⑦ 单击软件左侧的【显卡信息】按钮，显示计算机显卡的详细信息，包括显卡型号、显存大小、制造商等。

step ⑧ 单击软件左侧的【显示器信息】按钮，显示显示器的详细信息，包括产品型号、显示器平面尺寸等。

step ⑨ 单击软件左侧的【其他硬件】按钮，显示计算机网卡、声卡、键盘、鼠标的详细信息。

step ⑩ 单击软件左侧的【功耗估算】按钮，显示计算机各硬件的功耗信息。

第8章

系统应用与常用软件

安装好 Windows 7 操作系统之后，就可以开始体验该操作系统了。计算机在日常办公使用中，需要很多软件和硬件加以辅助。常用的软件有 WinRAR 压缩软件、图片浏览软件等。本章将详细介绍在计算机中如何操作 Windows 7 系统和一些常用软件的使用方法。

对应光盘视频

8.1　Windows 7 的窗口与对话框

窗口是 Windows 操作系统的重要组成部分，很多操作都是通过窗口来完成的。对话框是用户在操作计算机的过程中由系统弹出的一个特殊窗口，在对话框中用户通过对选项的选择和设置，可以对相应的对象进行某项特定操作。

8.1.1　窗口的组成

在 Windows 7 中最为常用的就是【计算机】窗口和一些应用程序的窗口，这些窗口的组成元素基本相同。

以【计算机】窗口为例，窗口的组成元素主要由标题栏、地址栏、搜索栏、工具栏、窗口工作区等元素组成。

➢ 标题栏：标题栏位于窗口最顶部，显示了当前应用程序名、文件名等。在许多窗口中，标题栏也包括程序图标、【最小化】、【最大化】、【关闭】和【还原】按钮，可以简单地对窗口进行操作。

➢ 地址栏：用于显示和输入当前浏览位置的详细路径信息，Windows 7 的地址栏提供了按钮功能。单击地址栏文件夹后的"▶"按钮，弹出一个下拉菜单，里面列出了与该文件夹同级的其他文件夹，在菜单中选择相应的路径便可跳转到对应的文件夹。

➢ 搜索栏：Windows 7 窗口右上角的搜索栏与【开始】菜单中的【搜索框】的作用和用法相同，都具有在计算机中搜索各种文件的功能。搜索时，地址栏中会显示搜索进度。

➢ 工具栏：工具栏位于地址栏下方，提供了一些基本工具和菜单任务。

➢ 窗口工作区：用于显示主要的内容，如多个不同的文件夹、磁盘驱动等。它是窗口最主要的部位。

➢ 导航窗格：导航窗格位于窗口左侧，它给用户提供了树状结构的文件夹列表，从而方便用户迅速地定位所需的目标。窗格从上到下分为不同的类别，通过单击每个类别前的箭头，可以展开或合并。

➢ 状态栏：位于窗口最底部，用于显示当前操作的状态及提示信息，或当前用户选定对象的详细信息。

8.1.2　窗口的预览和切换

用户可以打开多个窗口并在这些窗口之间进行切换预览，Windows 7 操作系统提供了多种方式让用户快捷方便地切换预览窗口。

1. Alt+Tab 键预览窗口

当用户使用了 Aero 主题时，在按下 Alt+Tab 键后，用户会发现切换面板中显示了当前打开的窗口的缩略图，并且除了当前选定的窗口外，其余的窗口都呈现透明状态。按住 Alt 键不放，再按 Tab 键或滚动鼠标滚轮就可以在现有窗口的缩略图间切换。

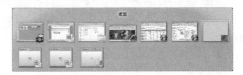

2. Win+Tab 键的 3D 切换效果

当用户按下 Win+Tab 键切换窗口时，可以看到立体的 3D 切换效果。按住 Win 键不放，再按 Tab 或鼠标滚轮来切换各个窗口。

3. 通过任务栏图标预览窗口

当鼠标指针移至任务栏中的某个程序的

按钮上时，在该按钮的上方会显示与该程序相关的所有打开窗口的预览缩略图，单击其中的某个缩略图，即可切换至该窗口。

8.1.3 调整窗口大小

在 Windows 7系统中用户可以通过Windows 窗口右上角的最小化 、最大化 和还原 按钮来调整窗口的形状。

【例8-1】使用最大化、还原和最小化操作，调整【计算机】窗口的大小。
🔘视频

step 1 在桌面上双击【计算机】图标，打开【计算机】窗口后，单击该窗口右上角的【最大化】按钮 ，设置窗口最大化显示。

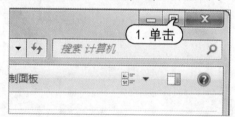

step 2 设置窗口最大化显示后，【计算机】窗口将占满屏幕，此时再次单击的【最大化】按钮 ，将还原窗口大小。单击【最大化】按钮左侧的【最小化】按钮 ，可以将窗口隐藏在任务栏中。

step 3 单击【最大化】按钮右侧的【关闭】

按钮 ，可以关闭【计算机】窗口。

8.1.4 窗口的排列

在 Windows 7 操作系统中，提供了层叠窗口、堆叠显示窗口和并排显示窗口 3 种窗口排列方法，通过多窗口排列可以使窗口排列更加整齐，方便用户进行各种操作。

【例8-2】将打开的多个应用程序窗口按照层叠方式排列。
🔘视频

step 1 打开多个应用程序的窗口，然后在任务栏的空白处右击鼠标，在弹出的快捷菜单中选择【层叠窗口】命令。

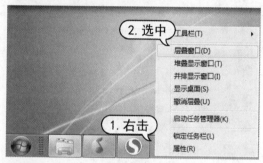

step 2 此时，打开的所有窗口(最小化的窗口除外)将会以层叠的方式在桌面上显示。

💡 知识点滴

当用户将窗口拖动至桌面的左右边沿时，窗口会自动垂直填充屏幕。同理，当用户将窗口拖离边沿时，将自动还原。

8.2 设置个性化任务栏

任务栏就是位于桌面下方的小长条，作为 Windows 7 系统的超级助手，用户可以对任务栏进行个性化的设置，使其更加符合用户的使用习惯。

8.2.1　自动隐藏任务栏

如果用户打开的窗口过大，窗口的下方将被任务栏覆盖，用户可以选择将任务栏进行自动隐藏，这样可以给桌面提供更多的视觉空间。

【例8-3】在 Windows 7 中将任务栏设置为自动隐藏。

视频

step 1 右击任务栏的空白处，在弹出的快捷菜单中选择【属性】命令。

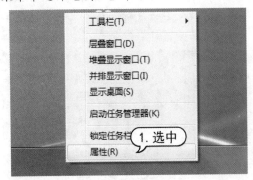

step 2 弹出【任务栏和[开始]菜单属性】对话框。选中【自动隐藏任务栏】复选框，单击【确定】按钮，完成设置。

step 3 任务栏即可自动隐藏，只需将鼠标指针移动至原任务栏的位置，任务栏即可自动重新显示，当鼠标指针离开时，任务栏会重新隐藏。

8.2.2　调整任务栏的位置

任务栏的位置并非只能摆放在桌面的最下方，用户可根据喜好将任务栏摆放到桌面的上方、左侧或右侧。

要调整任务栏的位置，应先右击任务栏的空白处，在弹出的快捷菜单中取消【锁定任务栏】选项。

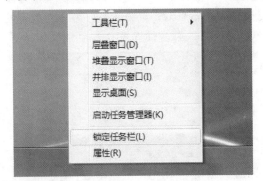

然后将鼠标指针移至任务栏的空白处，按住鼠标左键不放并拖动鼠标至桌面的左侧，将任务栏拖动至桌面左侧。

8.2.3　更改按钮的显示方式

Windows 7任务栏中的按钮会默认合并，如果用户觉得这种方式不符合以前的使

用习惯，可通过设置来更改任务栏中按钮的
显示方式。

【例8-4】使Windows 7任务栏中的按钮不再自动
合并。

step 1　右击任务栏的空白处，在弹出的快捷
菜单中选择【属性】命令。

step 2　打开【任务栏和「开始」菜单属性】
对话框，在【任务栏按钮】下拉菜单中选择
【从不合并】选项，单击【确定】按钮。

step 3　此时任务栏中相似的任务栏按钮将
不再自动合并。

8.2.4　自定义通知区域

　　任务栏的通知区域显示的是计算机中当
前运行的某些程序的图标，例如QQ、迅雷、
瑞星杀毒软件等。如果打开的程序过多，通
知区域会显得杂乱无章。Windows 7操作系
统为通知区域设置了一个小面板，程序的图
标都存放在这个小面板中，这为任务栏节省
了大量的空间。另外，用户还可自定义任
务栏通知区域中图标的显示方式，以方便
操作。

【例8-5】自定义通知区域中图标的显示方式。

step 1　单击通知区域的【显示隐藏的图标】

按钮 ，弹出通知区域面板，选择【自定义】
选项。

step 2　打开【通知区域图标】对话框，在QQ
选项后方的下拉菜单中选择【显示图标和通
知】选项，单击【确定】按钮。

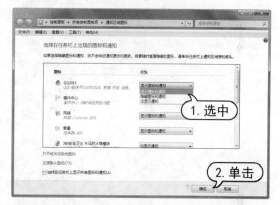

step 3　设置完成后，通知区域中将重新显示
QQ图标。

step 4　若想重新隐藏QQ图标，可直接将QQ
图标拖动至小面板中即可。

8.3 设置计算机办公环境

使用 Windows 7 进行计算机办公时，用户可根据自己的习惯和喜好为系统打造个性化的办公环境，如设置桌面背景、设置日期和时间等。

8.3.1 设置桌面背景

桌面背景就是 Windows 7 系统桌面的背景图案，又叫作墙纸。用户可以根据自己的喜好更换桌面背景。

【例 8-6】更换桌面背景。

视频

step 1 启动 Windows 7 系统，右击桌面空白处，在弹出的快捷菜单中选择【个性化】命令。

step 2 打开【个性化】窗口，并选择【桌面背景】图标。

step 3 打开【桌面背景】窗口，单击【全面清除】按钮，选中一幅图片，单击【保存修改】按钮。

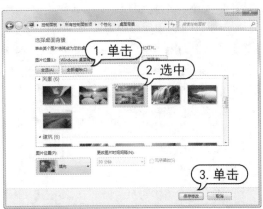

step 4 此时，操作系统的桌面背景效果如下：

8.3.2 设置屏幕保护程序

屏幕保护程序是指在一定时间内，没有使用鼠标或键盘进行任何操作而在屏幕上显示的画面。设置屏幕保护程序可以对显示器起到保护作用，使显示器处于节能状态。

【例 8-7】在 Windows 7 中，使用"气泡"作为屏幕保护程序。

视频

step 1 在桌面空白处右击，在弹出的快捷菜单中选择【个性化】命令，弹出【个性化】窗口。选择下方的【屏幕保护程序】选项。

step 2 打开【屏幕保护程序设置】对话框。在【屏幕保护程序】下拉菜单中选择【气泡】选项。在【等待】微调框中设置时间为 1 分钟，设置完成后，单击【确定】按钮，完成屏幕保护程序的设置。

step 3　当屏幕静止时间超过设定的等待时间时(鼠标键盘均没有任何动作)，系统即可自动启动屏幕保护程序。

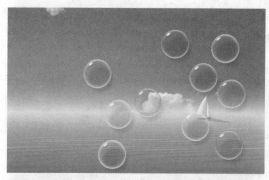

8.3.3　更改颜色和外观

在 Windows 7 操作系统中，用户可根据自己的喜好自定义窗口、【开始】菜单以及任务栏的颜色和外观。

【例 8-8】为 Windows 7 操作系统的窗口设置个性化的颜色和外观。

📹 视频

step 1　在桌面空白处右击，在弹出的快捷菜单中选择【个性化】命令，弹出【个性化】窗口，选择下方的【窗口颜色】图标。

step 2　打开【窗口颜色和外观】窗口，选择【高级外观设置】选项。

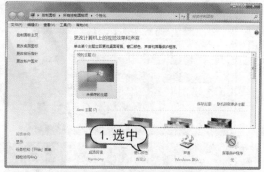

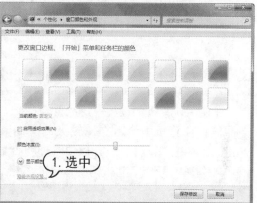

step 3　打开【窗口颜色和外观】对话框，在【项目】下拉菜单中选择【活动窗口标题栏】选项。

step 4　在【颜色 1】下拉菜单中选择【绿色】，在【颜色 2】下拉菜单中选择【紫色】。

step 5　选择完成后，在【窗口颜色和外观】对话框中单击【确定】按钮。

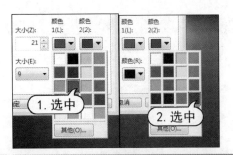

知识点滴

用户还可以在【颜色】下拉列表中单击【其他】按钮，在弹出的【颜色】对话框中自定义喜欢的颜色。

8.4 文件压缩和解压缩——WinRAR

在使用计算机的过程中，经常会碰到一些体积比较大的文件或是比较零碎的文件，这些文件放在计算机中会占据比较大的空间，也不利于计算机中文件的整理。此时可以使用WinRAR 将这些文件压缩，以便管理和查看。

8.4.1 压缩文件

WinRAR 是目前最流行的一款文件压缩软件，界面友好、使用方便，能够创建自释放文件，修复损坏的压缩文件，并支持加密功能。使用 WinRAR 压缩软件有两种方法：一种是通过 WinRAR 的主界面来压缩，另一种是直接使用右键快捷菜单来压缩。

1. 通过 WinRAR 主界面压缩

本节通过一个具体实例介绍如何通过WinRAR 的主界面压缩文件。

【例 8-9】使用 WinRAR 将多个文件压缩成一个文件。

视频

step 1 选择【开始】|【所有程序】|【WinRAR】|【WinRAR】命令。

step 2 弹出 WinRAR 程序的主界面。选择要压缩的文件夹的路径，然后在下面的列表中选中要压缩的多个文件,单击工具栏中的【添加】按钮。

step 3 打开【压缩文件名和参数】对话框，在【压缩文件名】文本框中输入"我的收藏"，然后单击【确定】按钮，即可开始压缩文件。

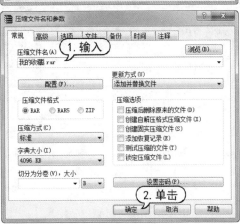

在【压缩文件名和参数】对话框的【常规】选项卡中有【压缩文件名】、【压缩文件

格式】、【压缩方式】、【切分为分卷，大小】、【更新方式】和【压缩选项】几个选项区域，它们的含义分别如下：

▶ 【压缩文件名】：单击【浏览】按钮，可选择一个已经存在的压缩文件，此时WinRAR 会将新添加的文件压缩到这个已经存在的压缩文件中。另外，用户还可输入新的压缩文件名。

▶ 【压缩文件格式】：选择 RAR 格式可得到较大的压缩率，选择 ZIP 格式可得到较快的压缩速度。

▶ 【压缩方式】：选择标准选项即可。

▶ 【切分为分卷，大小】：当把一个较大的文件分成几部分来压缩时，可在这里指定每一部分文件的大小。

▶ 【更新方式】：选择压缩文件的更新方式。

▶ 【压缩选项】：可进行多项选择，例如压缩完成后是否删除源文件等。

2. 通过右键快捷菜单压缩文件

WinRAR 成功安装后，系统会自动在右键快捷菜单中添加压缩和解压缩文件的命令，以方便用户使用。

【例 8-10】使用右键快捷菜单将多本电子书压缩为一个压缩文件。

🔘 视频

step ① 打开要压缩的文件所在的文件夹。按【Ctrl+A】组合键选中这些文件，然后在选中的文件上右击，在弹出的快捷菜单中选择【添加到压缩文件】命令。

step ② 在打开的【压缩文件名和参数】对话框中输入 "PDF备份"，单击【确定】按钮，即可开始压缩文件。

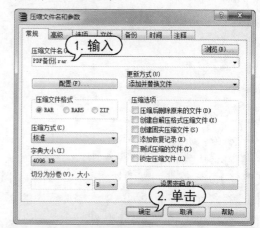

🔍 知识点滴

使用 WinRAR 软件对文件进行压缩存放，不仅可以节省大量的磁盘空间，还可方便用户使用 U 盘等移动存储器来进行文件的存储与交换。

8.4.2　解压缩文件

压缩文件必须解压才能查看。要解压文件，可采用以下几种方法：

1. 通过 WinRAR 主界面解压文件

选择【开始】|【所有程序】|【WinRAR】|【WinRAR】命令，选择【文件】|【打开压缩文件】选项。

选择要解压的文件，然后单击【打开】按钮。选定的压缩文件将会被解压，并将解压的结果显示在 WinRAR 主界面的文件列表中。

另外，通过 WinRAR 的主界面还可将压缩文件解压到指定的文件夹中。方法是单击【路径】文本框最右侧的按钮，选择压缩文件的路径，并在下面的列表中选中要解压的文件，然后单击【解压到】按钮。

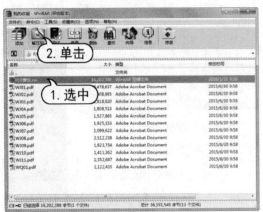

打开【解压路径和选项】对话框，在【目标路径】下拉列表框中设置解压的目标路径后，单击【确定】按钮，即可将该压缩文件解压到指定的文件夹中。

2. 使用右键快捷菜单解压文件

直接右击要解压的文件，在弹出的快捷菜单中有【解压文件】、【解压到当前文件夹】和【解压到】3 个相关命令可供选择。它们的具体功能分别如下：

▶ 选择【解压文件】命令，可打开【解压路径和选项】对话框。用户可对解压后文件的具体参数进行设置，例如【目标路径】、【更新方式】等。设置完成后，单击【确定】按钮，即可开始解压文件。

▶ 选择【解压到当前文件夹】命令，系统将按照默认设置，将该压缩文件解压到当前目录中。

▶ 选择【解压到】命令，可将压缩文件解压到当前的目录中，并将解压后的文件保存在和压缩文件同名的文件夹中。

3. 直接双击解压文件

直接双击压缩文件，可打开 WinRAR 的主界面，同时该压缩文件会被自动解压，并将解压后的文件显示在 WinRAR 主界面的文件列表中。

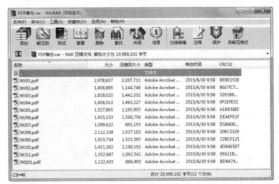

8.4.3　管理压缩文件

在创建压缩文件时，可能会遗漏所要压缩的文件或多选了无须压缩的文件。这时可以使用 WinRAR 管理文件，无须重新进行压缩操作，只需在原有已压缩好的文件里添加或删除即可。

【例 8-11】在创建好的压缩文件中添加新的文件。

step 1　双击压缩文件，打开 WinRAR 窗口，单击【添加】按钮。

step 2　打开【请选择要添加的文件】对话框，选择所需添加到压缩文件中的电子书，然后单击【确定】按钮，打开【压缩文件名和参数】对话框。

step 3　继续单击【确定】按钮，即可将文件添加到压缩文件中。

step 4　如果要删除压缩文件中的文件，在 WinRAR 窗口中选中要删除的文件，单击【删除】按钮即可删除。

8.5　使用图片浏览软件

要查看计算机中的图片，就要使用图片查看软件。ACDSee 是一款非常好用的图像查看处理软件，它被广泛地应用在图像获取、管理以及优化等各个方面。另外，使用软件内置的图片编辑工具可以轻松处理各类数码图片。

8.5.1　浏览图片

ACDSee 软件提供了多种查看方式供用户浏览图片，用户在安装 ACDSee 软件后，双击桌面上的软件图标，即可启动 ACDSee。

ACDSee 15

启动 ACDSee 后，在软件界面左侧的【文件夹】列表框中选择图片的存放位置，双击某幅图片的缩略图，即可查看该图片。

8.5.2 编辑图片

使用 ACDSee 不仅能够浏览图片，还可对图片进行简单的编辑。

【例 8-12】使用 ACDSee 对计算机硬盘中保存的图片进行编辑。

🔘 视频

step 1 启动ACDSee后，双击打开需要编辑的图片。

step 2 单击图片查看窗口右上方的【编辑】按钮，打开图片编辑面板。单击ACDSee软件界面左侧的【曝光】选项，打开曝光参数设置面板。

step 3 此时，在【预设值】下拉列表框中，选择【提高对比度】选项，然后拖动下方的【曝光】滑块、【对比度】滑块和【填充光线】滑块，可以调整图片曝光的相应参数值。

step 4 曝光参数设置完成后，单击【完成】按钮。

step 5 返回图片管理主界面，单击软件界面左侧工具条中的【裁剪】按钮。

step 6 可打开【裁剪】面板，在软件窗口的右侧，可拖动图片显示区域的 8 个控制点来选择图像的裁剪范围。

step 7 选择完成后，单击【完成】按钮，完成图片的裁剪。

step 8　图片编辑完成后，单击【保存】按钮，即可对图片进行保存。

8.5.3　批量重命名文件

如果用户需要一次性对大量的图片进行统一命名操作，可以使用 ACDSee 的批量重命名功能。

【例 8-13】使用 ACDSee 对桌面上【我的图片】文件夹中的所有文件进行统一命名。
🔘 视频

step 1　启动 ACDSee，在主界面左侧的【文件夹】列表框中依次展开【桌面】|【我的图片】选项。

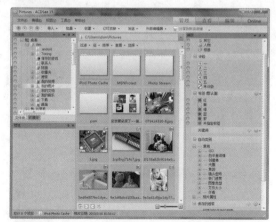

step 2　此时，在 ACDSeee 软件主界面中间的文件区域将显示【我的图片】文件夹中的所有图片。按 Ctrl+A 组合键，选定该文件夹中的所有图片，然后选择【工具】|【批量】|【重命名】命令。

step 3　打开【批量重命名】对话框，选中【使用模板重命名文件】复选框，在【模版】文本框中输入"摄影###"。选中【使用数字替换#】单选按钮，在【开始于】区域选中【固定值】单选按钮，在其后的微调框中设置数值为"1"。单击【开始重命名】命令。

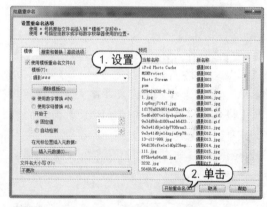

step 4　系统开始批量重命名图片。命名完成后，单击【完成】按钮。

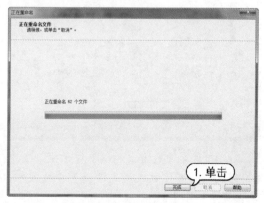

step 5 重命名后的结果如下图所示：

8.5.4 转换图片格式

ACDSee 具有图片文件格式的相互转换功能，可以轻松地执行图片格式的转换操作。

> 【例8-14】使用 ACDSee 将【我的图片】文件夹中的图片转换为 BMP 格式。
> ⊙ 视频

step 1 在ACDSee中按住Ctrl键选中需要转换格式的图片文件。选择【工具】|【批量】|【转换文件格式】命令。

step 2 打开【批量转换文件格式】对话框，在【格式】列表框中选择【BMP】格式，单击【下一步】按钮。

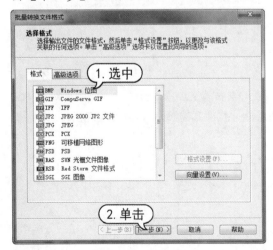

step 3 打开【设置输出选项】对话框，选中【将修改过的图像放入源文件夹】单选按钮，单击【下一步】按钮。

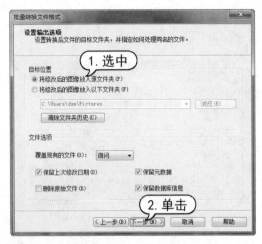

step 4 打开【设置多页选项】对话框，保持默认设置，单击【开始转换】按钮。

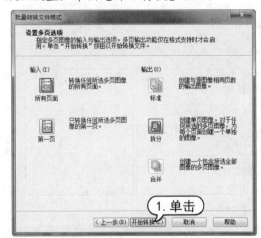

step 5 开始转换图片文件并显示进度，转换格式完成后，单击【完成】按钮即可。

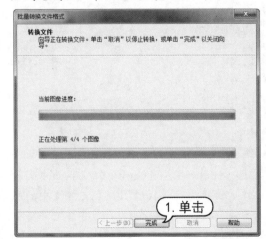

8.6 影音播放软件暴风影音

暴风影音是北京暴风科技有限公司推出的一款视频播放器，该播放器兼容大多数的视频和音频格式。暴风影音是目前最为流行的影音播放软件，支持超过 500 种的视频格式，使用领先的 MEE 播放引擎，使播放更加清晰流畅。在日常使用中，暴风影音无疑是播放视频文件的理想选择。

8.6.1 播放本地电影

安装暴风影音后，系统中视频文件的默认打开方式一般会自动变更为使用暴风影音打开。此时直接双击该视频文件，即可开始使用暴风影音进行播放。如果默认打开方式不是暴风影音，用户可将默认打开方式设置为暴风影音。

【例 8-15】将系统中视频文件的默认打开方式修改为使用暴风影音打开。

step 1 右击视频文件，选择【打开方式】|【选择默认程序】命令。

step 2 打开【打开方式】对话框，在【推荐的程序】列表中选择【暴风影音5】选项，然后选中【始终使用选择的程序打开这种文件】复选框.。

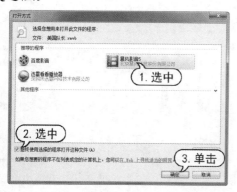

step 3 单击【确定】按钮，即可将视频文件的默认打开方式设置为使用暴风影音打开，此时视频文件的图标也会变成暴风影音的格式。

step 4 双击视频文件，即可使用暴风影音播放该文件。

8.6.2 播放网络电影

为了方便用户通过网络观看影片，暴风影音提供了【在线影视】功能。使用该功能，用户可方便地通过网络观看自己想看的电影。

【例 8-16】通过暴风影音的【在线影视】功能观看网络影片。

step 1 启动暴风影音播放器，默认情况下会自动在播放器右侧打开播放列表。如果没有打开播放列表，可在播放器主界面的右下角单击【打开播放列表】按钮。

step 2 打开播放列表后，切换至【在线影视】选项卡。在该列表中双击想要观看的影片，稍作缓冲后，即可开始播放。

8.6.3　常用快捷操作

在使用暴风影音看电影时，如果能熟记一些常用的快捷键操作，可增加更多的视听乐趣。常用的快捷键如下：

▶ 全屏显示影片：按 Enter 键，可以全屏显示影片，再次按下 Enter 键即可恢复原始大小。

▶ 暂停播放：按 Space(空格)键或单击影片，可以暂停播放。

▶ 快进：按右方向键→或者向右拖动播放控制条，可以快进。

▶ 快退：按左方向键←或者向左拖动播放控制条，可以快退。

▶ 加速/减速播放：按 Ctrl+↑键或 Ctrl+↓键，可使影片加速/减速播放。

▶ 截图：按 F5 功能键，可以截取当前影片显示的画面。

▶ 升高音量：按向上方向键↑或者向前滚动鼠标滚轮。

▶ 减小音量：按向下方向键↓或者向后滚动鼠标滚轮。

▶ 静音：按 Ctrl+M 可关闭声音。

8.7　图片处理软件

自己拍出来的照片难免会有许多不满意之处，这时可利用计算机对照片进行处理，以达到完美的效果。这里向大家介绍一款非常好用的照片画质改善和个性化处理软件——光影魔术手。它不要求用户有非常专业的知识，只要懂得操作计算机就能够将一张普通的照片轻松地 DIY 出具有专业水准的效果。

8.7.1　调整图片大小

将数码相机拍出的照片复制到计算机中进行浏览时，其大小往往不如人愿，此时可使用光影魔术手来调整照片的大小。

【例8-17】使用光影魔术手调整照片的大小。

step 1 启动光影魔术手，单击【打开】按钮，打开【打开】对话框，在该对话框中选择要调整大小的照片后，单击【打开】按钮，打开照片。

step 2 单击【尺寸】下拉按钮，在打开的常用尺寸下拉列表中，可选择照片的尺寸大小，

如下图所示。

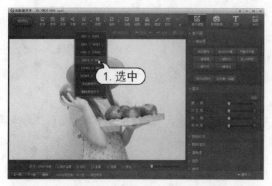

step 3 选择完成后,单击【保存】按钮,打开【保存提示】对话框,询问用户是否覆盖原图,单击【确定】按钮,覆盖原图,保存调整大小后的图片。

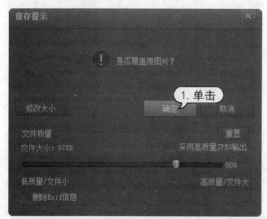

知识点滴

如果想保留原图,可单击【另存】按钮,将修改后的图片另存为一个新文件。另外,选中【采用高质量 JPEG 输出】复选框,可保证输出照片的质量。

8.7.2 裁剪照片

如果想在照片中突出某个主题,或者去掉不想要的部分,可以使用光影魔术手的裁剪功能,对照片进行裁剪。

【例8-18】使用光影魔术手的裁剪功能对照片进行裁剪。

step 1 启动光影魔术手,单击【打开】按钮,打开【打开】对话框,选择需要裁剪的数码照片,单击【打开】按钮,即可打开照片,

如下图所示。

step 2 单击工具栏中的【裁剪】按钮,打开图像裁剪界面。

step 3 将鼠标指针移至照片上,当变成形状时,按下鼠标左键并在图片上拖动出一个矩形选框,框选需要裁剪的部分,释放鼠标左键,此时被框选部分的周围将有虚线显示,而其他部分将会以羽化状态显示。

step 4 调节界面右侧的【圆角】滑竿,可以将裁剪区域设置为圆角,单击【确定】按钮,裁剪照片,返回主界面,显示裁剪后的图像。

step 5 在工具栏中单击【另存】按钮,保存裁剪后的照片。

8.7.3 使用数码暗房

光影魔术手的真正强大之处在于对照片的加工和处理功能。相比于 Photoshop 等专业图片处理软件而言，光影魔术手对于数码照片的针对性更强，加工程序却更为简单，即使是没有任何基础的新手也可以迅速上手。

本节介绍如何使用数码暗房来调整照片的色彩和风格。

【例 8-19】使用光影魔术手的数码暗房功能为照片添加特效。

step ① 启动光影魔术手，单击【打开】按钮，打开要加工的照片。

step ② 单击主界面中的【数码暗房】按钮，打开数码暗房列表框。

step ③ 单击【黑白效果】按钮，可使图片变为黑白效果。

> **知识点滴**
>
> 此时会打开黑白效果的参数设置面板，在该面板中可对黑白效果的参数进行设置，效果如下图所示。

step ④ 使用【柔光镜】效果，可柔化照片，使照片更加细腻。

step ⑤ 使用【铅笔素描】功能，可使照片呈现铅笔素描效果。

step ⑥ 使用【人像美容】功能，可通过调节【磨皮力度】、【亮白】和【范围】三个参数来美化照片。

step ⑦ 调节到满意的效果后，单击【确定】按钮，返回到软件主界面，单击【保存】按钮，保存调节后的照片。

8.7.4 使用边框效果

使用光影魔术手的边框功能，可以通过简单的步骤对照片添加边框修饰效果，达到美化照片的目的。

【例 8-20】使用光影魔术手为数码照片添加边框。

step 1 启动光影魔术手，单击【打开】按钮，打开要添加边框的照片。

step 2 单击主界面中的【边框】按钮，选择【多图边框】命令。

step 3 打开【多图边框】界面，选择一种自己喜欢的多图边框效果。

知识点滴

在【多图边框】界面的左上角，可调整照片在边框中的显示区域。

step 4 调整完成后，单击【确定】按钮使用该边框，并返回软件主界面。单击【保存】按钮，保存应用了边框效果的照片。

8.8 案例演练

本章的案例演练部分主要介绍 HyperSnap 截图软件，使用户更好地掌握该软件的基本操作方法和技巧，进一步掌握计算机软件在日常使用中的应用。

8.8.1 配置截图热键

在使用 HyperSnap 截图之前，用户首先需要配置屏幕捕捉热键，通过热键可以方便地调用 HyperSnap 的各种截图功能，从而更有效地进行截图。

【例 8-21】配置 HyperSnap 软件的屏幕捕捉热键。

step 1 启动 HyperSnap 软件，打开【捕捉】选项卡，单击【热键】按钮。

step 2 打开【屏幕捕捉热键】对话框，单击【自定义键盘】按钮。

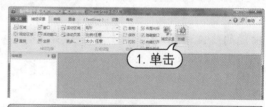

step 3 打开【自定义】对话框，在【分类和命令】列表框中选择【按钮】选项，将光标定位在【按下新的快捷键】文本框中，按F3

快捷键，单击【分配】按钮。

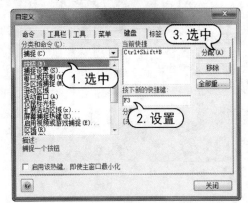

step 4 快捷键F3将显示在【当前快捷键】列表框中，选中之前的快捷键，单击【移除】按钮，删除之前的快捷键，引用F3快捷键，并选中【启动该热键，即使主窗口最小化】复选框。

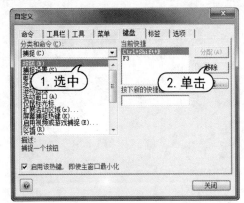

step 5 使用同样的方法，设置【捕捉窗口】功能的热键为F4、【捕捉全屏幕】功能的热键为F5、【捕捉区域】的热键为F6。最后，单击【关闭】按钮完成设置。

8.8.2 屏幕截图

启用 HyperSnap 热键后，用户可以快捷截取屏幕上的不同部分。

【例 8-22】 配置 HyperSnap 截取计算机桌面和窗口。

step 1 启动HyperSnap软件，按F5 快捷键，即可截取整个Windows 7 桌面。

step 2 在计算机桌面上双击【计算机】图标，打开【资源管理器】窗口。按F4快捷键，然后使用鼠标单击【资源管理器】窗口的标题栏，即可截取【资源管理器】窗口。

第9章

计算机的网络应用

作为计算机技术和通信技术的产物，计算机网络帮助人们实现了计算机之间的资源共享、协同操作等功能。如今，随着信息化社会的不断发展，计算机网络已经广泛普及，成为人们日常工作和生活中必不可少的部分。在网络中不仅可以浏览和搜索各种生活信息、下载各种软件资源，还能够协助用户办理很多生活中的实际事务。

 对应光盘视频

9.1 网卡

网卡是局域网中连接计算机和传输介质的接口，它不仅能实现与局域网传输介质之间的物理连接和电信号匹配，还涉及帧的发送与接收、帧的封装与拆封、介质访问控制、数据的编码与解码以及数据缓存功能等。本节将详细介绍网卡的常见类型、硬件结构、工作方式和选购常识。

9.1.1 网卡的常见类型

随着超大规模集成电路的不断发展，计算机配件一方面朝着更高性能的方向发展，另一方面朝着高度整合的方向发展。在这一趋势下，网卡逐渐演化为独立网卡和集成网卡两种不同的形态，各自的特点如下：

➤ 集成网卡：集成网卡(Integrated LAN)又称板载网卡，是一种将网卡集成到主板上的做法。集成网卡是主板不可缺少的一部分，有 10M/100M、DUAL 网卡、千兆网卡及无线网卡等类型。目前，市场上大部分的主板上都有集成网卡。

➤ 独立网卡：独立网卡相对集成网卡在使用与维护上都更加灵活，且能够为用户提供更为稳定的网络连接服务，外观与其他计算机适配卡类似。

虽然，独立网卡与集成网卡在形态上有所区别，但这两类网卡在技术和功能等方面却没有太多的不同，分类方式也较为一致。目前，常见的网卡类型有以下几种：

1. 按照数据通信速率分类

常见网卡所遵循的通信速率标准分为 10Mbps、100Mbps、10/100Mbps 自适应、10/100/1000Mbps 自适应等几种。其中 10Mbps 网卡由于速度太慢，早已退出市场；具备 100Mbps 速率的网卡虽然在市场上非常常见，但随着人们对网络速度需求的增加，已经开始逐渐退出市场，取而代之的是 100/1000Mbps 自适应网卡以及更快的 1000Mbps 网卡。

2. 按照总线接口类型分类

在独立网卡中，根据网卡与计算机连接时所采用总线接口类型的不同，可以将网卡分为 PCI 网卡、PCI-E 网卡、USB 网卡等几种类型，各自的特点如下：

➤ PCI 网卡：PCI 网卡即 PCI 插槽的网卡，主要用于 100Mbps 速率的网卡产品。

➤ PCI-E 网卡：PCI-E 网卡采用 PCI-Express X1 接口与计算机进行连接，此类网卡可以支持 1000Mbps 速率。

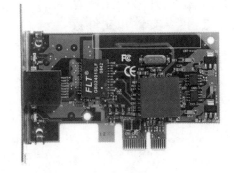

➤ USB 网卡：USB 网卡即 USB 接口的网卡，此类网卡的特点是体积小巧、便于携带、安装和使用方便。

3. 按照网卡应用领域分类

根据网卡应用的计算机类型，可以将网卡分为应用于工作站的网卡和应用于服务器的网卡。前面介绍的基本都是工作站网卡，但在大型网络中，服务器通常采用专门的网卡。

9.1.2　网卡的工作方式

当计算机需要发送数据时，网卡将会持续侦听通信介质上的载波(载波由电压指示)情况，以确定信道是否被其他站点占用。当发现通信介质无载波(空闲)时，便开始发送数据帧，同时继续侦听通信介质，以检测数据冲突。在该过程中，如果检测到冲突，便会立即停止本次发送，并向通信介质发送"阻塞"信号，以便告知其他站点已经发送冲突。在等待一定时间后，重新尝试发送数据。

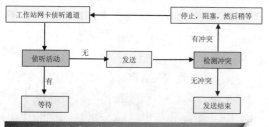

9.1.3　网卡的选购常识

网卡虽然不是计算机的主要配件，但却在计算机与网络通信中起着极其重要的作用。为此，用户在选购网卡时，也应了解一些常识性的知识，包括网卡的品牌、规格、工艺等。

➤ 网卡的品牌：用户在购买网卡时，应选择信誉较好的品牌，例如 3COM、Intel、D-Link、TP-Link 等。这是因为品牌信誉较好的网卡在质量上有保障，其售后服务也较普通品牌的产品要好。

➤ 网卡的工艺：与其他电子产品一样，网卡的制作工艺也体现在材料质量、焊接质量等方面。用户在选购网卡时，可以通过检查网卡 PCB(电路板)上的焊点是否均匀、干净以及有无虚焊、脱焊等现象，来判断一块显卡的工艺水平。

➤ 网卡的接口和速率：用户在选购网卡之前，应明确所选购网卡的类型、接口、传输速率及其他相关情况，以免出现购买的网卡无法使用或不能满足需求的情况。

9.2 双绞线

双绞线(网线)是局域网中最常见的一种传输介质，尤其是在目前常见的以太局域网中，双绞线更是必不可少的布线材料。本节将详细介绍双绞线的组成、分类、规格及其连接方式等内容。

9.2.1 双绞线的分类

双绞线(Twisted Pair)是由两条相互绝缘的导线按照一定的规格互相缠绕(一般以顺时针缠绕)在一起而制成的一种通用配线，属于信息通信网络传输介质。双绞线过去主要用于传输模拟信号，但现在同样适用于数字信号的传输。

1. 按有无屏蔽层分类

目前，在局域网中使用的双绞线根据结构的不同，主要分为屏蔽双绞线和非屏蔽双绞线两种类型，各自的特点如下：

▶ 屏蔽双绞线：屏蔽双绞线的外层由铝箔包裹，以减小辐射。根据屏蔽方式的不同，屏蔽双绞线又分为两类：STP(Shielded Twisted-Pair)和FTP(Foil Twisted-Pair)。其中，STP是指双绞线内的每条线都有各自屏蔽层的屏蔽双绞线，而FTP则是采用整体屏蔽的屏蔽双绞线。需要注意的是，屏蔽只在整根电缆均有屏蔽装置，并且两端正确接地的情况下才起作用。

▶ 非屏蔽双绞线：非屏蔽双绞线(UTP)无金属屏蔽材料，只有一层绝缘胶皮包裹，价格相对便宜，组网灵活，线路优点是阻燃效果好，不容易引起火灾。

> **知识点滴**
>
> 在实际组建局域网的过程中，所采用的大都是非屏蔽双绞线，本书下面介绍的双绞线都是指非屏蔽双绞线。

2. 按线径粗细分类

常见的双绞线包括5类线、超5类线以及6类线等几类线，前者线径细而后者线径粗，具体型号如下：

▶ 五类线(CAT5)：五类双绞线是最常用的以太网电缆线。相对四类线，五类线增加了绕线密度，并且外套一种高质量的绝缘材料，线缆最高频率带宽为100MHz，最高传输率为100Mbps，用于语音传输和最高传输速率为100Mbps的数据传输，主要用于100BASE-T和1000BASE-T网络，最大网段长为100m。

▶ 超五类线(CAT5e)：超5类线主要用于千兆位以太网(1000Mbps)，具有衰减小、串扰少，并且具有更高的衰减与串扰的比值(ACR)等特点。

▶ 六类线(CAT6)：六类线的传输性能远远高于超五类标准，最适用于传输速率高于

1Gbps 的应用，电缆传输频率为1MHz～250MHz。

▷ 超六类线(CAT6e)：超六类线的传输带宽介于六类线和七类线之间，为 500MHz。

▷ 七类线(CAT7)：七类线的传输带宽为600MHz，可用于 10 吉比特以太网。

9.2.2 双绞线的水晶头

在局域网中，双绞线的两端都必须安装RJ-45连接器(俗称水晶头)才能与网卡和其他网络设备相连，发挥网线的作用。

双绞线水晶头的安装制作标准有EIA/TIA 568A 和 EIA/TIAB 两个国际标准，线序排列方法如下：

标 准	线序排列方法(从左至右)
EIA/TIA568A	绿白、绿、橙白、蓝、蓝白、橙、棕白、棕
EIA/TIA568B	橙白、橙、绿白、蓝、蓝白、绿、棕白、棕

在组建局域网的过程中，用户可以用两种不同的方法制作出双绞线来连接网络设备或计算机。根据双绞线制作方法的不同，得到的双绞线被分别称为直连线和交叉线。

▷ 直连线：直连线用于连接网络中计算机与集线器(或交换机)的双绞线。直连线分为一一对应接法和 100M 接法。其中一一对应接法，即双绞线的两头连线要互相对应，一头的一脚，一定要连着另一头的一脚，虽无顺序要求，但要一致。采用 100M 接法的直连线能满足 100M 带宽的通信速率，接法虽然也是一一对应，但每一脚的颜色是固定的，具体排列顺序为：白橙/橙/白绿/蓝/白蓝

/绿/白棕/棕。

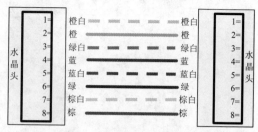

▷ 交叉线：交叉线又称为反线，线序按照一端 568A、一端 568B 的标准排列，并用RJ-45 水晶头夹好。在网络中，交叉线一般用于相同设备的连接，如路由器连接路由器、计算机连接计算机。

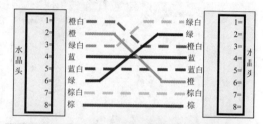

9.2.3 制作网线

下面将通过实例，介绍制作网线的具体操作方法。

【例9-1】使用双绞线、水晶头和剥线钳自制一根网线。

step 1 在开始制作网线之前，用户应准备必要的网线制作工具，包括剥线钳、简易打线刀和多功能螺丝刀。

step 2 将双绞线的一端放入剥线钳的剥线口中，并定位在距离顶端 20mm 的位置。

step ③ 将 4 对芯线呈扇形拨开，然后将每一对芯线分开。

step ④ 当剥线钳的剥线口切开网线包裹层后，拉动网线。

step ⑤ 将双绞线中的8根不同颜色的线按照586A和586B的线序排列。

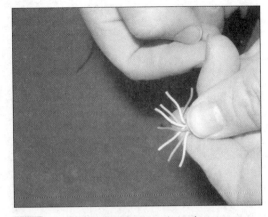

step ⑥ 将整理完线序的网线拉直。

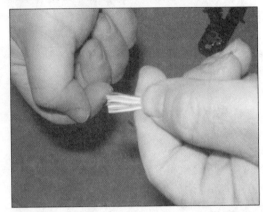

step ⑦ 接下来，将拉直的网线放入剥线钳中，利用剥线钳将不齐的网线剪齐。

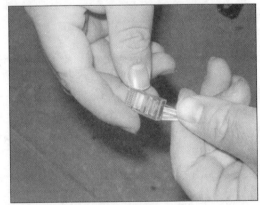

step ⑧ 将水晶头背面8个金属压片面对自己，从左至右分别将网线按照步骤5中整理的线序插入水晶头。

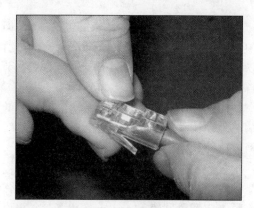

step ⑨ 检查网线是否都插进水晶头后，将水晶头放入剥线钳的压线槽后，用力挤压剥线钳钳柄，将水晶头上的铜片压至铜线中。

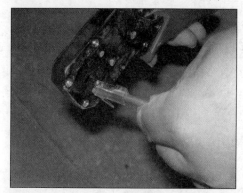

step ⑩ 接下来，使用相同的方法制作网线的另一头。完成后即可得到一根网线。

9.2.4 双绞线的选购常识

网线(双绞线)质量的好坏直接影响网络通信的效果。用户在选购网线的过程中，应考虑包括种类、品牌、包裹层等问题。

➤ 鉴别网线的种类：在网络产品市场中，网线的品牌及种类多得数之不尽。大多数用户选购网线的类型一般是五类线或超五类线。由于许多消费者对网线不太了解，一

部分商家便会将用于三类线的导线封装在印有五类双绞线字样的电流中冒充五类线出售，或将五类线当成超五类线来销售。因此，用户在选购网线时，应对比五类与超五类线的特征，鉴别买到的网线种类。

➤ 注意名牌假货：从双绞线的外观来看，五类双绞线采用质地较好并耐热、耐寒的硬胶作为外部包裹层，使其能在严酷的环境下不会出现断裂或褶皱，其内部使用做工比较扎实的 8 条铜线，而且反复弯曲铜线不易折断，具有很强的韧性，但作为网线还要看它实际工作的表现才行。用户在选购时，不仅要通过网线品牌选购网线，而且还应注意拿到手的网线的质量。

➤ 看网线外部包裹层：双绞线的外部绝缘皮上一般都印有生产厂商产地、执行标准、产品类别、线长标识等信息。用户在选购时，可以通过网线包裹层外部的这些信息判断其是否是自己所需的网线类型。

9.3 计算机上网方式

一般计算机网络接入方式包括有线上网和无线上网两种。现在有线上网方式主要包括 ASDL 宽带上网、小区宽带上网和光纤直接接入上网 3 种，无线上网方式主要包括无线上网卡上网、无线路由器上网和 4G 上网卡上网。

9.3.1 有线上网

有线上网方式具有传输速度快、线路稳定、价格便宜等优点，适用于办公室、家庭等固定场所使用。

有线网络是最传统，也是目前应用最为广泛的一种网络连接方式。有线上网具有传输速率快、费用低、安全等诸多优点，是家庭用户和中小型企业首选的计算机上网方式。

1. ADSL 拨号上网

ADSL上网是非对称数字用户线路上网，是目前主流的一种上网方式。与拨号上网相同，ADSL的传输介质也是普通的铜质电话线，支持上行传输速率为16Kb/s~640Kb/s，下行传输速率为1.5Mb/s~8Mb/s，有效传输距离为3千米~5千米。它最初主要是针对视频点播业务开发的，随着技术的发展，逐步成为一种较方便的宽带接入技术，为电信部门所重视。通过网络电视的机顶盒，可以实现许多以前在低速率下无法实现的网络应用。

ADSL具有传输速率高、独享带宽、网络安全可靠、价格和架设简单等优点，是家庭和中小企业首选的上网方式。

如果是家庭计算机的用户端，用户需要使用ADSL终端(因为和传统的调制解调器Modem类似，所以俗称为"猫")来连接电话线路。由于ADSL使用高频信号，因此两端还要使用ADSL信号分离器将ADSL数据信号和普通音频电话信号分离出来，避免打电话的时候出现噪音干扰。

对于家庭用户而言，使用 ADSL 上网是比较合适的，主要优势有以下几点：

▶ 一条电话线可同时接听、拨打电话并进行数据传输，两者互不影响。

▶ 虽然使用的还是原来的电话线，但 ADSL 传输的数据并不通过电话交换机，所以 ADSL 上网不需要缴付额外的电话费，节省了费用。

▶ ADSL的数据传输速率是根据线路的情况自动调整的，而且一般是单户独享带宽，网速比较稳定。

一般情况下，在用户向当地电信运营商缴纳费用，订购了上网服务后，就会有工作人员上门配置网线、Modem 等设备，并提供上网所需的用户名和密码，用户就可以使用它们采用 PPPoE 宽带连接方式进行连接上网了。

【例9-2】使用用户名和密码连接上网。

▶ 视频

step 1 单击【开始】按钮，选择【控制面板】选项，弹出【控制面板】窗口，单击【网络和共享中心】图标。

step 2 弹出【网络和共享中心】窗口，单击【设置新的连接或网络】链接。

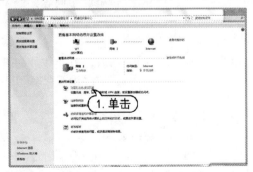

step 3 在【选择一个连接选项】对话框中，选择【连接到Internet】选项，然后单击【下一步】按钮。

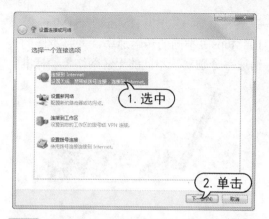

step 4 在弹出的对话框中单击【宽带PPPoE】按钮，设置PPPoE宽带连接。

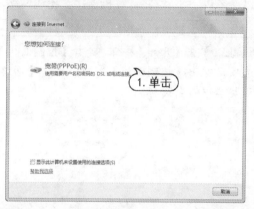

step 5 弹出【键入您的Internet服务提供商(ISP)提供的信息】对话框，在【用户名】文本框中输入电信运营商提供的用户名，在【密码】文本框中输入提供的密码，单击【连接】按钮。

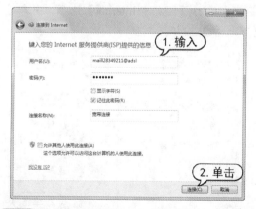

step 6 此时，计算机开始连接网络，连接成功后用户就可以上网了。

知识点滴

使用 ADSL 拨号上网是家庭、公司最常用的网络连接方式。只要安装了固定电话，就可以采用 ADSL 拨号上网方式，并且在上网的同时也能拨打电话。

2. 小区宽带上网

小区宽带上网指的是通过网络服务商建立在小区中的机房与宽带接口，将笔记本电脑接入网络。小区宽带的网络带宽比 ADSL 上网方式提供的网络带宽大很多，用户通过小区宽带接入网络的网速也较快。但随着小区内上网用户数量的增加，小区宽带的网速会逐渐降低。小区宽带上网又称为 LAN 宽带，是一种使用以太网技术架设局域网进行共享上网的 Internet 接入方式

小区宽带上网的接入一般分为通过虚拟拨号的方式上网和通过从网络服务商获取静态 IP 地址与 DNS 服务器地址上网，前者与 ADSL 上网方式类似，后者需要在本地计算机上配置 IP 地址和 DNS 地址。

使用计算机实现小区宽带上网的方法：确认小区内已提供了小区宽带上网设备(即网络服务商安置的机房)，然后到当地提供小区宽带上网的网络服务商中心办理开户手续，按标准缴纳相关费用，最后宽带安装服务人员将会在预约时间内上门为用户安装并开通小区宽带上网业务。

3. 光纤直接接入上网

光纤是宽带网络中多种传输媒介中最理想的一种，特点是传输容量大、传输质量好、

损耗小、中继距离长等。光纤传输使用的是波分复用，即把小区里的多个用户的数据利用 PON 技术汇接成为高速信号，然后调制到不同波长的光信号在一根光纤里传输。

光纤直接接入的方式是从网络层次中的汇聚层直接拉光纤网络，主要是为有独享光纤高速上网需求的企业单位或集团用户提供的，传输带宽为 10Mbps~1000Mbps。这种接入方式的特点是可根据用户需求调整带宽接入，上下行带宽都比较大，适合企业建立自己的服务器。

9.3.2 无线上网

无线网络是利用无线电波作为信息传输媒介所构成的无线局域网(WLAN)，与有线网络的用途十分类似。组建无线网络所使用的设备便称为无线网络设备，与普通有线网络设备所使用的设备有一定的差别。

1. 无线 AP

无线 AP(Access Point)即无线接入点，它是用于无线网络的无线交换机，也是无线网络的核心。无线 AP 是移动计算机用户进入有线网络的接入点，主要用于宽带家庭、大楼内部以及园区内部，典型距离覆盖几十米至上百米，目前主要技术为 802.11 系列。大多数无线 AP 还带有接入点客户端(AP client)模式，可以和其他 AP 进行无线连接，延展网络的覆盖范围。

2. 无线网卡

无线网卡与普通网卡的功能相同，是连接在计算机中利用无线传输介质与其他无线设备进行连接的装置。无线网卡并不像有线网卡的主流产品那样只有10/100/1000Mbps

等规格，而是分为11Mbps、54Mbps以及108Mbps等不同的传输速率，并且不同的传输速率分别属于不同的无线网络传输标准。

在安装了无线网卡的计算机中，用户可以参考以下步骤，将计算机连接至无线网络。

【例9-3】使用用户名和密码连接上网。

step ① 单击【开始】按钮，选择【控制面板】选项，弹出【控制面板】窗口，单击【网络和共享中心】图标。

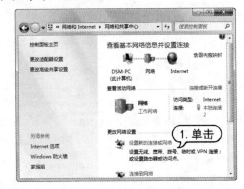

step ② 在弹出的【选择一个连接选项】对话框中，选择【连接到Internet】选项，并单击【下一步】按钮。

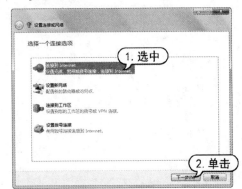

step ③　在弹出的【您想如何连接】对话框中，单击【无线】选项。

step ④　此时，在桌面的右下角自动弹出一个对话框，此对话框中显示所有可用的无线网络信号，并按照信号强度从高到低的方式排列，选择qhwknj无线连接，然后单击【连接】按钮。

step ⑤　如果无线网络设置了密码，则会弹出【输入网络安全密钥】对话框，在【安全密钥】文本框中输入无线网络的密码，然后单击【确定】按钮进行网络连接。

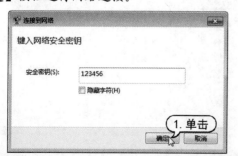

step ⑥　此时，开始连接到当前的无线网络，如果该无线网络没有设置密码，则可以直接

开始连接。连接成功后，在【网络和共享中心】窗口中可查看网络的连接状态。

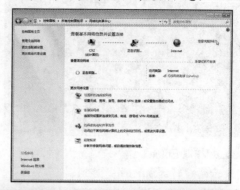

9.3.3　检测网络连通状态

ping 是用来检查网络是否畅通或网络连接速度的命令，主要用于确定本地计算机是否能与另一台计算机交换(发送与接收)数据包，并根据返回的信息来检测两台计算机之间的网络是否通畅。可以使用 ping 命令来测试网络连通性，查看计算机是否已经成功接入局域网。

【例9-4】在命令提示符中使用 ping 命令查看网络连通性。

◎ 视频

step ①　按【win+R】组合键，弹出【运行】对话框。

step ②　在【打开】文本框中输入"cmd"命令，单击【确定】按钮，弹出【命令提示符】窗口。

step ③　在【命令提示符】窗口中，输入命令，格式为"ping+空格+IP地址"。如"ping 192.168.1.2"。

step 4 按【Enter】键，若显示"来自…"，则表示两台计算机之间是连通的。

step 5 按【Enter】键，若显示"请求超时"或"无法访问目标主机"，则表示两台计算机

之间不能连通。

step 6 也可以输入"ping+空格+网站地址"格式，来测试本机与某台服务器的连通状态。

9.4 共享网络资源

计算机组建局域网后，最常使用的网络功能就是共享网络资源，如文件和文件夹的共享，以及打印机的共享，还可以进行家庭组的设置。

9.4.1 共享文件和文件夹

有时候需要共享一些文件供其他人员使用，局域网内就可以直接访问了，不需要再用U盘之类的移动存储设备相互转移数据，用户可将需要共享的文件或文件夹设置为共享，局域网中的计算机即可互相访问共享的文件或文件夹。

【例9-5】将文件夹设置为共享。
◎视频

step 1 选择【开始】|【计算机】选项，弹出【资源管理器】窗口。双击【本地磁盘(D:)】图标，进入D盘的根目录。

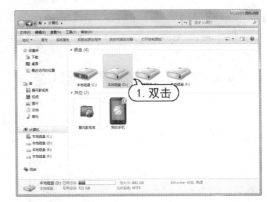

step 2 双击【我的文档】文件夹，右击【图片】文件夹，选择【属性】命令，弹出【图片 属性】对话框，选择【共享】选项卡。

step 3 单击【高级共享】按钮，弹出【高级共享】对话框。

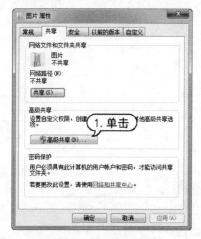

step 4 选中【共享此文件夹】复选框，在【共享名】下拉列表框中可以设置文件共享时的名称，在【注释】文本框中输入对共享文件的说明。单击【权限】按钮。

step 5 弹出【图片的权限】对话框，在该对话框中可以设置其他用户对共享文件或文件夹的读写权限。

step 6 设置完成后，单击【确定】按钮，返回【高级共享】对话框，连续单击【确定】按钮，关闭所有的对话框，完成文件共享的设置。

step 7 此时，其他用户就可以通过局域网来查看"图片"文件夹了。

9.4.2　共享打印机

　　打印机是使用最多的外部设备之一。在组建家庭局域网后，可以设置共享打印机，这样同一网络中的每台计算机都能够方便地使用打印机了。

【例9-6】在 Windows 7 操作系统中添加网络共享打印机。

📹视频

step 1 单击【开始】按钮，选择【设备和打印机】选项，弹出【设备和打印机】窗口，单击【添加打印机】按钮。

step 2 弹出【添加打印机】对话框。稍后系统将显示搜索到的打印机列表，用户可选中需要添加的打印机的名称，单击【下一步】按钮。

step 3 此时，系统开始连接该打印机，并自动查找驱动程序。

step 4 找到该驱动程序将弹出【打印机】提示对话框，提示用户需要从目标主机下载打印机驱动程序，单击【安装驱动程序】按钮。

step 5 开始下载并安装打印机驱动程序。

step 6 成功下载驱动程序并安装完成后，将弹出下图所示的对话框，提示用户已成功添加打印机，单击【下一步】按钮。

step 7 弹出【您已经成功添加Kxliang上的HP Officejet J3500 series】对话框，选中【设置为默认打印机】复选框，然后单击【完成】按钮，完成网络共享打印机的添加。

step 8 此时，在【打印机】对话框中，将显示已添加的打印机图标。

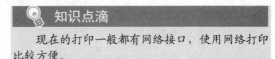

知识点滴

现在的打印一般都有网络接口，使用网络打印比较方便。

9.4.3 设置远程桌面连接

一台计算机开启了远程桌面连接功能后，用户就可以在网络的另一端控制这台计算机了。通过远程桌面功能可以实时地操作这台计算机，在上面安装软件，运行程序，所有的一切都好像是直接在该计算机上操作一样。这就是远程桌面的最大功能，通过该功能网络管理员可以在家中安全地控制单位的服务器，而且由于该功能是系统内置的，因此比其他第三方远程控制工具使用起来更方便、更灵活。

【例9-7】设置远程桌面连接。

视频

step 1 右击【开始】|【计算机】选项，在弹出的菜单中，选择【属性】命令。

step 2 弹出【系统】窗口，在左侧窗格选中【远程设置】选项。

step 3 弹出【系统属性】对话框，选中【允许远程协助连接这台计算机】复选框，单击【高级】按钮。

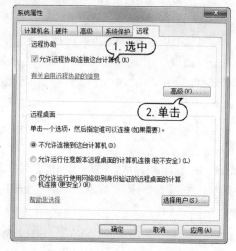

step 4 弹出【远程协助设置】对话框，选中【允许此计算机被远程控制】复选框，设置【邀请】下拉列表中的时间，单击【确定】按钮。

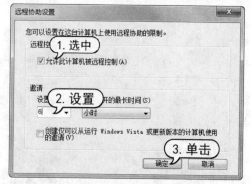

step 5 返回【系统属性】对话框，在【远程桌面】区域选中【仅允许使用网络级别身份验证的远程桌面的计算机连接】选项，单击【选择用户】按钮。

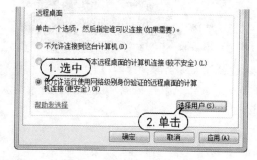

9.5　案例演练

本章的案例演练部分介绍绑定 MAC 地址的综合实例操作，用户可以通过练习巩固本章所学的知识。

MAC 地址就是在介质接入层使用的地址，也叫物理地址、硬件地址或链路地址，由网络设备制造商生产时写在硬件内部。为了防止 IP 地址冲突攻击，用户可以在路由器中绑定 MAC 地址和 IP 地址，使得除绑定的 IP 地址外，任何地址都无法接入当前局域网，从而防御 IP 冲突攻击。

【例 9-8】绑定 MAC 地址，防御 IP 地址冲突攻击。

step 1 按【win+R】组合键，弹出【运行】对话框，在【打开】文本框中输入 "cmd" 命令，单击【确定】按钮。

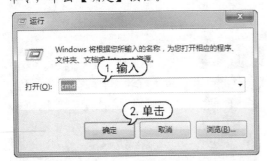

step 2 弹出【命令提示符】窗口，在弹出的【命令提示符】窗口中，输入 "ipconfig /all" 命令，按【Enter】键，记录本地IP地址和MAC地址。

step 3 进入路由器，选择【DHCP服务器】|【静态地址分配】选项，单击【添加新条目】按钮。

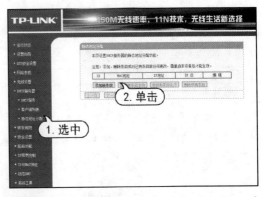

step 4 弹出【静态地址分配】对话框，在【MAC地址】和【IP地址】文本框中，输入相应内容，单击【保存】按钮。

step 5 返回【静态地址分配】对话框，即可看到新添加的IP地址过滤条目。

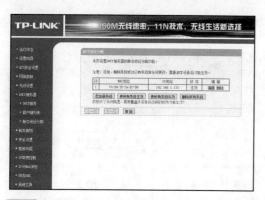

step ⑥　选择【安全设置】|【防火墙设置】选
项，选中【开启防火墙：防火墙的总开关】、
【开启IP地址过滤】、【开启MAC地址过滤】
复选框，选中【凡是不符合已设IP地址过滤
规则的数据包，禁止通过本路由器】、【仅允
许已设MAC地址列表中已启用的MAC地址
访问Internet】单选按钮，单击【保存】按钮。

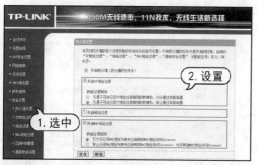

step ⑦　选择【安全设置】|【IP地址过滤】选
项，单击【添加新条目】按钮。

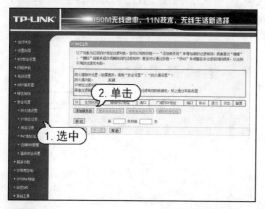

step ⑧　弹出【本页添加新的或者修改旧的IP
地址过滤规则】对话框，在【局域网IP地址】
文本框中输入IP地址，其他保持默认，单击

【保存】按钮。

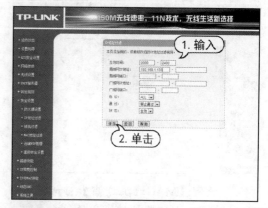

step ⑨　返回【IP地址过滤】对话框，即可看
到新添加的IP地址过滤条目。

step ⑩　选择【安全设置】|【MAC地址过滤】
选项，单击【添加新条目】按钮。

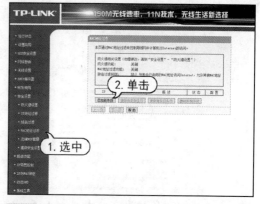

step ⑪　弹出【MAC地址过滤】对话框，在
【MAC地址】和【IP地址】文本框中输入相
应内容，单击【保存】按钮。

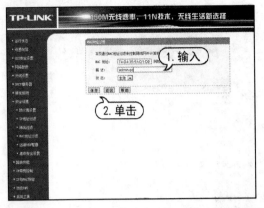

step 12 返回【MAC地址过滤】对话框,即可看到新添加的IP地址过滤条目。重启路由器完成设置。

step 13 选中【开始】|【控制面板】|【网络和Internet】|【网络和共享中心】选项,选择【网络】选项。

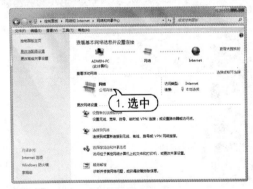

step 14 在【网络连接】窗口中,右击【本地连接】选项,在弹出的快捷菜单中选择【属性】命令。

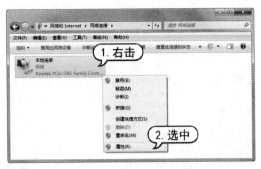

step 15 弹出【本地连接 属性】对话框,选中【Internet协议版本 4(TCP/IPv4)】复选框,单击【属性】按钮。

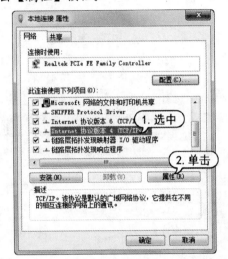

step 16 弹出【Internet协议版本4(TCP/IPv4)属性】对话框,在【IP地址】、【子网掩码】、【默认网关】、【首选DNS服务器】文本框中输入相应的内容,单击【确定】按钮。

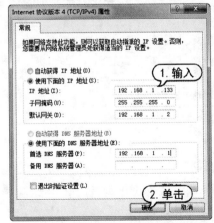

第10章

计算机的安全防范

在工作、学习和生活都离不开计算机的今天，计算机安全非常重要，有很多不法分子通过各种手段破坏别人的计算机系统或窃取计算机中的数据。为了保障计算机系统及数据的安全，用户可以通过多种方式来保护计算机的安全。

 **对应光盘视频**

10.1 病毒的基础知识

病毒不是源于突发的原因。计算机病毒的制造来自于一次偶然的事件，那时的研究人员为了计算出当时互联网的在线人数，然而它却自己"繁殖"了起来，导致整个服务器崩溃和堵塞。

10.1.1 病毒的特点

计算机病毒可以通过某些途径潜伏在其他可执行程序中，一旦环境达到病毒发作的时候，便会影响计算机的正常运行，严重的甚至可以造成系统瘫痪。Internet 中虽然存在着数不胜数的病毒，分类也不统一，但是根据特征可以分为以下几个：

➤ 繁殖性：计算机病毒可以像生物病毒一样进行繁殖，当程序正常运行的时候，它也进行自身复制，是否具有繁殖、感染的特征是判断某段程序为计算机病毒的首要条件。

➤ 破坏性：计算机中毒后，可能导致正常的程序无法运行，把计算机内的文件删除或使其受到不同程度的损坏。通常表现为：增、删、改、移。

➤ 传染性：计算机病毒不但本身具有破坏性，更有害的是具有传染性。一旦病毒被复制或产生变种，其速度之快令人难以预防。传染性是病毒的基本特征。

➤ 潜伏性：有些病毒像定时炸弹一样，让它什么时间发作是预先设计好的。比如黑色星期五病毒，不到预定时间一点都觉察不出来，等到条件具备的时候一下子就爆炸开来，对系统进行破坏。

➤ 隐蔽性：计算机病毒具有很强的隐蔽性，有的可以通过病毒软件检查出来，有的根本就查不出来，有的时隐时现、变化无常，这类病毒处理起来通常很难。

➤ 可触发性：病毒因某个事件或数值的出现，诱使病毒实施感染或进行攻击的特性称为可触发性。为了隐蔽，病毒必须潜伏，少做动作。如果完全不动，一直潜伏的话，病毒既不能感染也不能进行破坏，便失去了杀伤力。

10.1.2 木马病毒的种类

木马(Trojan)这个名字来源于古希腊传说(荷马史诗中木马计的故事)。"木马"程序是目前比较流行的病毒文件，与一般的病毒不同，它不会自我繁殖，也并不"刻意"地去感染其他文件，它通过将自身伪装吸引用户下载执行，向施种木马者提供打开被种主机的门户，使施种者可以任意毁坏、窃取被种者的文件，甚至远程操控被种主机。木马病毒的产生严重危害着现代网络的安全运行。

➤ 网游木马：网游木马通常采用记录用户键盘输入、Hook 游戏进程 API 函数等方法获取用户的密码和账号。窃取到的信息一般通过发送电子邮件或向远程脚本程序提交的方式发送给木马作者。

➤ 网银木马：网银木马是针对网上交易系统编写的木马病毒，目的是盗取用户的卡号、密码，甚至安全证书。此类木马种类数量虽然比不上网游木马，但它的危害更加直接，受害用户的损失更加惨重。

➤ 下载类木马：功能是从网络上下载其他病毒程序或安装广告软件。由于体积很小，下载类木马更容易传播，传播速度也更快。通常功能强大、体积也很大的后门类病毒，如"灰鸽子"、"黑洞"等，传播时都单独编写一个小巧的下载型木马，用户中毒后会把后门主程序下载到本机运行。

➤ 代理类木马：用户感染代理类木马后，会在本机开启 HTTP、SOCKS 等代理服务功能。黑客把受感染计算机作为跳板，以被感染用户的身份进行黑客活动，达到隐藏自己的目的。

▶ FTP 型木马：FTP 型木马打开被控制计算机的 21 号端口(FTP 所使用的默认端口)，使每一个人都可以用一个 FTP 客户端程序来不用密码连接到受控计算机，并且可以进行最高权限的上传和下载，窃取受害者的机密文件。新型的 FTP 木马还加上了密码功能，这样，只有攻击者本人才知道正确的密码，从而进入对方计算机。

▶ 发送消息类密码：通过即时通信软件自动发送含有恶意网址的消息，目的在于让收到消息的用户点击网址中毒，用户中毒后又会向更多好友发送病毒消息。此类病毒的常用技术是搜索聊天窗口，进而控制该窗口自动发送文本内容。

▶ 即时通信盗号型木马：主要目标在于即时通信软件的登录账号和密码。原理和网游木马类似。盗得他人账号后，可能偷窥聊天记录等隐私内容，或将账号卖掉。

▶ 网页点击类木马：恶意模拟用户点击广告等动作，在短时间内可以产生数以万计的点击量。病毒作者的编写目的一般是赚取高额的广告推广费用。

10.1.3　木马的伪装

鉴于木马病毒的危害性，很多人对木马知识还是有一定了解的，这对木马的传播起了一定的抑制作用，因此木马设计者开发了多种功能来伪装木马，以达到降低用户警觉、欺骗用户的目的。

▶ 修改图标：木马可以将木马服务端程序的图标改成 HTML、TXT、ZIP 等各种文件的图标，这有相当大的迷惑性，但是目前还不多见，并且这种伪装也不是无懈可击的，所以不必过于担心。

▶ 捆绑文件：将木马捆绑到一个安装程序上，当安装程序运行时，木马在用户毫无察觉的情况下，偷偷进入系统。被捆绑的文件一般是可执行文件。

▶ 出错显示：有一定木马知识的人都知道，如果打开一个文件，没有任何反应，这很可能就是个木马程序，木马的设计者也意识到了这个缺陷，所以已经有木马提供了一个叫做出错显示的功能。当服务端用户打开木马程序时，会弹出一个假的错误提示框，当用户信以为真时，木马就进入系统。

▶ 定制端口：老式的木马端口都是固定的，只要查一下特定的端口就知道感染了什么木马，所以现在很多新式木马都加入了定制端口的功能，控制端用户可以在 1024~65535 之间任选一个端口作为木马端口，这样就给判断所感染木马的类型带来了麻烦。

▶ 自我销毁：当服务端用户打开含有木马的文件后，木马会将自己拷贝到 Windows 的系统文件夹中，原木马文件和系统文件夹中的木马文件的大小是一样的，那么中了木马的只要在近来收到的信件和下载的软件中找到原木马文件，然后根据原木马的大小去系统文件夹中找相同大小的文件，判断一下哪个是木马就行了。而木马的自我销毁功能是指安装完木马后，原木马文件将自动销毁，这样服务端用户就很难找到木马的来源，在没有查杀木马工具的帮助下，就很难删除木马了。

▶ 木马更名：安装到系统文件夹中的木马的文件名一般是固定的，只要在系统文件夹中查找特定的文件，就可以断定中了什么木马。所以现在有很多木马都允许控制端用户自由定制安装后的木马文件名，这样就很难判断所感染的木马类型了。

10.1.4　使用木马专家

木马专家 2015 是专业防杀木马软件，软件除采用传统病毒库查杀木马外，还能智能查杀未知变种木马，自动监控内存可疑程序，实时查杀内存硬盘木马，采用第二代木马扫描内核，支持脱壳分析木马。

【例 10-1】使用木马专家查杀木马。

step 1 双击【木马专家 2015】软件启动程序。

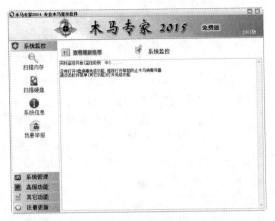

step 2 单击【扫描内存】按钮，弹出【扫描内存】提示框，显示是否使用云鉴定全面分析，单击【确定】按钮。软件即可对内存的所有调用模块进行扫描。

step 3 内存扫描完毕，自动进行联网云鉴定，云鉴定信息在列表中显示。

step 4 单击【扫描硬盘】按钮，在【扫描模式选择】选项中，单击下方的【开始自定义

扫描】按钮。

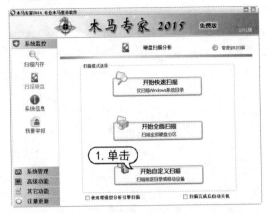

step 5 弹出【浏览文件夹】对话框，选择需要扫描的文件夹后，单击【确定】按钮。

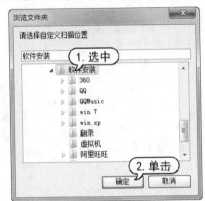

step 6 进行硬盘扫描，扫描结果将显示在下方窗格中。

step 7 单击【系统信息】按钮，查看系统各项属性，单击【优化内存】按钮。

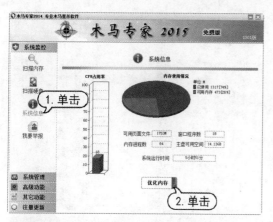

step 8 单击【系统管理】|【进程管理】按钮，选中任意进程后，在【进程识别信息】文本框中，即可显示该进程的信息。若是可疑进程或未知项，单击【中止进程】按钮，停止该进程运行。

step 9 单击【启动管理】按钮，查看启动项的详细信息。若发现可疑木马，单击【删除项目】按钮，删除木马。

step 10 单击【高级功能】|【修复系统】按钮，根据故障，选择修复内容。

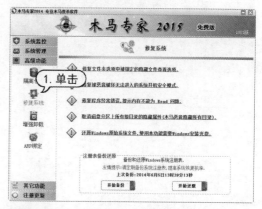

step 11 单击【ARP绑定】按钮，可以在【网关IP及网关的MAC】文本框中输入IP地址和MAC地址，选择【开启ARP单向绑定功能】复选框。

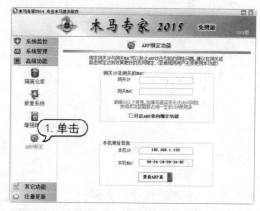

step 12 单击【其他功能】|【修复IE】按钮，选择要修复的选项，单击【开始修复】按钮。

step 13 单击【网络状态】按钮，查看进程、

端口、远程地址等信息。

step 14 单击【辅助工具】按钮，单击【浏览添加文件】按钮，添加文件，单击【开始粉碎】按钮，删除无法删除的顽固木马。

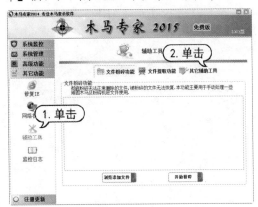

step 15 单击【其他辅助工具】按钮，合理利用其中工具。

step 16 单击【监控日志】按钮，查看本机监控日志，找寻黑客入侵痕迹。

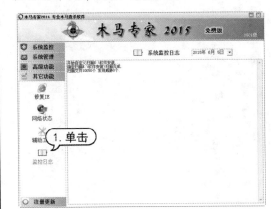

10.2 计算机的系统安全设置

通过修改系统设置，可以提高操作系统的安全性，保护计算机不受病毒、木马程序的威胁。但注重系统的安全性并不是绝对的，需要及时对系统安全进行相关设置，如设置账户密码、设置注册表和策略组等。

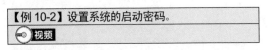

10.2.1 设置系统启动密码

在 Windows 7 操作系统中可以设置多个用户，并为每个用户设置不同的密码和权限，本例介绍为自己账户添加系统启动密码，使不知道密码者不能登录系统。

【例 10-2】设置系统的启动密码。

▶ 视频

step 1 选择【开始】|【控制面板】选项，选择【系统和安全】选项。

step 2 弹出【系统和安全】窗口，选择左侧

的【用户账户和家庭安全】选项。

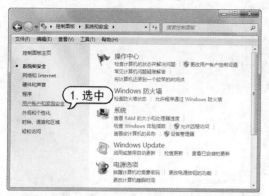

step 3　弹出【用户账户和家庭安全】窗口，选择【用户账户】|【更改Windows密码】选项。

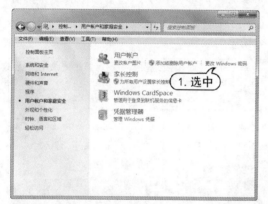

step 4　弹出【更改用户账户】窗口，选择【为您的账户创建密码】选项。

step 5　弹出【为您的账户创建密码】窗口，输入密码和密码提示后，单击【创建密码】按钮，完成系统启动密码的设置。

step 6　重启计算机后，在用户账户登录界面中输入新设置的用户密码方可进入系统。

10.2.2　禁用来宾账户

Windows 的系统账户都有管理员账户(Administrator)和来宾账户(Guest)之分，来宾账户是指让他人访问计算机系统的特殊账户。该账户没有修改系统设置和安装应用程序的权限，也没有创建、修改任何文档的权限，只有读取计算机系统信息和文件的权限。

【例 10-3】在 Windows 7 系统中禁用来宾账户。

　视频

step 1　选择【开始】|【控制面板】|【用户账户和家庭安全】选项。

step 2　弹出【用户账户和家庭安全】窗口，选择【用户账户】选项。

step ③ 弹出【更改用户账户】窗口，选择【管理其他账户】选项。

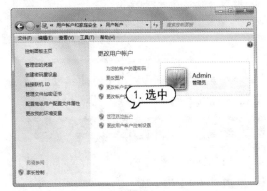

step ④ 弹出【选择希望更改的账户】窗口，选择【来宾账户】图标。

step ⑤ 弹出【您想更改来宾账户的什么】窗口，选择【关闭来宾账户】选项。

step ⑥ 返回【选择希望更改的账户】窗口，

即可看到"来宾账户没有启用"的提示。

10.2.3 禁止更改系统登录密码

系统登录密码被他人获取后，会通过更改登录密码使用户无法登录操作系统。可以在注册表中禁止更改系统登录密码，进行安全防范。

【例10-4】在注册表编辑器中设置禁止更改系统登录密码。

🔘 视频

step ① 按【win+R】组合键，弹出【运行】对话框，在【打开】文本框中输入命令"regedit"，单击【确认】按钮。

step ② 弹出【注册表编辑器】窗口，在左侧的注册表列表框中，按顺序依次展开【HKEY_CURRENT_USER | Software | Microsoft | Windows | CurrentVersion|Policies】选项。

step ③ 右击【Policies】选项，在弹出的快捷菜单中选择【新建】|【项】命令，创建一个

名为System的项。

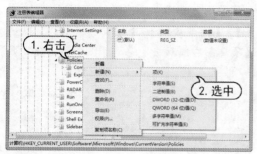

step 4 右击System选项,在弹出的快捷菜单中选择【新建】|【DWORD(32-位)值】命令,在右侧窗格中创建一个名为"Disabled Change Password"的值。

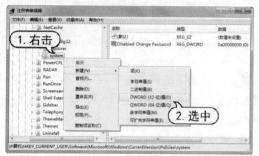

step 5 双击新建的"Disabled Change Password"值,弹出【编辑DWORD(32位)值】对话框,在【数值数据】文本框中输入数值"1",单击【确定】按钮,完成设置。

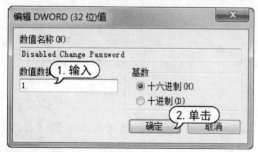

step 6 重启计算机,即可完成禁止编辑注册表的设置。

10.2.4 禁止编辑注册表

对注册表的错误修改可能导致系统崩溃,所以尽量不要随意修改注册表。可以设置禁止编辑注册表。

【例10-5】禁止编辑注册表。

▶ 视频

step 1 按【win+R】组合键,弹出【运行】对话框,在【打开】文本框中输入命令"regedit",单击【确认】按钮。

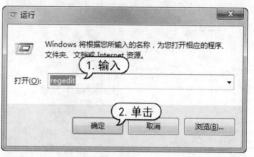

step 2 弹出【注册表编辑器】窗口,在左侧的注册表列表框中依次展开【HKEY_CURRENT_USER | Software | Microsoft | Windows | CurrentVersion | policies】选项。

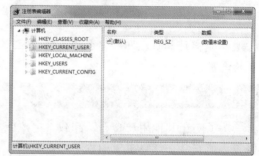

step 3 右击【Policies】选项,在弹出的快捷菜单中选择【新建】|【项】命令,创建一个名为System的项。

step 4 右击System选项,在弹出的快捷菜单中选择【新建】|【DWORD(32-位)值】命令,在右侧窗格中创建一个名为"Disable RegistryTools"的值。

step 5 双击"Disable RegistryTools"值,弹

出【编辑DWORD(32位)值】对话框，在【数值数据】文本框中输入数值"1"，单击【确定】按钮完成设置。

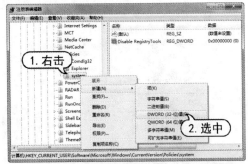

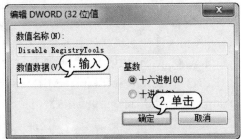

step 6　重启计算机，即可完成禁止编辑注册表的设置。

10.2.5　禁止程序的安装和卸载

为了防止其他用户查看、卸载、更改或修复当前安装在计算机上的程序，可以在本地组策略编辑器中进行设置，隐藏控制面板中的"程序和功能"。

【例10-6】在本地策略组中设置禁止程序的安装和卸载。

⊙ 视频

step 1　按【win+R】组合键，弹出【运行】对话框，在【打开】文本框中输入命令"gpedit.msc"，单击【确认】按钮。

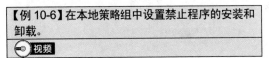

step 2　弹出【本地组策略编辑器】窗口，在左侧窗格展开【本地计算机策略】|【用户配置】|【管理模板】|【控制面板】|【程序】选项，在右侧双击【隐藏"程序和功能"页】选项。

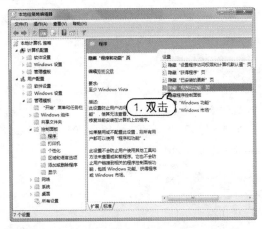

step 3　弹出【隐藏"程序和功能"页】窗口，选中【已启用】单选按钮，单击【确定】按钮完成隐藏设置。

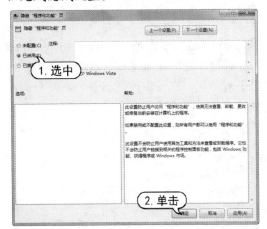

step 4　打开【开始】|【控制面板】|【程序】|【程序和功能】窗口，此时所有程序都已经被设置为隐藏。

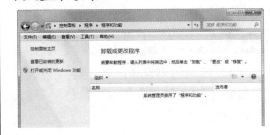

10.3 开启计算机防火墙

Windows 7 的防火墙功能可以有效地阻止网络攻击和恶意程序，维护 Windows 7 操作系统的安全，并且具备监控应用程序防火墙规则和出站规则的管理功能。

10.3.1 使用瑞星个人防火墙

瑞星个人防火墙是为解决网络攻击问题而研制的个人信息安全产品，具有完备的规则设置，能有效监控任何网络连接，保护网络不受黑客的攻击。

【例 10-7】配置瑞星个人防火墙。

step 1 双击【瑞星个人防火墙】软件启动程序，单击【设置】按钮。

step 2 弹出【设置】对话框，选择【安全上网设置】选项卡，选择需要启动高强度防护的浏览器的对应复选框，单击【确定】按钮。

step 3 选择【网络安全】选项，在【安全上网防护】和【严防黑客】列表框中，开启所有保护项。

step 4 选择【首页】选项，单击【立即修复】按钮，弹出【安全检查-修复】对话框，单击【立即修复】按钮。

step 5 修复完成后，单击【确定】按钮。返回【首页】界面，防火墙安全级别显示为"安全"。

10.3.2　使用系统防火墙

Windows 防火墙能够有效地阻止来自 Internet 的网络攻击和恶意程序，维护操作系统的安全。在 Windows XP 操作系统的基础上，Windows 7 防火墙有了更大改进，具备监控应用程序入站和出站规则的双向管理，同时配合 Windows 7 的网络配置文件，新的防火墙可以保护不同网络环境下的网络安全。

【例 10-8】开启系统防火墙。
📀 视频

step 1 选择【开始】|【控制面板】命令，弹出【控制面板】窗口。

step 2 选择【Windows防火墙】选项，弹出【Windows防火墙】窗口。

step 3 选择左侧列表中的【打开或关闭

Windows防火墙】选项，弹出【自定义设置】窗口。

step 4 分别选中【家庭或工作(专用)网络位置设置】和【公用网络位置设置】设置组中的【启用Windows防火墙】单选按钮，单击【确定】按钮，完成设置。

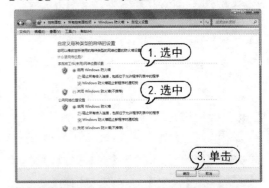

10.3.3　使用防火墙规则

微软在不断增强和改进 Windows 防火墙功能，此功能在 Windows 7 系统中得到了进一步改进，用户可以自定义 Windows 7 防火墙的入站规则。例如，可禁用一条之前允许的应用程序入站规则，或者手动将一个新的应用程序添加至允许列表中，另外还可删除一条已存在的应用程序入站规则。

【例 10-9】设置防火墙规则。
📀 视频

step 1 选择【开始】|【控制面板】|【系统和安全】|【Windows防火墙】选项。选择左侧窗格中的【允许程序或功能通过Windows防火墙】选项。

step② 2 弹出【允许程序通过Windows防火墙通信】窗口，在【允许的程序和功能】窗格中，查看当前已经添加到防火墙中的规则。被选中的程序和功能将被启用，防火墙允许其通过已设置的网络类型，私用和公用网络能够独立配置，互不影响。

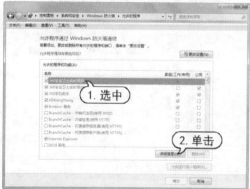

step③ 3 选中需要查看的选项，单击【详细信息】按钮，查看该选项的详细信息。单击【取消】按钮，即可返回【允许程序通过Windows防火墙通信】窗口。

step④ 4 若要添加、删除或更改允许的程序和

功能，单击【更改设置】按钮，即可更改列表中的程序和功能。选择相应的网络类型复选框，其名称会被自动选中，单击【确定】按钮，该程序和功能即被设置为允许通过Windows防火墙中对应的网络类型。

step⑤ 5 若要添加应用程序许可规则，单击【允许运行另一程序】按钮，弹出【添加程序】对话框，选择需要添加的程序名称，单击【网络位置类型】按钮。

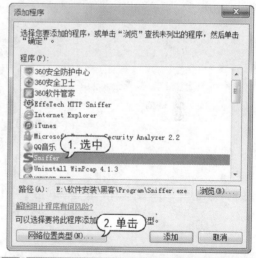

知识点滴

在 Windows 7 操作系统的防火墙中，用户无法删除系统服务，只能将其禁用。

step⑥ 6 弹出【选择网络位置类型】对话框，在此可以设置该程序的网络类型，单击【确定】按钮，即可把该程序添加至【允许的程序和功能】列表中。

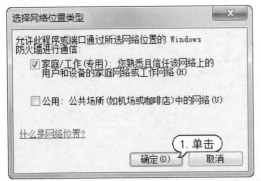

step ⑦ 如果某个程序或服务不再使用,先选中程序,再单击【删除】按钮。

step ⑧ 弹出【删除程序】提示框,单击【是】按钮,即可把该程序从【允许的程序和服务】列表中删除。

10.3.4 设置系统出站规则

在 Windows 7 的标准管理界面中,只能对应用程序的入站规则进行设置。而实际上,在 Windows 7 防火墙中还可以配置应用程序的出站规则,安全性比第三方防火墙软件更强大。

【例 10-10】为一个阻止的程序新建一条出站规则。
🎥 视频

step ① 选择【开始】|【控制面板】|【系统和安全】|【Windows防火墙】选项,选择左侧窗格中的【高级设置】选项。

step ② 弹出【高级安全Windows防火墙】窗口,选择左侧的【出站规则】选项,展开【出站规则】节点,选择【新建规则】命令。

step ③ 弹出【新建出站规则向导】对话框,选中【程序】单选按钮,然后单击【下一步】按钮。

step 4 弹出【程序】对话框，选中【此程序路径】单选按钮，然后单击【浏览】按钮选择要建立出站规则的程序，然后单击【下一步】按钮。

step 5 弹出【操作】对话框，在该对话框中默认选中的是【阻止连接】单选按钮，单击【下一步】按钮。

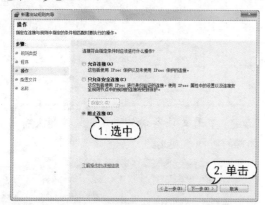

step 6 弹出【配置文件】对话框，选择规则关联并应用的配置文件。例如域、专用及公用配置文件，它们分别对应Windows 7不同

的网络环境。设置完之后，单击【下一步】按钮。

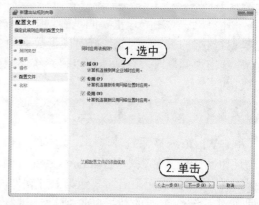

step 7 弹出【名称】对话框，输入该规则的名称和描述信息，最后单击【完成】按钮。

step 8 成功完成出站规则的建立后，当用户再次尝试登录Windows Live Messenger时，将弹出以下提示框，提示用户无法完成登录。

知识点滴

若想恢复 Windows Live Messenger,使之能正常使用，可打开【出站规则】列表，右击刚刚建立的出站规则，选择【删除】命令即可。

10.4 数据和系统的备份与还原

计算机中对用户最重要的是硬盘中的数据，所以计算机一旦感染上病毒，就很有可能造成硬盘数据的丢失，因此做好对硬盘数据的备份非常重要。Windows 7 自带了系统还原功能，当系统出现问题时，该功能可以将系统还原到过去的某个状态，同时还不会丢失用户的数据文件。

10.4.1 备份与还原系统数据

在Windows 7系统环境中，数据的备份与还原功能较其他版本的Windows系统有明显提升。用户几乎无须借助其他第三方软件，即可对系统中重要的数据随心所欲地进行备份、保护。下面将通过实例操作，详细讲解在Windows 7系统中备份与还原数据的方法。

【例10-11】备份和还原系统数据。

📀 视频

step ① 选择【开始】|【控制面板】|【系统和安全】|【备份和还原】选项，弹出【备份或还原文件】对话框，选中【设置备份】选项。

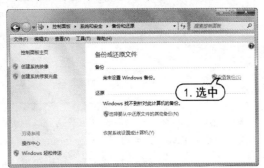

step ② 弹出【设置备份】对话框，选中【让Windows选择(推荐)】单选按钮，单击【下一步】按钮。

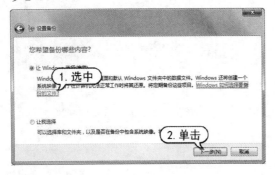

step ③ 弹出【查看备份设置】按钮，查看备份项目，单击【保存设置并运行备份】按钮。

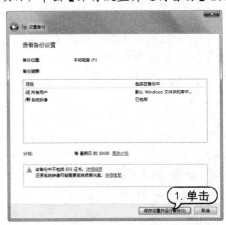

step ④ 弹出【备份或还原文件】对话框，开始对文件进行备份，单击【查看详细信息】按钮。

step ⑤ 查看文件备份的进度，文件越大备份所需的时间就越长。

step 6 文件备份完毕后，单击【还原我的文件】按钮。

step 7 弹出【还原文件】对话框，单击【浏览文件夹】按钮。

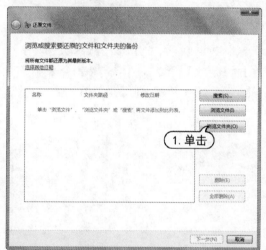

step 8 弹出【浏览文件夹或驱动器的备份】对话框，选中需要还原的文件的备份文件夹，单击【添加文件夹】按钮。

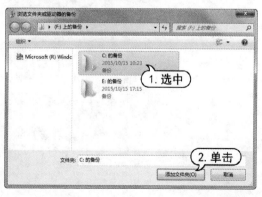

step 9 弹出【还原文件】对话框，选中【在原始位置】单选按钮，单击【还原】按钮。

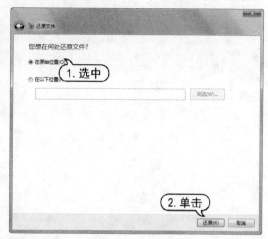

step 10 文件进行还原，稍等片刻，单击【完成】按钮。

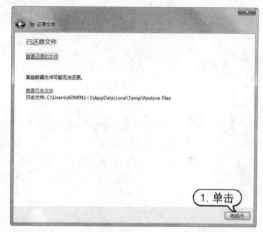

step 11 返回【备份或还原文件】对话框，选中【管理空间】选项。

step 12 弹出【管理Windows备份磁盘空间】

对话框，查看空间使用情况。

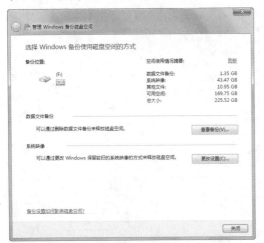

10.4.2　备份与还原注册表

注册表编辑器是Windows操作系统自带的一款注册表工具，通过该工具就能对注册表进行各种修改。

【例10-12】备份和还原注册表。

🔘视频

step① 按【win+R】组合键，弹出【运行】对话框，在【打开】文本框中输入"regedit"命令，单击【确认】按钮。

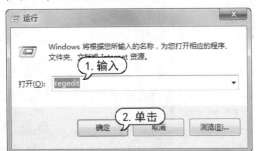

step② 弹出【注册表编辑器】窗口，在左侧窗格中右击需要导出的根键或子键，在弹出的快捷菜单中选择【导出】命令。

step③ 弹出【导出注册表文件】对话框，设置保存路径，在【文件名】文本框中输入文件名，选中【所选分支】单选按钮，即保存所选的注册表文件，单击【保存】按钮。

step④ 返回【注册表编辑器】窗口，选择【文件】|【导入】命令。

step⑤ 弹出【导入注册表文件】对话框，选择需要导入的注册表文件，单击【打开】按钮，完成注册表文件的还原操作。

10.5　使用 Ghost 备份综合技巧

Norton Ghost(诺顿克隆精灵)是美国赛门铁克公司旗下的一款出色的硬盘备份还原工具,其功能是在 FAT16/32、NTFS、OS2 等多种硬盘分区格式下实现分区及硬盘数据的备份与还原。简单地说,Ghost 就是一款分区/磁盘克隆软件。本节将详细介绍使用 Ghost 软件备份与还原计算机硬盘分区与数据的方法。

10.5.1　初识 Ghost

Ghost 是一款技术上非常成熟的系统数据备份与恢复工具,拥有一套完备的使用和操作方法。在使用 Ghost 软件之前,了解该软件相关的技术和知识,有助于用户更好地利用它保护硬盘中的数据。

1. 备份和恢复方式

针对 Windows 系列操作系统的特点,Ghost 将磁盘本身及其内部划分出的分区视为两种不同的操作对象,并在 Ghost 软件内分别为其设立了不同的操作菜单。Ghost 针对 Disk(磁盘)和 Partition(分区)这两种操作对象,分别提供了两种不同的备份方式,具体如下:

➤ Disk(磁盘):分为 To Disk(生成备份磁盘)和 To Image(生成备份文件)两种备份方式。

➤ Partition(分区):分为 To Partition(生成备份分区)和 To Image(生成备份文件)两种备份方式。

2. 启动 Ghost

从 Ghost 9.0 以上版本开始,Ghost 具备在 Windows 环境下进行备份与恢复数据的能力,而之前的 Ghost 程序则必须运行在 DOS 环境中。

➤ 从 DOS 启动 Ghost(9.0 以下版本):在 DOS 环境下,用户在进入 Ghost 程序所在的目录后,输入 Ghost,并按下回车键即可启动 Ghost 程序。

➤ 从 Windows 启动 Ghost(9.0以上版本):在 Windows 环境中,可以通过双击 Ghost32文件图标,启动 Ghost 程序。

> **知识点滴**
>
> 运行于 DOS 环境内的 Ghost 程序的文件名为 Ghost.exe,若用户将其改为其他名称,在启动 Ghost 时需要输入的命令也会发生变化。例如在将 Ghost.exe 重命名为 dosghost.exe 后,应输入 dosghost,并按下回车键才能启动 Ghost 程序。

10.5.2　复制、备份和还原硬盘

在利用 Ghost 程序对硬盘进行备份或恢复操作时,该程序对操作环境的要求是目的磁盘(备份磁盘)的空间容量应大于或等于源磁盘(待备份磁盘)。通常情况下,Ghost 推荐使用相同容量的磁盘进行磁盘间的恢复与备份。

1. 复制硬盘

利用 Ghost 程序复制硬盘的操作方法如下例所示。

【例 10-13】使用 Norton Ghost 工具复制计算机硬盘数据。

step 1　启动Ghost程序,在弹出的【About Symantec Ghost】对话框中,单击【OK】按钮。

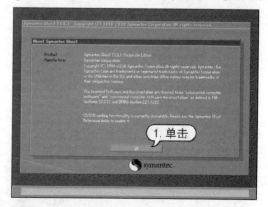

step 2　进入软件界面,选择【Local】|【Disk】|【to disk】命令。

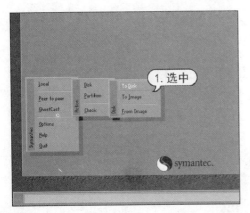

step 3 弹出【Select local source drive by clicking on the drive number】对话框，Ghost程序会要求用户选择备份的源磁盘(待备份的磁盘)。用户在完成选择后，单击下方的【OK】按钮。

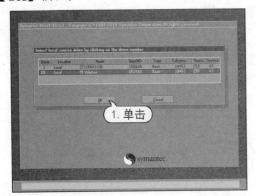

step 4 在弹出的【Select local destination drive by clicking on the drive number】对话框中，选择目标磁盘(备份目标磁盘)，单击【OK】按钮即可。

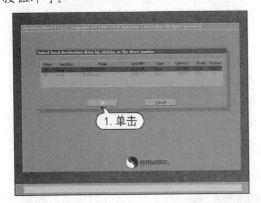

step 5 自动弹出【Destination Drive Details】对话框，为了保证复制磁盘操作的正确性，

Ghost程序将会显示源磁盘的分区信息。确认无误后，单击【OK】按钮。

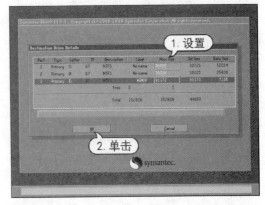

step 6 复制磁盘操作的所有设置已经全部完成，弹出【Question】对话框，单击【YES】按钮，Ghost程序便会将源磁盘内的所有数据完全复制到目标磁盘中。

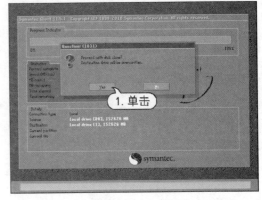

step 7 硬盘复制完成后，单击弹出的提示框中的【Continue】按钮，即可返回Ghost程序主界面。若单击【Reset Computer】按钮，则会重新启动计算机。

2. 创建磁盘镜像文件

利用 Ghost 程序创建磁盘镜像文件的操作方法如下例所示。

【例 10-14】使用 Norton Ghost 工具创建计算机镜像文件。

step 1 选择【Local】|【disk】|【to image】命令，创建本地磁盘的镜像文件。

step 2 弹出【Select local source drive by clicking on the drive number】对话框，选择

进行备份的源磁盘，单击【OK】按钮即可。

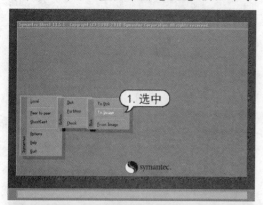

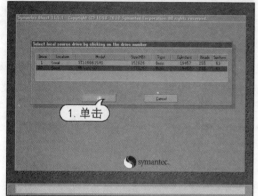

step 3 弹出【File name to copy image to】对话框，选择镜像文件的保存位置后，在【File Name】文本框中输入镜像文件的名称，单击【Save】按钮。

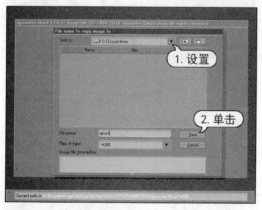

step 4 弹出【Compress Image】提示框，询问用户是否压缩镜像文件。可以选择【No】(不压缩)、【Fast】(快速压缩)和【High】(高比例压缩)3 个选项，这里单击【Fast】按钮。

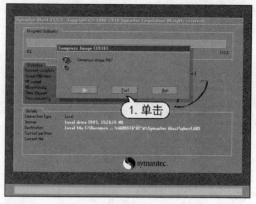

step 5 最后，在弹出的对话框中单击【Yes】按钮即可扫描源磁盘内的数据，以此来创建磁盘镜像文件。

知识点滴

在设置镜像文件的提示框中选择【No】选项，将采用非压缩模式生成镜像文件，生成的文件较大。但由于备份过程中不需要压缩数据，因此备份速度较快。若选择【Fast】选项，将采用快速压缩的方式生成镜像文件，生成的镜像文件要小于非压缩模式下生成的镜像文件，但备份速度会稍慢。

3. 还原磁盘镜像文件

利用 Ghost 程序还原磁盘镜像文件的操作方法如下。

【例 10-15】使用 Norton Ghost 工具还原计算机硬盘数据。

step 1 选择【Local】|【disk】|【form Image】命令。

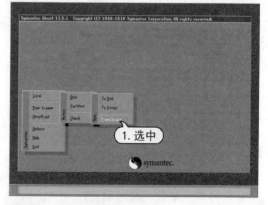

step 2 自动弹出【Image file name to restore from】对话框，选择要恢复的镜像文件，单击【Open】按钮。

step ③ Ghost程序将在弹出的提示框中警告用户恢复操作会覆盖待恢复磁盘上的原有数据。在确认操作后，单击【Yes】按钮，Ghost程序开始从镜像文件恢复磁盘数据。

💡 **知识点滴**

> 由于恢复对象不能是镜像文件所在的磁盘，因此Ghost程序会使用暗红色文字来表示相应磁盘，并且此类磁盘也会在用户选择待恢复磁盘时处于不可选状态。

10.5.3 复制、备份和还原分区

相对于备份磁盘而言，利用 Ghost 程序备份分区对于计算机的要求较少(无需第 2 块硬盘)，方式也较为灵活。另外，由于操作时可选择重要分区进行有针对性的备份，因此无论是从效率还是从备份空间消耗上来看，分区的备份与恢复都具有极大的优势。

1. 复制磁盘分区

利用 Ghost 程序复制磁盘分区的操作方法如下例所示。

【例 10-16】 使用 Norton Ghost 工具复制磁盘镜像文件。

step ① 选择【Local】|【disk】|【form Image】命令。

step ② 弹出【Select local source drive by clicking on the drive number】对话框，选择待复制的磁盘分区所在的硬盘。

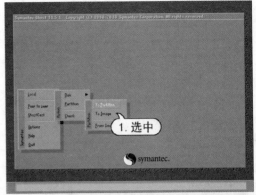

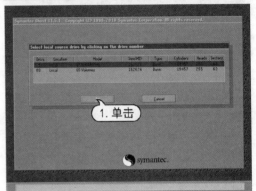

step ③ 弹出【Select source partition from basic drive:1】对话框，显示之前所选磁盘的详细分区信息，选择所要复制的分区后，单击【OK】按钮。

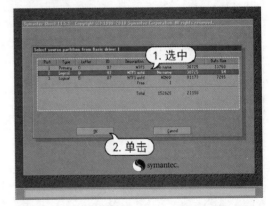

step ④ 自动弹出【Select destination partition from basic drive:1】对话框，选择复制磁盘分区的目标硬盘，选择硬盘后，Ghost将弹出目标硬盘中的分区情况表。选择硬盘分区后，单击【OK】按钮。

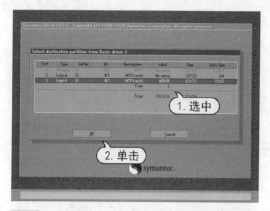

step 5 Ghost程序将会提示用户是否开始复制分区，单击【Yes】按钮即可。

2. 创建分区镜像文件

利用 Ghost 程序复制磁盘分区的操作方法如下例所示。

【例10-17】使用 Norton Ghost 工具创建磁盘分区镜像文件。

step 1 选择【Local】|【Partition】|【to image】命令，创建本地磁盘分区的镜像文件。

step 2 弹出【Select source partition(s) from basic drive:1】对话框，选择需要备份的源分区，单击【OK】按钮。

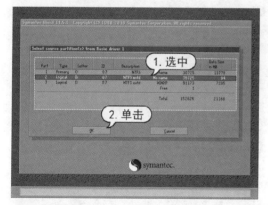

step 3 弹出【File name to copy image to】对话框，在【File Name】文本框中输入镜像文件的名称，单击【Save】按钮。

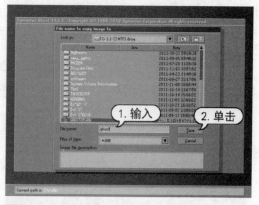

step 4 弹出【Compress Image】提示框，单击【Fast】按钮。

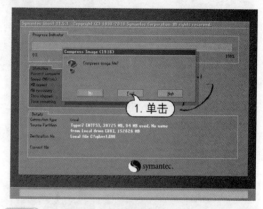

step 5 弹出【Question】对话框，单击【Yes】按钮，开始创建分区镜像文件。

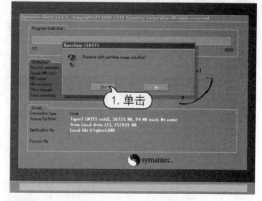

step 6 完成镜像文件的创建后，在弹出的提示框中单击【Continue】按钮。

3. 还原分区镜像文件

利用 Ghost 程序还原磁盘分区镜像文件的操作方法如下例所示。

【例10-18】使用 Norton Ghost 工具还原磁盘分区镜像文件。

step 1 选择【Local】|【Partition】|【form Image】命令,弹出【Image file name to restore from】对话框,选中要恢复的磁盘分区的镜像文件后,单击【Open】按钮。

step 2 弹出【Select source partition from image file】对话框,为了帮助确认操作的正常性,Ghost程序在打开的对话框中显示所选镜像文件的分区信息。

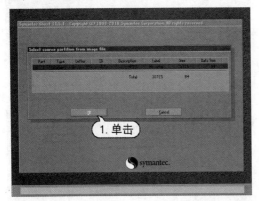

step 3 在打开的对话框中单击【OK】按钮确定镜像文件无误后,Ghost程序将打开一个对话框提示用户选择待恢复分区所在的磁盘,用户在该对话框中选择一块硬盘后,单击【OK】按钮即可。

step 4 弹出【Select destination Partition from Beside drive: 1】对话框,选择所要恢复的磁盘分区,单击【OK】按钮。

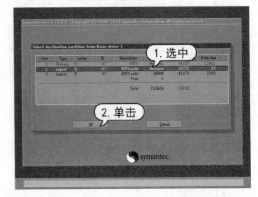

step 5 完成操作后,在弹出的提示框中单击【Yes】按钮,Ghost程序开始进行磁盘分区镜像文件的恢复操作。

10.5.4 检测备份数据

为了保障 Ghost 镜像文件的完整性和 Ghost 所创建备份磁盘、分区的正确性,用户可以使用 Ghost 校验功能检测其健康度。

【例10-19】检测镜像文件的完整性。

step 1 选择【Local】|【Check】|【Image file】命令。

step 2 选择需要校验的镜像文件,单击【Open】按钮。开始检测镜像文件。检测完成后,Ghost程序将显示检测结果。

10.6　案例演练

本章的案例演练部分介绍自定义 IE 浏览器安全级别、隐藏磁盘驱动器、使用 Windows 8 系统映像等综合实例操作，用户可通过练习巩固本章所学知识。

10.6.1　自定义 IE 浏览器安全级别

在 IE 浏览器的【Internet 选项】中，默认安全级别是"中-高"，该安全等级可能无法完全保证 IE 浏览器的安全性。可以设置 Internet 安全防护级别，调整至最高级别。

【例 10-20】设置 IE 浏览器中 Internet 选项的安全防护级别。
📀 视频

step 1 双击【IE浏览器】软件的启动程序，选择右上角【工具】|【Internet选项】命令。

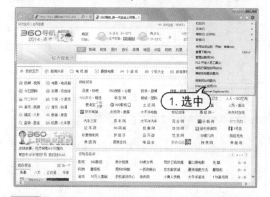

step 2 在弹出的【Internet选项】对话框中，选择【安全】选项卡，单击【自定义级别】按钮。

step 3 弹出【安全设置 - Internet区域】对话框，在【设置】列表框中选择【ActiveX控件自动提示】选项下的【禁用】单选按钮。

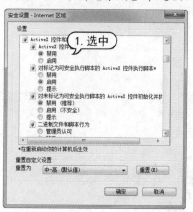

step 4 在【重置为】下拉列表中选择【高】选项，单击【确定】按钮。返回【Internet选项】对话框，单击【确定】按钮。

10.6.2　隐藏磁盘驱动器

隐藏磁盘驱动器，可将某个磁盘分区隐藏，以有效保护该分区中的数据。

【例 10-21】通过设置将 D 盘隐藏。
📀 视频

step 1 在桌面上右击【计算机】图标，在弹出的快捷菜单中选择【管理】命令。

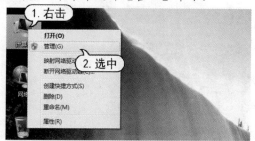

step 2 弹出【计算机管理】对话框,选择左侧的【存储】|【磁盘管理】选项。右击【本地磁盘(D:)】选项,在弹出的快捷菜单中选择【更改驱动器号和路径】命令。

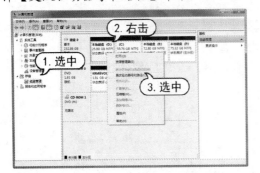

step 3 弹出【更改D:(本地磁盘)的驱动器号和路径】对话框,选中D盘,单击【删除】按钮。

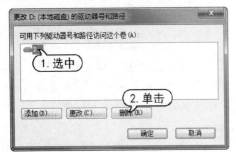

step 4 弹出【磁盘管理】提示框,单击【是(Y)】按钮。

step 5 如果D盘有程序正在运行,将弹出提示框,单击【是(Y)】按钮,停止磁盘运行,即可将D盘隐藏。

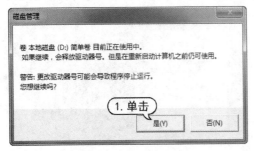

step 6 此时将不再显示D盘。

step 7 若要重新显示D盘,可执行以下操作:打开【计算机管理】窗口,在【磁盘管理】标签中右击要显示的磁盘,选择【更改驱动器号和路径】命令。

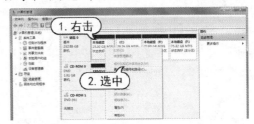

step 8 弹出【更改 本地磁盘的驱动器号和路径】对话框,单击【添加】按钮。

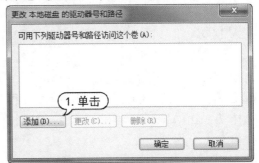

step 9 弹出【添加驱动器号或路径】对话框,选中【分配以下驱动器号】单选按钮,并设置其后的选项为【D】选项。单击【确定】按钮,即可重新显示D盘。

10.6.3　使用Windows 8系统映像

Windows 8 系统自带了创建系统映像的功能，用户可以通过简单几个步骤，创建系统映像，在需要时还原系统。

【例 10-22】在 Windows 8 中使用系统映像。

step 1　打开【控制面板】窗口后，单击该窗口中的【Windows 7 文件恢复】选项，打开【Windows文件恢复】窗口。

step 2　在【Windows 7 文件恢复】窗口中单击【创建系统映像】选项(如下图所示)，打开【你想在何处保存备份】窗口。

step 3　在【你想在何处保存备份】窗口中选中【在硬盘上】单选按钮后，单击该单选按钮下方的下拉列表按钮，在弹出的下拉列表中选中一个磁盘分区用于保存系统映像，单击【下一步】按钮。

step 4　打开【你要在备份中包括哪些驱动器】对话框，然后在该对话框中选中需要备份的驱动器，单击【下一步】按钮。

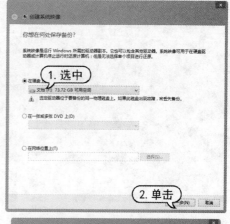

step 5　最后，在打开的【确认你的备份设置】对话框中单击【开始备份】按钮即可开始备份系统映像。

step 6　系统在备份完成后，若用户需要使用系统映像恢复Windows 8系统，可以重新启动计算机，在操作系统的选择界面中单击【更改默认值或选择其他选项】按钮。

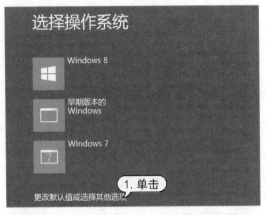

step 7 在打开的【选项】界面中单击【选择其他选项】按钮。

step 8 接下来，在【选择一个选项】界面中单击【疑难解答】按钮，打开【疑难解答】界面。

step 9 在【疑难解答】界面中单击【高级选项】按钮。

step 10 在【高级选项】界面中单击【系统映

像恢复】按钮即可使用制作的系统映像恢复操作系统。

10.6.4 创建系统还原点

系统在运行的过程中难免会出现故障，Windows 7 系统自带了系统还原功能。当系统出现问题时，该功能可以将系统还原到过去的某个状态，同时还不会丢失个人的数据文件。

要使用 Windows 7 的系统还原功能，首先系统要有一个可靠的还原点。在默认设置下，Windows 7 每天都会自动创建还原点，用户还可手工创建还原点。

【例 10-23】在 Windows 7 中手工创建一个系统还原点。

视频

step 1 在桌面上右击【计算机】图标，选择【属性】命令，打开【系统】窗口。

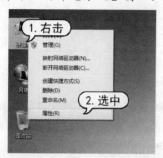

step 2 单击【系统】窗口左侧的【系统保护】选项，打开【系统属性】对话框。

step 3 在【系统保护】选项卡中单击【创建】按钮。

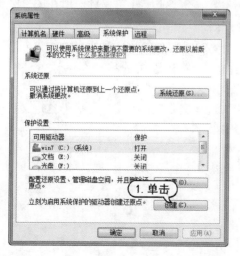

step 4 打开【创建还原点】对话框，在该对话框中为还原点设置名称。

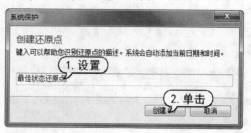

step 5 输入完成后，单击【创建】按钮，开始创建系统还原点。

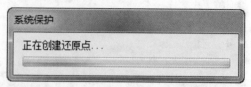

step 6 创建完成后，在打开的对话框中单击【关闭】按钮即可。

10.6.5　设置反间谍软件

Windows Defender 是一款由微软公司开发的免费反间谍软件。该软件集成于 Windows 7 操作系统中，可以帮用户检测及清除一些潜藏在计算机操作系统里的间谍软件及广告程序，并保护计算机不受来自网络的一些间谍软件的安全威胁及控制。

【例 10-24】使用 Windows Defender 手动扫描间谍软件。

视频

step 1 选择【开始】|【控制面板】选项，弹出【控制面板】窗口，单击【Windows Defender】选项。

step 2 弹出【Windows Defender】窗口，单击【扫描】按钮右侧的倒三角按钮，会弹出 3 个选项供用户选择，分别是【快速扫描】选项、【完全扫描】选项和【自定义扫描】选项。选择【自定义扫描】选项。

step 3 弹出【扫描选项】对话框，单击【选择】按钮。

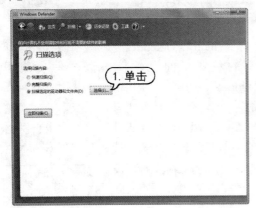

step 4 弹出【Windows Defender】对话框，选择需要进行扫描的磁盘分区或文件夹。设置完成后，单击【确定】按钮。

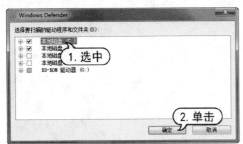

step 5 返回【扫描选项】对话框，单击【立即扫描】按钮。

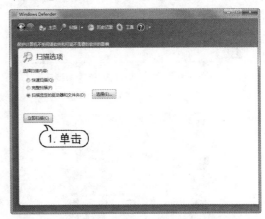

step 6 开始对自定义的位置进行扫描。

在【Windows Defender】窗口中，【快速扫描】、【完全扫描】和【自定义扫描】这 3 种扫描方式的含义如下：

▶ 【快速扫描】：仅针对所在的分区进行扫描。

▶ 【完整扫描】：对所有的硬盘分区和当前与计算机连接的移动存储设备进行扫描，该种方式扫描速度较慢。

▶ 【自定义扫描】：用户可自定义扫描的磁盘分区和文件夹。

第11章

计算机的优化

在日常使用计算机的过程中，为了提高计算机的性能，使计算机时刻处于最佳工作状态，用户可以对操作系统的默认设置进行优化。还可以使用各种优化软件对计算机进行智能优化，使用户的计算机硬件和软件运行更好。

对应光盘视频

11.1　优化 Windows 系统

一般 Windows 7 操作系统安装采用的都是默认设置,其设置无法充分发挥计算机的性能。此时,对系统进行一定的优化设置,能够有效地提升计算机的性能。

11.1.1　设置虚拟内存

系统在运行时会先将所需的指令和数据从外部存储器调入内存,CPU 再从内存中读取指令或数据进行运算,将运算结果存储在内存中。在整个过程中,内存主要起着中转和传递的作用。

当用户运行的程序需要大量数据、占用大量内存时,物理内存就有可能会被"塞满",此时系统会将那些暂时不用的数据放到硬盘中,而这些数据所占的空间就是虚拟内存。简单地说,虚拟内存的作用就是当物理内存占用完时,计算机会自动调用硬盘来充当内存,以缓解物理内存的不足。Windows 操作系统正是采用虚拟内存机制扩充系统内存的,调整虚拟内存可以有效地提高大型程序的执行效率。

【例 11-1】　在 Windows 7 操作系统中设置虚拟内存。

🔘 视频

step 1　在桌面上右击【计算机】图标,在弹出的快捷菜单中选择【属性】命令。

step 2　在弹出的【系统】窗口中,选择左侧的【高级系统设置】选项。

step 3　弹出【系统属性】对话框,选择【高级】选项卡,在【性能】区域单击【设置】按钮。

step 4　弹出【性能选项】对话框,选择【高级】选项卡,在【虚拟内存】区域单击【更改】按钮。

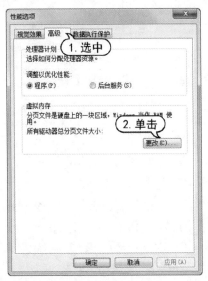

step 5　弹出【虚拟内存】对话框,取消选中【自动管理所有驱动器的分页文件大小】复选框。在【驱动器】列表中选中【C盘】选项,选中【自定义大小】单选按钮,在【初始大小】

文本框中输入 2000，在【最大值】文本框中输入 6000，单击【设置】按钮。

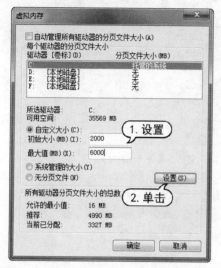

step 6 完成分页文件大小的设置，然后单击【确定】按钮。

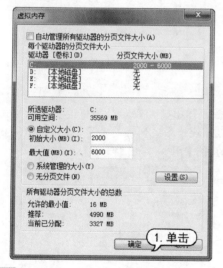

step 7 弹出【系统属性】提示框，提示用户需要重新启动计算机才能使设置生效，单击【确定】按钮。

step 8 关闭所有的上级对话框后，弹出【必须重新启动计算机才能应用这些更改】提示框，单击【立即重新启动】按钮，重新启动计算机后即可使设置生效。

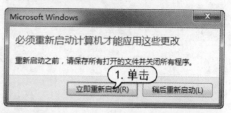

11.1.2 设置开机启动项

有些软件在安装完成后，会将自己的启动程序加入到开机启动项中，从而随着系统的自动启动而自动运行。这无疑会占用系统的资源，并影响到系统的启动速度。可以通过设置将不需要的开机启动项禁止。

【例 11-2】禁止不需要的开机启动项。

视频

step 1 按【win+R】组合键，弹出【运行】对话框，在【打开】文本框中输入 "msconfig" 命令，单击【确认】按钮。

step 2 弹出【系统配置】对话框，选择【服务】选项卡，取消选中不需要开机启动的服务前方的复选框。

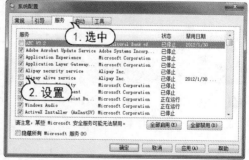

step 3 切换至【启动】选项卡，取消选中不需要开机启动的应用程序前方的复选框，单击【确定】按钮。

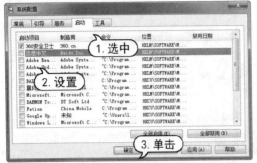

step 4 弹出【系统配置】提示框，单击【重新启动】按钮，重新启动计算机后，完成设置。

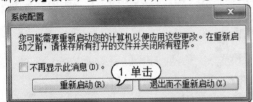

11.1.3 设置开机时间

当计算机中安装了多个操作系统后，在启动时会显示多个操作系统的列表，系统默认等待时间是 30 秒，可以根据需要对这个时间进行调整。

【例11-3】将选择操作系统时的默认等待时间设置为5秒。

📀 视频

step 1 在桌面上右击【计算机】图标，在弹出的快捷菜单中选择【属性】命令。

step 2 在弹出的【系统】窗口中，选择左侧的【高级系统设置】选项。

step 3 弹出【系统属性】对话框，选择【高级】选项卡，在【启动和故障恢复】区域单击【设置】按钮。

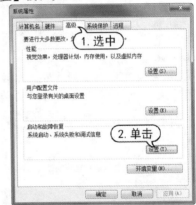

step 4 弹出【启动和故障恢复】对话框，在【显示操作系统列表的时间】微调框中设置时间为【5】秒，单击【确定】按钮。

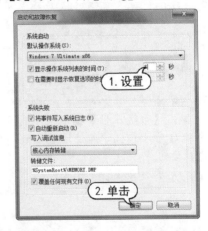

11.1.4 清理卸载文件或更改程序

卸载某个程序后，该程序可能依然保留在【卸载或更改程序】对话框的列表中，用户可以通过修改注册表将其删除，从而实现对计算机的优化。

【例 11-4】在注册表中，清理【卸载或更改程序】对话框列表。

🔘 视频

step 1 按【win+R】组合键，弹出【运行】对话框，在【打开】文本框中输入 "regedit" 命令，单击【确认】按钮。

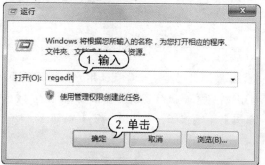

step 2 弹出【注册表编辑器】窗口，在左侧的注册表列表框中，按顺序依次展开【HKEY_LOCAL_MACHINE | SOFTWARE | Microsoft | Windows | CurrentVersion | Uninstall】选项。

step 3 在该选项下，用户可查看已删除程序的残留信息，然后将其删除即可。

11.2 关闭不需要的系统功能

Windows 7 系统在安装完成后，自动开启了许多功能。这些功能在一定程度上会占用系统的资源，如果不需要使用这些功能，可以将其关闭以节省系统资源，优化系统。

11.2.1 禁止保存搜索记录

Windows 7 搜索的历史记录会自动保存在搜索栏的下拉列表框中，用户可通过组策略禁止保存搜索记录以提高系统速度。

【例 11-5】通过设置禁止保存搜索记录。

🔘 视频

step 1 按【win+R】组合键，弹出【运行】对话框，在【打开】文本框中输入 "gpedit.msc" 命令，单击【确认】按钮。

step 2 弹出【本地组策略编辑器】对话框，依次展开【用户配置】|【管理模板】|【Windows 组件】|【Windows资源管理器】选项，在右侧的列表中双击【在Windows资源管理器搜索框中关闭最近搜索条目的显示】选项。

step 3 在弹出的【在Windows资源管理器搜索框中关闭最近搜索条目的显示】对话框中，选中【已启用】单选按钮，然后单击【确定】按钮。

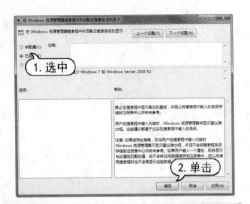

11.2.2 禁止自动更新重启提示

在计算机使用过程中如果遇到系统自动更新，完成自动更新后，系统会提示重新启动计算机，但是在工作中，重启很不方便，只能不停推迟，很麻烦。可以通过设置取消更新重启提示。

【例11-6】关闭系统自动更新重启提示。

🔘视频

step 1 按【win+R】组合键，弹出【运行】对话框，在【打开】文本框中输入"gpedit.msc"命令，单击【确认】按钮。

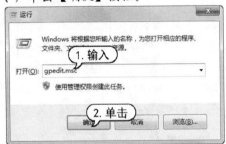

step 2 弹出【本地组策略编辑器】窗口，展开【计算机配置】|【管理模板】|【Windows组件】选项，双击右侧的【Windows Update】选项。

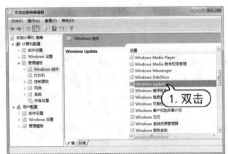

step 3 弹出【Windows Update】窗格，双击【对于已登录的用户，计划的自动更新安装不执行重新启动】选项。

step 4 弹出【对于已登录的用户，计划的自动更新安装不执行重新启动】对话框，选中【已启用】单选按钮，单击【确定】按钮。

11.2.3 关闭自带的刻录功能

Windows 7集成了刻录功能，不过它没有专业刻录软件那样强大。如果用户想使用第三方软件来刻录光盘，可以禁用Windows 7的自带刻录功能。

【例11-7】关闭Windows 7系统自带的刻录功能。

🔘视频

step 1 按【win+R】组合键，弹出【运行】对话框，在【打开】文本框中输入"gpedit.msc"命令，单击【确认】按钮。

step 2 弹出【本地组策略编辑器】窗口，依次展开【用户配置】|【管理模板】|【Windows组件】|【Windows 资源管理器】选项，在右侧的列表中双击【删除CD刻录功能】选项。

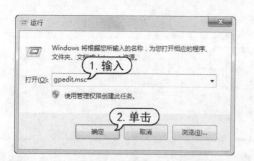

step 3 弹出【删除 CD 刻录功能】对话框，选中【已启用】单选按钮，然后单击【确定】按钮，完成设置。

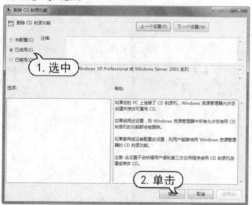

11.2.4 禁用错误发送报告

Windows 7系统在运行时如果出现异常，即会弹出一个错误报告对话框，询问是否将此错误提交给微软官方网站。用户可以通过组策略禁用这个错误报告弹窗，以提高系统速度。

【例 11-8】禁用错误发送报告提示。

视频

step 1 按【win+R】组合键，弹出【运行】对话框，在【打开】文本框中输入"gpedit.msc"命令，单击【确认】按钮。

step 2 弹出【本地组策略编辑器】窗口，依次展开【计算机配置】|【管理模板】|【系统】|【Internet 通信管理】|【Internet 通信设置】选项，在右侧的列表中双击【关闭 Windows 错误报告】选项。

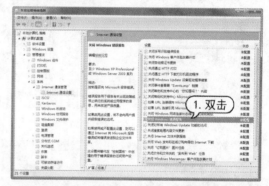

step 3 弹出【关闭 Windows 错误报告】对话框，选中【已启用】单选按钮，然后单击【确定】按钮，完成设置。

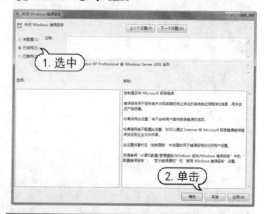

11.2.5 关闭 Windows 休眠功能

如果用户不想使用计算机的自动休眠功

能,可将其关闭,以增大内存空间。

【例11-9】关闭休眠功能。

🔘视频

step 1 单击【开始】按钮,选择【控制面板】命令,打开【控制面板】窗口。在【控制面板】窗口中,单击【电源选项】图标。

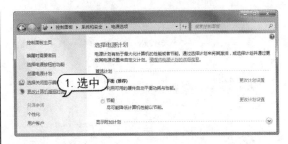

step 2 打开【电源选项】窗口,然后选择窗口左侧的【更改计算机睡眠时间】选项,打开【编辑计划设置】窗口。

step 3 在【使计算机进入睡眠状态】下拉列表中选择【从不】选项,然后单击【保存修改】按钮,完成设置。

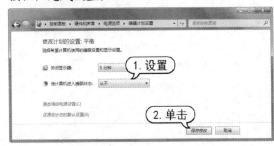

11.3 优化计算机磁盘

计算机磁盘是使用最频繁的硬件之一,磁盘的外部传输速度和内部读写速度决定了硬盘的读写性,优化磁盘速度和清理磁盘可以在很大程度上延长计算机的使用寿命。

11.3.1 磁盘清理

由于各种应用程序的安装与卸载以及软件运行,系统会产生一些垃圾冗余文件,这些文件会直接影响计算机的性能。磁盘清理程序是系统自带的用于清理磁盘冗余内容的工具。

【例11-10】清理D盘中的冗余文件。

🔘视频

step 1 选择【开始】|【所有程序】|【附件】|【系统工具】|【磁盘清理】选项。

step 2 弹出【磁盘清理:驱动器选择】对话

框,在【驱动器】下拉列表中选择【D】盘,单击【确定】按钮。

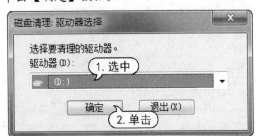

step 3 弹出【磁盘清理】对话框,系统开始分析D盘上的冗余内容。

step 4 分析完成后,在对话框中将显示分析

结果。选中所需删除的内容对应的复选框，选中【回收站】复选框，然后单击【确定】按钮。

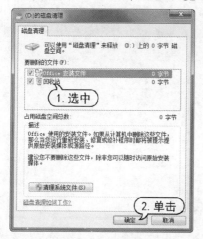

step 5 弹出【确定要永久删除这些文件吗？】提示框，单击【删除文件】按钮。

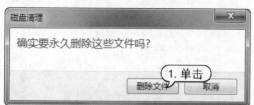

step 6 此时系统即可自动进行磁盘清理的操作。

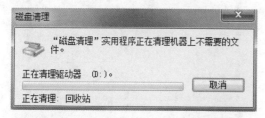

11.3.2 磁盘碎片整理

计算机在使用过程中不免会有很多文件操作，比如进行创建、删除文件或者安装、卸载软件等操作时，会在硬盘内部产生很多磁盘碎片。碎片的存在会影响系统往硬盘写入或读取数据的速度。而且由于写入和读取数据不在连续的磁道上，也加快了磁头和盘片的磨损速度。定期清理磁盘碎片，对硬盘保护有很大的实际意义。

【例 11-11】整理磁盘碎片。

 视频

step 1 选择【开始】|【所有程序】|【附件】|【系统工具】|【磁盘碎片整理程序】选项。

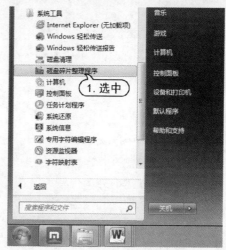

step 2 弹出【磁盘碎片整理程序】对话框，选中要整理碎片的磁盘后，单击【分析磁盘】按钮。

step 3 系统开始对该磁盘进行分析，分析完成后，系统将显示磁盘碎片的比率。

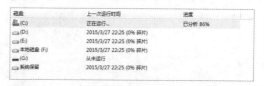

step 4 此时，单击【磁盘碎片整理】按钮，即开始磁盘碎片整理操作。磁盘碎片整理完成后，将显示磁盘碎片的整理结果。

11.3.3 优化磁盘内部读写速度

优化计算机硬盘的外部传输速度和内部读写速度，能有效地提升硬盘读写性能。

硬盘的内部读写速度是指从盘片上读取数据，然后存储在缓存中的速度，是评价硬盘整体性能的决定性因素。

【例 11-12】优化硬盘内部读写速度。

◎ 视频

step 1 在桌面上右击【计算机】图标，在弹出的快捷菜单中选择【属性】命令。

step 2 弹出【系统】窗口，选择【设备管理器】选项。

step 3 弹出【设备管理器】窗口，在【磁盘驱动器】选项下展开当前硬盘选项，右击，在弹出的快捷菜单中选择【属性】命令。

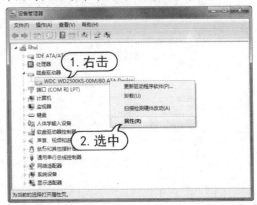

step 4 弹出磁盘的【属性】对话框，选择【策略】选项卡，选中【启用磁盘上的写入缓存】复选框，然后单击【确定】按钮，完成设置。

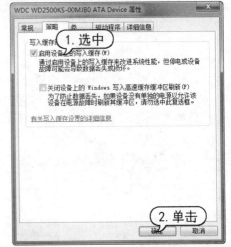

11.3.4 优化磁盘外部传输速度

硬盘的外部传输速度是指硬盘的接口速度。通过修改硬盘属性信息，可以优化数据传输速度。

【例 11-13】优化硬盘外部传输速度。

◎ 视频

step 1 在桌面上右击【计算机】图标，在打开的快捷菜单中选择【属性】命令。

step 2 打开【系统】对话框，选择【设备管理器】选项。

step 3 弹出【设备管理器】窗口，展开【IDE ATA/ATAPI控制器】列表，再右击【ATA Channel 1】选项，在弹出的快捷菜单中选择【属性】命令。

step 4 在打开的【属性】对话框中，选择【高级设置】选项卡，选中【启用DMA】复选框，然后单击【确定】按钮，完成设置。

11.3.5 降低系统分区负担

随着计算机使用时间的增加，系统分区中的文件将会逐渐增多，因为计算机在使用

过程中会产生一些临时文件(例如 IE 临时文件等)、垃圾文件以及用户存储的文件等。这些文件的增多将会导致系统分区的可用空间变小，影响系统的性能，因此应为系统分区"减负"。

1. 更改【我的文档】路径

默认情况下，【我的文档】文件夹的系统默认存放路径是在 C:\Users\Administrator\Documents 目录，对于习惯使用【我的文档】来存储资料的用户，【我的文档】文件夹必然会占据大量的磁盘空间。其实可以修改【我的文档】文件夹的默认路径，将其转移到非系统分区中。

【例 11-14】修改【我的文档】文件夹的路径。
视频

step 1 打开Windows 7 的用户文件夹窗口，打开【Administrator】窗口。右击【我的文档】文件夹，选择【属性】命令。

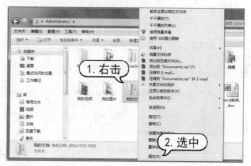

step 2 打开【我的文档 属性】对话框，切换至【位置】选项卡，单击【移动】按钮。

step ③ 打开【选择一个目标】对话框，在该对话框中用户可为【我的文档】文件夹选择一个新的位置，选择【E:\我的文档】文件夹。选择完成后，单击【选择文件夹】按钮，返回至【我的文档 属性】对话框，再次单击【确定】按钮。

step ④ 打开【移动文件夹】对话框，提示用户是否将原先【我的文档】中的所有文件移到新的文件夹中，直接单击【是】按钮。

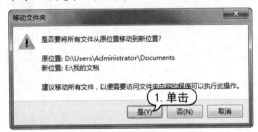

step ⑤ 系统开始进行移动文件的操作，移动完成后，即可完成对【我的文档】文件夹路径的修改。

2. 移动 IE 临时文件夹

默认情况下，IE临时文件夹也是存放在C盘中的。为了保证系统分区的空闲容量，可以将IE临时文件夹也转移到其他分区中去。

【例 11-15】修改 IE 临时文件夹的路径。

▶ 视频

step ① 打开IE浏览器，单击【工具】按钮，选择【Internet选项】命令。

step ② 打开【Internet选项】对话框，在打开的对话框中单击【设置】按钮，打开【Internet临时文件和历史记录设置】对话框，并单击【移动文件夹】按钮。

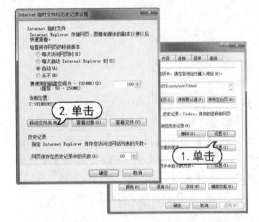

step ③ 打开【浏览文件夹】对话框，在该对话框中选择【本地磁盘(E:)】。

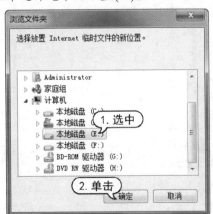

step 4 单击【确定】按钮，返回至【Internet 临时文件和历史记录设置】对话框，可以看到IE临时文件夹的位置已更改，单击【确定】按钮。

step 5 打开【注销】对话框，提示用户要重启计算机才能使更改生效，直接单击【是】按钮，重新启动计算机后即可完成设置。

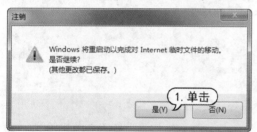

3. 定期清理文档使用记录

在使用计算机的时候，系统会自动记录用户最近使用过的文档，计算机使用的时间越长，这些文档记录就越多，势必占用大量的磁盘空间，因此用户应该定期对这些记录进行清理，以释放更多的磁盘空间。

【例 11-16】清理文档使用记录。
📀 视频

step 1 右击【开始】按钮，在弹出的快捷菜单中选择【属性】命令。

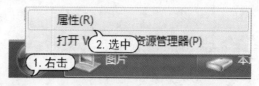

step 2 打开【任务栏和『开始』菜单属性】对话框，在【『开始』菜单】选项卡的【隐私】区域，直接取消选中【存储并显示最近在『开始』菜单中打开的程序】和【存储并显示最近在『开始』菜单和任务栏中打开的项目】两个复选框，单击【确定】按钮。

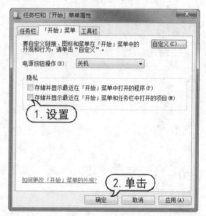

step 3 即可将【开始】菜单中的浏览历史记录清除。

11.4 使用系统优化软件

系统优化软件具有方便、快捷的优点，可以帮助用户优化系统与保持安全环境。本节介绍几款系统优化软件，使用户了解它们的使用方法。

11.4.1　使用魔方优化大师

魔方优化大师是一款集系统优化、维护、清理和检测于一体的工具软件，可以让用户只需几个简单步骤就能快速完成一些复杂的系统维护与优化操作。

1. 使用魔方精灵

首次启动魔方优化大师时，会启动魔方精灵(相当于优化向导)，利用该向导，可以方便地对操作系统进行优化。

【例 11-17】使用"魔方精灵"优化 Windows 操作系统。

● 视频

step 1 双击【魔方优化大师】程序的启动软件，自动打开魔方精灵界面。在【安全加固】对话框中可禁止一些功能的自动运行，单击红色或绿色的按钮即可切换状态。设置完成后单击【下一步】按钮。

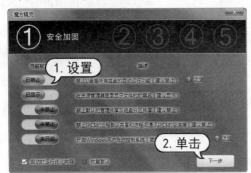

step 2 打开【硬盘减压】对话框。在该界面中可对硬盘的相关服务进行设置，单击【下一步】按钮，

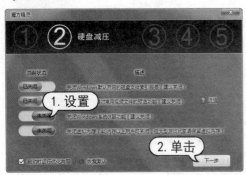

step 3 打开【网络优化】对话框。在该界面中可对网络的相关参数进行设置，单击【下一步】按钮。

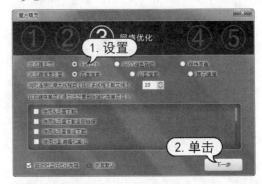

step 4 打开【开机加速】对话框。在该界面中可对开机启动项进行设置。

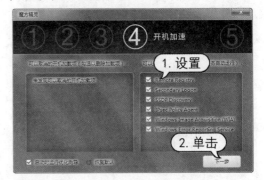

step 5 单击【下一步】按钮，打开【易用性改善】界面。在该界面中可对Windows 7系统进行个性化设置，单击【下一步】按钮。

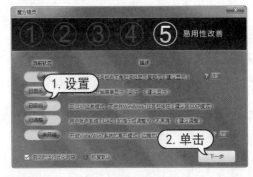

step 6 完成魔方精灵的向导设置。

知识点滴

在这个新版本里，全面改进了魔方精灵，把之前的勾选框模式改成了开关按钮，直观地显示了各个项目的当前状态，也方便了开启和关闭。

2. 使用优化设置大师

使用魔方精灵的优化设置大师，可以对系统的各项功能进行优化，关闭一些不常用的服务，使系统发挥最佳性能。

【例 11-18】使用优化设置大师对 Windows 系统进行优化。

step 1 双击【魔方优化大师】程序的启动软件，单击主界面中的【优化设置大师】按钮。

step 2 单击【一键优化】按钮。在【请选择要优化的项目】列表中，一共有 4 大类，分别是【系统优化】、【网络优化】、【浏览器优化】和【服务优化】。每个大类下面有多个可优化项目并附带优化说明，用户可根据说明文字和自己的实际需求来选择要优化的项目。选择完成后，单击【开始优化】按钮，开始对所选项目进行优化。

step 3 优化成功后打开【优化成功】对话框，单击【确定】按钮，完成一键优化。

step 4 单击【系统优化】按钮，切换至【系统优化】界面。在【开机一键加速】标签中，将显示可以禁止的开机启动软件，选中要禁止的项目，然后单击【优化】按钮，可禁止其开机自动启动。

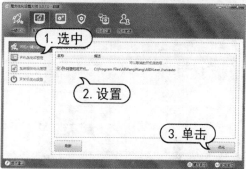

step 5 在【开机启动项管理】界面中，可看到所有开机自动启动的应用程序，选择不需要开机启动的项目，单击后方的绿色按钮，可将其禁止。

step 6 在【系统服务优化管理】选项中，可看到所有当前正在运行的和已经停止的系统服务，选择不需要的服务，单击【停止】按钮，可停止该服务，单击【禁用】按钮，可禁用该服务。

step 7 在【开关机优化设置】选项中，可禁用一些特殊服务，以加快系统的开关机速度。例如可选中【启动时禁止自动检测IDE驱动器】和【取消启动时的磁盘扫描】选项，然后单击【保存设置】按钮，即可使这两项生效。

实用技巧

魔方优化设置应该算是这个软件里的主体，其优化功能全面，囊括了主流的系统优化功能，操作简便，界面也很漂亮。

3. 使用魔方温度检测

夏天使用计算机的时候，用户需要保护自己的计算机，不要使得计算机温度过高，这样计算机才可以正常工作。魔方优化大师提供了温度检测的功能，利用该功能可随时监控计算机硬件的温度，以有效保护硬件的正常工作。

【例 11-19】使用温度检测功能。

🎬 视频

step① 启动魔方优化大师，单击主界面中的【温度检测】按钮，打开【魔方温度检测】对话框(其中显示了CPU、显卡和硬盘的运行温度，界面右侧还显示了CPU和内存的使用情况)，单击界面右上角的【设置】按钮。

step② 打开【魔方温度检测设置】对话框，在该对话框中可对【魔方温度检测窗口】中的各项参数进行详细设置，完成后单击【确定】按钮即可。

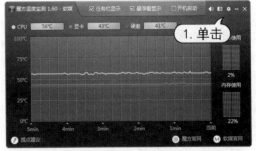

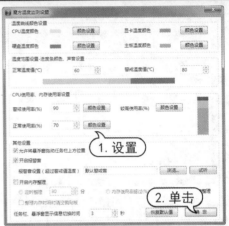

4. 使用魔方修复大师

魔方优化大师的修复功能可帮助用户轻松修复被损坏的系统文件和浏览器等。

【例 11-20】使用魔方修复大师修复浏览器。

step① 启动魔方优化大师，单击主界面中的【修复大师】按钮。

step② 打开【魔方修复大师】界面，然后单击【浏览器修复】按钮。

step③ 打开【浏览器修复】界面，选中需要修复的选项，然后单击【修复/清除】按钮即可完成修复。

11.4.2　设置虚拟内存

　　CCleaner 是一款来自国外的超级强大的系统优化工具，具有系统优化和隐私保护功能。可以清除 Windows 系统不再使用的垃圾文件，以腾出更多硬盘空间。它的另一大功能是清除使用者的上网记录。CCleaner 的体积小，运行速度极快，可以对临时文件夹、历史记录、回收站等进行垃圾清理，并可对注册表进行垃圾项扫描、清理。

【例 11-21】使用 CCleaner 软件清理 Windows 系统中的垃圾文件。

step 1　双击【CCleaner】程序启动软件，打开【CCleaner-智能Cookie扫描】提示框，单击【是】按钮。

step 3　打开【清洁器】窗口，选择【应用程序】选项卡后，用户可以选择所需清理的应用程序文件项目。完成后，单击软件右下角的【分析】按钮，CCleaner软件将自动检测Windows系统的临时文件、历史文件、回收站文件、最近输入的网址、Cookies、应用程序会话、下载历史以及Internet缓存等文件。

step 4　CCleaner软件完成检测后，单击软件右下角的【运行清洁器】按钮，软件开始运行，系统中被CCleaner软件扫描到的文件将被永久删除。

step 2　打开软件的主界面，单击【清洁器】按钮。

11.5　使用 Windows 优化大师

　　Windows 优化大师是一款集系统优化、维护、清理和检测于一体的工具软件。可以让用户只需几个简单步骤就可快速完成一些复杂的系统维护与优化操作。

11.5.1　优化磁盘缓存

　　Windows 优化大师提供了优化磁盘缓存的功能，允许用户管理系统运行时磁盘缓存的性能和状态。

【例 11-22】在当前计算机中，通过使用"Windows优化大师"软件优化计算机磁盘缓存。

step 1　双击系统桌面上的【Windows优化大师】的启动图标，启动Windows优化大师。

step 2　进入"Windows优化大师"主界面后，单击界面左侧的【系统优化】按钮，展开【系统优化】子菜单，然后单击【磁盘缓存优化】菜单项。

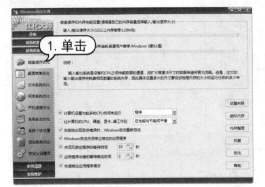

step 3　拖动【输入/输出缓存大小】和【内存性能配置】两项下面的滑块，可以调整磁盘缓存和内存性能配置。

step 4　选择【计算机设置为较多的CPU时间来运行】复选框，然后在后面的下拉列表框中选择【程序】选项。

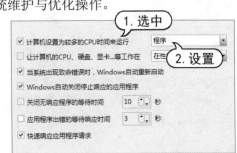

step 5　选中【Windows自动关闭停止响应的应用程序】复选框，当Windows检测到某个应用程序停止响应时，就会自动关闭程序。选中【关闭无响应程序的等待时间】和【应用程序出错的等待时间】复选框后，用户可以设置应用程序出错时系统将其关闭的等待时间。

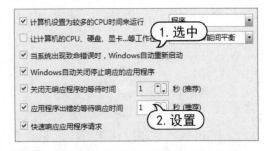

step 6　单击【内存整理】按钮，打开【Wopti内存整理】窗口，然后在该窗口中单击【快速释放】按钮，单击【设置】按钮。

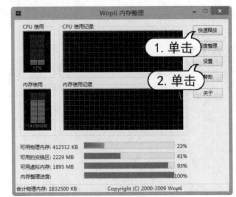

step⑦ 然后在打开的选项区域设置自动整理内存的策略，单击【确定】按钮。

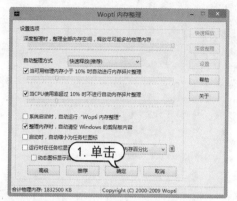

step⑧ 关闭【Wopti内存整理】窗口，返回【磁盘缓存优化】界面，然后在该界面中单击【优化】按钮。

11.5.2 优化文件系统

Windows 优化大师的【文件系统优化】功能包括优化二级数据高级缓存、CD/DVD-ROM、文件和多媒体应用程序以及NTFS 性能等方面的设置。

【例11-23】在当前计算机中，通过使用"Windows优化大师"软件优化文件系统。

⊙视频

step① 单击Windows优化大师【系统优化】菜单下的【文件系统优化】按钮。

step② 拖动【二级数据高速缓存】滑块，可以使Windows系统更好地配合CPU以获得更高的数据预读命中率。

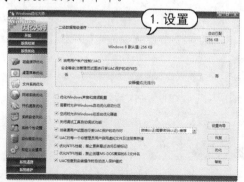

step③ 选中【需要时允许Windows自动优化启动分区】复选框，将允许Windows系统自

动优化计算机的系统分区；选中【优化Windows声音和音频设置】复选框，可优化操作系统的声音和音频，单击【优化】按钮。关闭Windows优化大师，重新启动计算机即可。

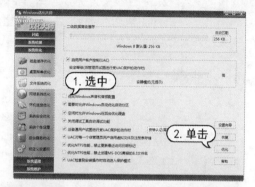

11.5.3 优化网络系统

Windows 优化大师的【网络系统优化】功能包括优化传输单元、最大数据段长度、COM端口缓冲、IE 同时连接最大线程数量以及域名解析等方面的设置。

【例11-24】在当前计算机中，通过使用"Windows优化大师"软件优化网络系统。

step① 单击Windows优化大师【系统优化】菜单下的【网络系统优化】按钮。

step② 在【上网方式选择】组合框中，选择计算机的上网方式，选定后系统会自动给出【最大传输单元大小】、【最大数据段长度】和【传输单元缓冲区】3 项默认值，用户可以根据自己的实际情况进行设置。

step 3 单击【默认分组报文寿命】下拉菜单，选择输出报文报头的默认生存期，如果网速比较快，在此选择 128。

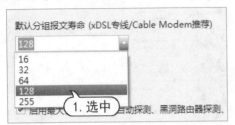

step 4 单击【IE同时连接的最大线程数】下拉菜单，在下拉列表框中设置允许IE同时打开的网页的个数。

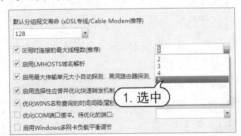

step 5 选中【启用最大传输单元大小自动探测、黑洞路由器探测、传输单元缓冲区自动调整】复选框，软件将自动启动最大传输单元大小自动探测、黑洞路由器探测、传输单元缓冲区自动调整等设置，以辅助计算机的网络功能。

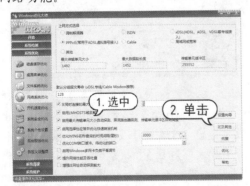

step 6 单击【IE及其他】按钮，打开【IE浏览器及其他设置】对话框，然后在该对话框

中选中【网卡】选项卡。

step 7 单击【请选择要设置的网卡】下拉列表，选择要设置的网卡，然后单击【确定】按钮。

step 8 在系统打开的对话框中单击【确定】按钮，然后单击【取消】按钮。

step 9 完成以上操作后，单击【优化】按钮，重新启动计算机，完成优化操作。

11.5.4 优化开机速度

Windows 优化大师的【开机速度优化】功能主要是优化计算机的启动速度和管理计算机启动时自动运行的程序。

【例 11-25】通过使用"Windows 优化大师"软件优化计算机开机速度。

step 1 单击Windows优化大师【系统优化】菜单下的【开机速度优化】按钮。

step 2 拖动【启动信息停留时间】滑块可以设置在安装了多操作系统的计算机启动时，系统选择菜单的等待时间。

step 3 在【等待启动磁盘错误检查等待时间】列表框中，用户可设定时间，例如设置为 10 秒：如果计算机被非正常关闭，将在下一次启动时，Windows系统将设置 10 秒(默认值，用户可自行设置)的等待时间让用户决定是否要自动运行磁盘错误检查工具。

step 4 另外，用户还可以在【请勾选开机时不自动运行的项目】组合框中选择开机时没必要启动的选项，完成操作后，单击【优化】按钮。

11.5.5　优化后台服务

Windows 优化大师的【后台服务优化】功能可以使用户方便地查看当前所有的服务并启用或停止某一服务。

【例 11-26】在当前计算机中，通过使用"Windows 优化大师"软件优化计算机后台服务。

视频

step 1 单击【系统优化】菜单项下的【后台服务优化】按钮。

step 2 接下来，在显示的选项区域内单击【设置向导】按钮，打开【服务设置向导】对话框。

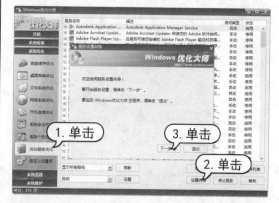

step 3 在【服务设置向导】对话框中保持默认设置，单击【下一步】按钮，打开的对话框中将显示用户选择的设置，这时继续单击【下一步】按钮，开始进行服务优化。

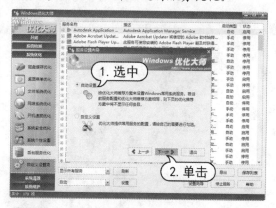

step 4 完成以上操作后，在【服务设置向导】对话框中单击【完成】按钮。

11.6 使用 Process Lasso 优化进程

Process Lasso 是一款用于调试系统中运行程序进程级别的系统优化工具，主要功能是动态调整各进程的优先级并通过配置合理的优先级以实现为系统减负的目的，该软件可以有效避免计算机出现蓝屏、假死、进程停止响应、进程占用 CPU 时间过多等症状。

11.6.1 检测系统运行信息

利用 Process Lasso 软件，用户可以检测当前系统的运行信息，包括进程运行状态、CPU 温度、显卡温度、硬盘温度、主板温度、内存使用情况以及风扇转速等。

【例 11-27】使用 Process Lasso 软件检测当前计算机系统的运行信息。

🔑 视频

step ① 启动 Process Lasso 软件后，在弹出的界面中单击【下一步】按钮。

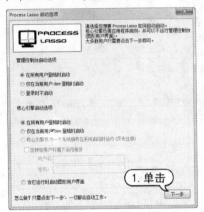

step ② 在打开的【多用户选项】对话框中单击【完成】按钮。

step ③ 在进入 Process Lasso 软件主界面后，将显示系统中正在运行的进程信息。

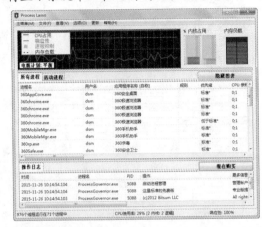

step ④ 在软件底部的状态栏中，将显示当前计算机的运行状态。

11.6.2 优化系统进程状态

在 Process Lasso 软件主界面中，用户双击具体的进程名称，在弹出的菜单中即可对该进程进行管理，例如设置进程的当前优先级或规定进程的最大 CPU 占用量。

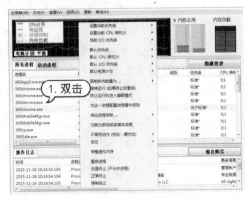

用户设置了某个进程的最大 CPU 占用量后，若该进程在运行的过程中超越了用户的设置，软件将根据配置情况，终止或重启相应的进程。

11.7 案例演练

本章的上机实验主要练习使用 Advanced SystemCare 软件，该软件是一款能分析系统性能瓶颈的优化软件。该软件通过对系统进行全方位的诊断，找到系统性能的瓶颈所在，然后有针对性地进行修改、优化。用户可以通过练习巩固本章所学的知识。

【例 11-28】 使用 Advanced SystemCare 软件优化计算机系统。

视频

step 1 启动 Advanced SystemCare 软件后，单击界面右上方的【更多设置】按钮，在打开的菜单中选中【设置】选项。

step 2 在打开的【设置】对话框中，选中【系统优化】选项。

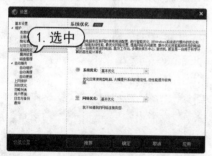

step 3 在显示的【系统优化】选项区域，单击【系统优化】下拉列表按钮，在打开的下拉列表中选择系统优化类型。单击【确定】按钮，返回软件主界面。

step 4 然后在该界面上选中【系统优化】复选框后，单击 SCAN 按钮。

step 5 此时，Advanced SystemCare 软件将自动搜索系统的可优化项，并显示在打开的界面中，单击【修复】按钮。

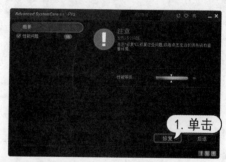

step 6 Advanced SystemCare 软件开始优化系统，完成后单击【后退】按钮，返回 Advanced SystemCare 主界面。

step 7 在该界面中选择【加速】选项，开始设置优化与提速计算机。

计算机组装与维护案例教程

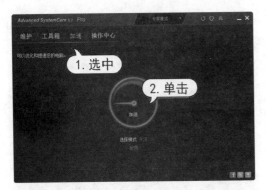

step 8 在打开的界面中,用户可以选择系统的优化提速模式,包括"工作模式"和"游戏模式"两种。选中【工作模式】单选按钮后,单击【前进】按钮。

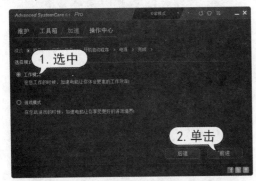

step 9 打开【关闭不必要的服务】选项区域,设置需要关闭的系统服务后,单击【前进】按钮。

step 10 打开【关闭不必要的非系统服务】选项区域,设置需要关闭的非系统服务后,单击【前进】按钮。

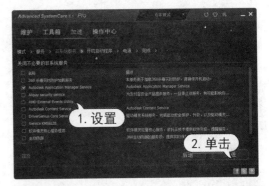

step 11 打开【关闭不必要的后台程序】选项区域,选择需要关闭的后台程序后,单击【前进】按钮。

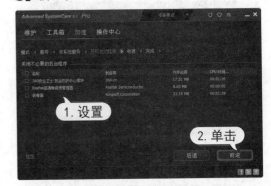

step 12 打开【选择电源计划】选项区域,用户可以根据需求选择是否激活 Advanced SystemCare 电源计划。单击【前进】按钮,完成系统的优化提速设置。

step 13 最后,单击【完成】按钮,Advanced SystemCare 软件将自动执行系统优化和提速设置。

第 12 章

计算机的日常维护

在日常生活中，对计算机的硬件设备进行必要的保养与维护不仅可以使其使用寿命更长，还能提高计算机的运行效率，降低发生故障的几率。本章将详细介绍计算机安全与维护方面的常用操作。

对应光盘视频

例 12-1 关闭 Windows 防火墙　　例 12-3 配置系统自动更新

例 12-2 开启系统自动更新

12.1 计算机日程维护常识

在介绍计算机的维护方法前，用户应先掌握一些计算机维护基础知识，包括计算机的使用环境、养成良好的计算机使用习惯等。

12.1.1 计算机工作的适宜环境

要想使计算机保持健康，首先应该在良好的使用环境下操作计算机。有关计算机的使用环境，需要注意的事项有以下几点：

▶ 环境温度：计算机正常运行的理想环境温度是 5℃~35℃，安放位置最好远离热源并避免阳光直射。

▶ 环境湿度：最适宜的环境湿度是30%~80%，湿度太高可能会使计算机受潮而引起内部短路，烧毁硬件；湿度太低，则容易产生静电。

▶ 清洁的环境：计算机要放在比较清洁的环境中，以免大量的灰尘进入计算机而引起故障。

▶ 远离磁场干扰：强磁场会对计算机的性能产生很坏的影响，例如导致硬盘数据丢

失、显示器产生花斑和抖动等。强磁场干扰主要来自一些大功率电器和音响设备等。因此，计算机要尽量远离这些设备。

▶ 电源电压：计算机的正常运行需要稳定的电压，如果家里电压不够稳定，一定要使用带有保险丝的插座，或为计算机配置UPS 电源，如下图所示。

12.1.2 计算机的正确使用习惯

在日常工作中，正确使用计算机，并养成好习惯，可以使计算机的使用寿命更长，运行状态更加稳定。关于正确计算机的使用习惯，主要有以下几点：

▶ 计算机的大多数故障都是软件的问题，而病毒又是经常造成软件故障的原因。在日常使用计算机的过程中，做好防范计算机病毒的查毒工作十分必要。

▶ 在计算机插拔连接时，或在连接打印

机、扫描仪、Modem、音响等外设时，应先确保切断电源以免引起主机或外设的硬件烧毁。

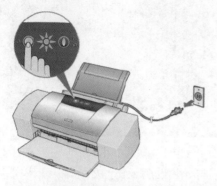

▷ 避免频繁开关计算机，因为给计算机组件供电的电源是开关电源，要求至少关闭电源半分钟后才可再次开启电源。若市电供电线路电压不稳定，偏差太大(大于 20%)，或者供电线路接触不良(观察电压表指针抖动幅度较大)，可以考虑配置 UPS 或净化电源，以免造成计算机组件的迅速老化或损坏。

▷ 定期清洁计算机(包括显示器、键盘、鼠标以及机箱散热器等)，使计算机经常处于良好的工作状态。

▷ 计算机与音响设备连接时，要注意防磁、防反串烧(即计算机并未工作时，从电器和音频、视频等短口传导过来的漏电压、电流或感应电压烧坏计算机)，计算机的供电电源要与其他电器分开，避免与其他电器共用一个电源插板线，且信号线要与电源线分开连接，不要相互交错或缠绕在一起。

12.2　维护计算机硬件设备

对计算机硬件部分的维护是整个维护工作的重点。用户在对计算机硬件的维护过程中，除了要检查硬件的连接状态以外，还应注意保持各部分硬件的清洁。

12.2.1　硬件维护注意事项

在维护计算机硬件的过程中，用户应注意以下事项：

▷ 有些原装和品牌计算机不允许用户自己打开机箱，如擅自打开机箱可能会失去一些由厂商提供的保修权利，用户应特别注意。

▷ 各部件要轻拿轻放，尤其是硬盘，防止损坏零件。

▷ 拆卸时注意各插接线的方位，如硬盘线、电源线等，以便正确还原。

▷ 由于计算机板卡上的集成电路器件多采用 MOS 技术制造，这种半导体器件对静电高压相当敏感。当带静电的人或物触及这些器件后，就会产生静电释放，而释放的静电高压将损坏这些器件，因此维护计算机时要特别注意静电防护。

▷ 用螺丝固定各部件时，应先对准部件的位置，然后再上紧螺丝。尤其是主板，略有位置偏差就可能导致插卡接触不良；主板安装不平将可能导致内存条、适配卡接触不良甚至造成短路，时间一长甚至可能发生形变，从而导致故障发生。

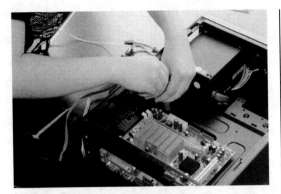

在拆卸维护计算机之前还必须注意以下事项：

▷ 断开所有电源。

▷ 在打开机箱之前，双手应该触摸一下地面或墙壁，释放身上的静电。拿主板和插卡时，应尽量拿卡的边缘，不要用手接触板卡的集成电路。

▷ 不要穿容易与地板、地毯摩擦产生静电的胶鞋在各类地毯上行走。脚穿金属鞋能很好地释放身上的静电，而有条件的工作场所应采用防静电地板。

12.2.2 维护主要硬件设备

计算机最主要的硬件设备除了显示器、鼠标与键盘外，几乎都存放在机箱中。

本节就将详细介绍维护计算机主要硬件设备的方法与注意事项：

1. 维护与保养 CPU

计算机内部绝大部分数据的处理和运算都是通过 CPU 处理的，因此 CPU 的发热量很大，对 CPU 的维护和保养主要是做好相应的散热工作。

▷ 若 CPU 采用水冷散热器，在日常使用过程中，还需要注意观察水冷设备的工作情况，包括水冷头、水管和散热器等。

▷ 当发现 CPU 的温度一直过高时，就需要在 CPU 表面重新涂抹 CPU 导热硅脂。重新涂散热硅胶时，要把残留的旧硅胶擦干净，然后再涂上新的

▷ CPU散热性能的高低关键在于散热风扇与导热硅脂工作的好坏。若采用风冷式CPU散热，为了保证CPU的散热能力，应定期清理CPU散热风扇的灰尘。

2. 维护与保养硬盘

随着硬盘技术的改进，其可靠性已大大提高，但如果不注意使用方法，也会引起故障。因此，对硬盘进行维护十分必要，具体如下：

▷ 环境的温度和清洁条件：由于硬盘的主轴电机是高速运转的部件，再加上硬盘是密封的，因此周围温度如果太高，热量散不出来，就会导致硬盘产生故障；但如果温度太低，又会影响硬盘的读写效果。因此，硬盘工作的温度最好是在 20℃~30℃范围内。

▷ 防静电：硬盘电路中有些大规模集成电路是使用 MOS 工艺制成的，MOS 电路对静电特别敏感，易受静电感应而被击穿损坏，因此要注意防静电问题。由于人体常带静电，在安装或拆卸、维修硬盘系统时，不要用手

触摸印制板上的焊点。当需要拆卸硬盘系统以便存储或运输时，一定要将其装入抗静电塑料袋中。

▶ 经常备份数据：由于硬盘中保存了很多重要的数据，因此要对硬盘上的数据进行保护。每隔一定时间对重要数据做一次备份，备份硬盘系统信息区以及 CMOS 设置。

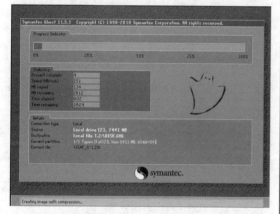

▶ 防磁场干扰：硬盘通过对盘片表面的磁层进行磁化来记录数据信息，如果硬盘靠近强磁场，将有可能破坏磁记录，导致所记录的数据遭受破坏。因此必须注意防磁，以免丢失重要数据。在防磁的方法中，主要是不要靠近音箱、喇叭、电视机这类带有强磁场的物体。

▶ 碎片整理，预防病毒：定期对硬盘文件碎片进行重整；利用版本较新的抗病毒软件对硬盘进行定期的病毒检测；从外来 U 盘上将信息复制到硬盘时，应先对 U 盘进行病毒检查，防止硬盘感染病毒。

计算机中的主要数据都保存在硬盘中，硬盘一旦损坏，会给用户造成很大的损失。硬盘安装在机箱的内部，一般不会随意移动，在拆卸时要注意以下几点：

▶ 在拆卸硬盘时，尽量在正常关机并等待磁盘停止转动后(听到硬盘的声音逐渐变小并消失)进行移动。

▶ 在移动硬盘时，应用手捏住硬盘的两侧，尽量避免手与硬盘背面的电路板直接接触。注意轻拿轻放，不要磕碰或与其他坚硬物体相撞。

▶ 硬盘内部的结构比较脆弱，应避免擅自拆卸硬盘的外壳。

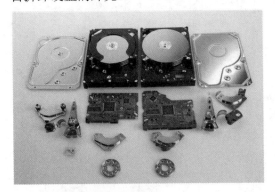

3. 维护与保养光驱

光驱是计算机的读写设备，对光驱保养应注意以下几点：

▶ 光驱的主要作用是读取光盘，因此要提高光驱的寿命，首先需要注意的是光盘的选择。尽量不要使用盗版或质量差的光盘，如果盘片质量差，激光头就需要多次重复读取数据，从而使其工作时间加长，加快激光头的磨损，进而缩短光驱寿命。

▶ 光驱在使用过程中应保持水平放置，不能倾斜放置。

▶ 在使用完光驱后应立即关闭仓门，防止灰尘进入。

▶ 关闭光驱时应使用光驱前面板上的开关盒按键，切不可用手直接将其推入盘盒，以免损坏光驱的传动齿轮。

▶ 放置光盘的时候不要用手捏住光盘

的反光面移动光盘，指纹有时会导致光驱的读写发生错误。

▶ 光盘不用时将其从光驱中取出，否则会导致光驱负荷很重，缩短使用寿命。

▶ 尽量避免直接用光驱播放光碟，这样会大大加速激光头的老化，可将光碟中的内容复制到硬盘中进行播放。

4. 维护与保养各种适配卡

系统主板和各种适配卡是机箱内部的重要配件，例如内存、显卡、网卡等。这些配件由于都是电子元件，没有机械设备，因此在使用过程中几乎不存在机械磨损，维护起来也相对简单。适配卡的维护主要有下面几项工作：

▶ 如果使用时间比较长，扩展卡接头会因为与空气接触而产生氧化，这时候需要把扩展卡拆下来，然后用软橡皮轻轻擦拭接头部位，将氧化物去除。在擦拭的时候应当非常小心，不要损坏接头部位。

▶ 只有完全插入正确的插槽中，才不会

造成接触不良。如果扩展卡固定不牢(比如与机箱固定的螺丝松动)，使用计算机的过程中碰撞了机箱，就有可能造成扩展卡故障。出现这种问题后，只要打开机箱，重新安装一遍就可以解决问题。有时扩展卡的接触不良是因为插槽内积有过多灰尘，这时需要把扩展卡拆下来，然后用软毛刷擦掉插槽内的灰尘，重新安装即可。

▶ 使用过程中有时会出现主板上的插槽松动，造成扩展卡接触不良，这时候可以将扩展卡更换到其他同类型插槽上，就可以继续使用。这种情况一般较少出现，也可以找经销商进行主板维修。

▶ 在主板的维护工作中，如果每次开机都发现时间不正确，调整以后下次开机还不准了，就说明主板的电池快没电了，这时就需要更换主板的电池。如果不及时更换主板电池，电池电量全部用完后，CMOS 信息就会丢失。更换主板电池的方法比较简单，只要找到电池的位置，然后用一块新的纽扣电池更换原来的电池即可。

5. 维护与保养显示器

显示器是比较容易损耗的器件，在使用时要注意以下几点：

▶ 避免屏幕内部烧坏：如果长时间不用，一定要关闭显示器，或者降低显示器的亮度，避免导致内部部件烧坏或老化。这种损坏一旦发生就是永久性的，无法挽回。

▶ 注意防潮：长时间不用显示器，可以定期通电工作一段时间，让显示器工作时产生的热量将机内的潮气蒸发掉。另外，不要让任何湿气进入显示器。发现有雾气，要用软布将其轻轻地擦去，然后才能打开电源。

▶ 正确清洁显示器屏幕：如果发现显示屏表面有污迹，可使用清洁液(或清水)喷洒在显示器表面，然后用软布轻轻地将其擦去。

▶ 避免冲击屏幕：LCD 屏幕十分脆弱，所以要避免强烈的冲击和振动。还要注意不要对 LCD 显示器表面施加压力。

▶ 切勿拆卸：一般用户尽量不要拆卸 LCD。即使在关闭了很长时间以后，背景照明组件中的 CFL 换流器依旧可能带有大约 1000V 的高压，能够导致严重的人身伤害。

6. 维护与保养键盘

键盘是计算机最基本的部件之一，因此其使用频率较高。按键用力过大、金属物掉入键盘以及茶水等溅入键盘内，都会造成键盘内部微型开关弹片变形或被灰尘油污锈蚀，出现按键不灵的现象。键盘的日常维护主要从以下几个方面考虑：

▶ PS2 接口的键盘在更换时，应切断计算机电源，并把键盘背面的选择开关置于当前计算机的相应位置。

▶ 电容式键盘因其特殊的结构，易出现计算机在开机时自检正常，但其纵向、横向多个键同时不起作用，或局部多键同时失灵的故障。此时，应拆开键盘外壳，仔细观察失灵按键是否在同一行(或列)电路上。若是，且印制线路又无断裂，则是连接的金属线条接触不良所致。拆开键盘内电路板及薄膜基片，把两者连接的金属印制线条擦净，之后将两者吻合好，装好压条，压紧即可。

▶ 机械式键盘按键失灵，大多是金属触点接触不良，或因弹簧弹性减弱而出现故障。应重点检查维护键盘的金属触点和内部触点弹簧。

▶ 键盘内过多的尘土会妨碍电路正常工作，有时甚至会造成误操作。键盘的维护主要就是定期清洁表面的污垢，一般清洁可以用柔软干净的湿布或清洁泥擦拭键盘；对于顽固的污垢可以先用中性的清洁剂擦除，再用湿布对其进行擦洗。

▶ 大多数键盘没有防水装置，一旦有液体流进，就会使键盘受到损害，造成接触不良、腐蚀电路和短路等故障。当大量液体进入键盘时，应当尽快关机，将键盘接口拔下，打开键盘用干净吸水的软布擦干内部的积水，最后在通风处自然晾干即可。

▶ 大多数主板都提供了键盘开机功能。要正确使用这一功能，自己组装计算机时必须选用工作电流大的电源和工作电流小的键盘，否则容易导致故障。

7. 维护与保养鼠标

鼠标的维护是计算机外部设备维护工作中最常做的工作，使用光电鼠标时，要特别注意保持感光板的清洁和感光状态良好，避免污垢附着在发光二极管或光敏三极管上，遮挡光线的接收。无论是在什么情况下，都要注意千万不要对鼠标进行热插拔，这样做极易把鼠标和鼠标接口烧坏。此外，鼠标能够灵活操作的一个条件是鼠标具有一定的悬垂度。长期使用后，随着鼠标底座四角上的小垫层被磨低，导致鼠标的悬垂度随之降低，鼠标的灵活性会有所下降。这时将鼠标底座角垫高一些，通常就能解决问题。垫高的材料可以用办公常用的透明胶纸等，一层不行可以垫两层或更多层，直到感觉鼠标已经完全恢复灵活性为止。

8. 维护与保养电源系统

电源是一个容易被忽略但却非常重要的设备，它负责供应整台计算机所需的能量，一旦电源出现问题，整个系统就会瘫痪。电源的日常保养与维护主要就是除尘，使用吹气球一类的辅助工具从电源后部的散热口处清理电源的内部灰尘。为了防止因为突然断电对计算机电源造成损伤，还可以为电源配置 UPS(不间断电源)。这样即使断电，通过 UPS 供电，用户仍可正常关闭计算机电源。

12.2.3　维护计算机常用外设

随着计算机技术的不断发展，计算机的外接设备也越来越丰富，常用的外接设备包括打印机、U 盘以及移动硬盘等。本节将介绍如何保养与维护这些计算机外接设备。

1. 维护与保养打印机

在打印机的使用过程中，经常对打印机进行维护，可以延长打印机的使用寿命，提高打印机的打印质量。对于针式打印机的保养与维护应注意以下几个方面的问题：

➤ 打印机必须放在平稳、干净、防潮、无酸碱腐蚀的工作环境中，并且应远离热源、震源和日光的直接照晒。

➤ 保持清洁，定期用小刷子或吸尘器清扫机内的灰尘和纸屑，经常用在稀释的中性洗涤剂中浸泡过的软布擦拭打印机机壳，以保证良好的清洁度。

➤ 在加电情况下，不要插拔打印机的电缆，以免烧坏打印机与主机接口元件。插拔前一定要关掉主机和打印机电源。

➤ 正确使用操作面板上的进纸、退纸、跳行、跳页等按钮，尽量不要用手旋转手柄。

➤ 经常检查打印机的机械部分有无螺钉松动或脱落，检查打印机的电源和接口连接线有无接触不良的现象。

➤ 电源线要有良好的接地装置，以防止静电积累和雷击烧坏打印通信口等。

➤ 应选择高质量的色带。色带是由带基和油墨制成的，高质量色带的带基没有明显的接痕，其连接处是用超声波焊接工艺处理过的，油墨均匀；而低质量色带的带基则有明显的双层接头，油墨质量很差。

➤ 应尽量减少打印机空转，最好在需要打印时才打开打印机。

➤ 要尽量避免打印蜡纸。因为蜡纸上的

石蜡会与打印胶辊上的橡胶发生化学反应，使橡胶膨胀变形。

目前使用最为普遍的打印机类型为喷墨打印机与激光打印机两种。其中喷墨打印机的日常维护主要有以下几方面的内容：

➤ 内部除尘：喷墨打印机内部除尘时应注意不要擦拭齿轮，不要擦拭打印头和墨盒附近的区域；一般情况下不要移动打印头，特别是有些打印机的打印头处于机械锁定状态，用手无法移动打印头，如果强行用力移动打印头，将造成打印机机械部分损坏；不能用纸制品清洁打印机内部，以免机内残留纸屑；不能使用挥发性液体清洁打印机，以免损坏打印机表面。

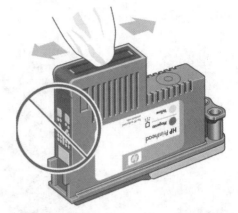

激光打印机也需要定期清洁维护，特别是在打印纸张上沾有残余墨粉时，必须清洁打印机内部。如果长期不对打印机进行维护，则会使机内污染严重，比如电晕电极吸附残留墨粉、光学部件脏污、输纸部件积存纸尘而运转不灵等。这些严重污染不仅会影响打印质量，还会造成打印机故障。对激光打印机的清洁维护有如下方法：

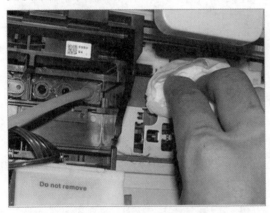

➤ 内部除尘的主要对象有齿轮、导电端子、扫描器窗口和墨粉传感器等，在对这些设备进行除尘时可用柔软的干布对它们进行擦拭。

➤ 更换墨盒：更换墨盒时应注意不能用手触摸墨盒出口处，以防杂质混入墨盒。

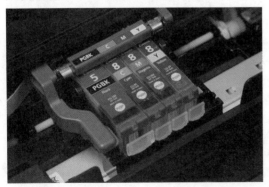

➤ 外部除尘时可使用拧干的湿布擦拭，如果外表面较脏，可使用中性清洁剂；但不能使用挥发性液体清洁打印机，以免损坏打印机表面。

➤ 在对感光鼓及墨粉盒用油漆刷除尘时，应注意不能用坚硬的毛刷清扫感光鼓表面，以免损坏感光鼓表面膜。

➤ 清洗打印头：大多数喷墨打印机开机即会自动清洗打印头，并设有按钮对打印头进行清洗，具体清洗操作可参照喷墨打印机操作手册上的步骤进行。

2. 维护与保养移动存储设备

目前最主要的计算机移动存储设备包括 U 盘与移动硬盘，掌握维护与保养这些移动存储设备的方法，可以提高这些设备的使用可靠性，还能延长它们的使用寿命。

在日常使用 U 盘的过程中，用户应注意以下几点：

▶ 不要在 U 盘的指示灯闪得飞快时拔出 U 盘，因为这时 U 盘正在读取或写入数据，中途拔出可能会造成硬件和数据的损坏。

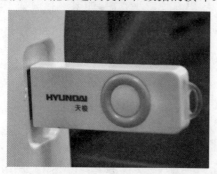

▶ 不要在备份文档完毕后立即关闭相关的程序，因为那个时候 U 盘上的指示灯还在闪烁，说明程序还没完全结束，这时拔出 U 盘，很容易影响备份。所以文件备份到 U 盘后，应过一些时间再关闭相关程序，以防意外。

▶ U 盘一般都有写保护开关，但应该在 U 盘插入计算机接口之前切换，不要在 U 盘工作状态下进行切换。

优盘写保护开关

▶ 同样道理，在系统提示"无法停止"时也不要轻易拔出 U 盘，这样也会造成数据遗失。

▶ 注意将 U 盘放置在干燥的环境中，不要让 U 盘接口长时间暴露在空气中，否则容易造成表面金属氧化，降低接口敏感性。

▶ 不要将长时间不用的 U 盘一直插在 USB 接口上，否则一方面容易引起接口老化，另一方面对 U 盘也是一种损耗。

▶ U 盘的存储原理和硬盘有很大的不同，不要整理碎片，否则影响使用寿命。

▶ U 盘里可能会有 U 盘病毒，插入计算机时最好进行 U 盘杀毒。

移动硬盘与 U 盘都属于计算机移动存储设备，在日常使用移动硬盘的过程中，用户应注意以下几点：

▶ 移动硬盘工作时尽量保持水平，无抖动。

▶ 应及时移除移动硬盘，否则无论是否使用移动硬盘都将它连接到计算机上，这样计算机一旦感染病毒，病毒就可能通过计算机的 USB 端口感染移动硬盘，从而影响移动硬盘的稳定性。

▶ 尽量使用主板上自带的 USB 接口，因为有的机箱前置接口和主板 USB 接口的连接很差，这也是造成 USB 接口出现问题的主要因素。

▶ 拔下移动硬盘前一定先停止该设备，复制完文件就立刻直接拔下 USB 移动硬盘很容易引起文件复制错误，下次使用时就会发现文件复制不全或损坏，有时候遇到无法停止设备的时候，可以先关机再拔下移动硬盘。

▶ 使用移动硬盘时把皮套之类的影响散热的外皮全取下来。

▶ 为了供电稳定，双头线尽量都插上。

▶ 定期对移动硬盘进行碎片整理。

▶ 平时存放移动硬盘时注意防水(潮)、防磁、防摔。

12.3　维护计算机软件系统

操作系统是计算机运行的软件平台，系统的稳定直接关系到计算机的操作。下面主要介绍计算机系统的日常维护，包括清理垃圾文件、整理磁盘碎片以及启用系统防火墙等。

12.3.1　关闭 Windows 防火墙

操作系统安装完成后，如果用户的系统中需要安装第三方防火墙，那么这个软件可能会与 Windows 自带的防火墙产生冲突，此时用户可关闭 Windows 防火墙。

【例 12-1】关闭 Windows 7 操作系统的防火墙功能。

● 视频

step 1　单击【开始】按钮，选择命令，然后在打开的【控制面板】窗口中，单击【Windows 防火墙】选项，打开【Windows 防火墙】窗口，选择左侧的【打开或关闭 Windows 防火墙】选项。

step 2　打开【自定义设置】窗口，分别选中【家庭/工作(专用)网络位置设置】和【公用网络位置设置】设置组中的【关闭 Windows 防火墙(不推荐)】单选按钮，设置完成后单击【确定】按钮。

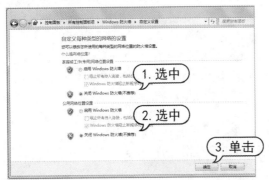

step 3　返回【Windows 防火墙】窗口，即可看到 Windows 7 防火墙已经被关闭。

12.3.2　设置操作系统自动更新

Windows 操作系统提供了自动更新的功能，开启自动更新后，系统可随时下载并安装最新的官方补丁程序，以有效预防病毒和木马程序的入侵，维护系统的正常运行。

1. 开启 Windows 自动更新

在安装 Windows 操作系统的过程中，当进行到更新设置步骤时，如果用户选择了【使用推荐设置】选项，则 Windows 自动更新是开启的。如果选择了【以后询问我】选项，用户可在安装完操作系统后，手动开启 Windows 自动更新。

【例 12-2】在 Windows 操作系统中，通过【Windows Update】窗口开启自动更新功能。

● 视频

step 1　单击【开始】按钮，选择【控制面板】命令，打开【控制面板】窗口，然后在该窗口中单击【Windows Update】选项。

step 2　打开【Windows Update】窗口，单击【更改设置】按钮。

step 3 打开【更改设置】窗口，在【重要更新】下拉列表中选择【自动安装更新(推荐)】选项。选择完成后，单击【确定】按钮，完成自动更新的开启。此时，系统自动开始检查更新，并安装最新的更新文件。

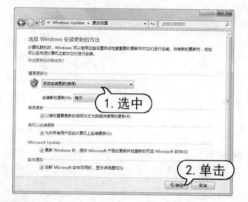

step 4 完成以上操作后，当 Windows 系统搜索到更新文件后，便会打开相应的窗口提示有需要更新的文件。

2. 配置 Windows 自动更新

用户可对自动更新进行自定义，例如设置自动更新的频率，设置哪些用户可以进行自动更新等。

【例 12-3】在 Windows 7 操作系统中设置自动更新的时间为每周的星期日上午 8 点。

视频

step 1 单击【开始】按钮，选择【控制面板】命令，打开【控制面板】窗口，然后在该窗口中单击【Windows Update】选项。

step 2 打开【Windows Update】窗口，单击【更改设置】按钮。

step 3 在【安装新的更新】下拉列表中，将时间设置为【每星期日】的上午【8:00】，单击【确定】按钮。

3. 手动更新 Windows 系统

当 Windows 操作系统有更新文件时，用户也可以手动进行更新操作。

【例 12-4】手动更新当前的操作系统。

step 1 打开【Windows Update】窗口，当系统有更新文件可以安装时，会在窗口右侧进行提示，单击补丁说明超链接。

step 2 在打开窗口的列表中会显示可以安装的更新程序，在其中选中要安装的更新文件前的复选框。单击【可选】标签，打开可选更新列表。对于该列表中的更新文件，用户可以根据需要进行选择。选择完成后单击【确定】按钮。

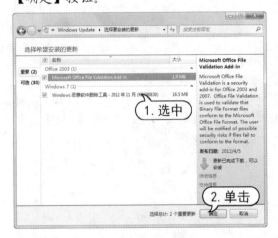

step 3 返回【Windows Update】窗口后，在其中单击【安装更新】按钮。

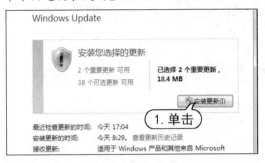

step 4 在打开的窗口中选中【我接受许可条款】单选按钮，单击【下一步】按钮。

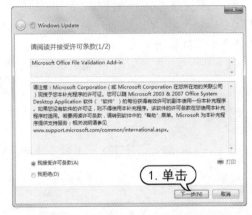

step 5 接下来，根据 Windows 更新提示逐步操作即可完成手动完成系统更新文件的安装。

12.4 操作系统的修复与重装

操作系统在运行一段时间以后，运行速度变慢，并且在使用了系统优化软件后仍没有效果；系统频繁出错，但却无法确定故障原因；计算机感染了病毒，并且无法使用杀毒软件清除病毒。当出现上述情况时，用户就应该考虑修复或重新安装操作系统了。

12.4.1 备份重要数据

如果系统盘中存有重要数据，在修复和重装系统前，应对这些重要数据进行备份(应重点备份系统桌面上的文件，用户文件夹中的文件以及"我的文档"中的文件等)。这主要分为系统能够正常工作时和系统不能够正常工作时两种情况。

1. 系统能够正常工作时

当系统可以正常启动时，用户可启动操作系统，然后将重要数据以复制粘贴的方法备份到非系统分区或可移动存储设备中，如下图所示。

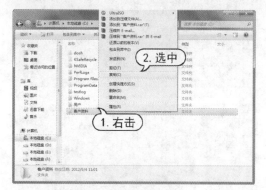

2. 系统不能正常工作时

当系统不能正常启动时，用户可借助第三方软件(例如 Ghost)备份数据。

另外，还可以使用 Windows PE 来备份计算机数据。Windows PE 是一种微型操作系统，可以安装在 U 盘或光盘中，当系统不能正常启动时，可以使用 Windows PE 操作系统来访问硬盘，并对重要数据进行备份。

> **知识点滴**
>
> Windows PE 启动非常快捷，对启动环境要求也不高。对用户而言，只要将其刻录在一张光盘上，便可放心地去解决初始化系统之类的问题。

12.4.2　使用最近一次的正确配置

当系统出现问题时，用户首先想到的就是重装操作系统，但是重装系统需要格式化硬盘，重装后还要安装大量的应用软件，比较耗时耗力。因此，如果能够通过修复使操作系统恢复正常，就能省去重装系统的麻烦。

Windows 操作系统自带了一些自动恢复功能，使用这些功能可以对一些不是非常严重的系统问题进行修复。

如果在系统盘中存有重要数据，在修复和重装系统前，应对这些重要数据进行备份(应重点备份系统桌面上的文件、用户文件夹中的文件以及"我的文档"中的文件等)。这主要分为系统能够正常工作时和系统不能够正常工作时两种情况。

【例 12-5】使用最近一次的正确配置。

step 1 启动计算机，开机时按 F8 键，进入到 Windows【高级启动选项】界面，使用方向键选择【最后一次的正确配置(高级)】选项。

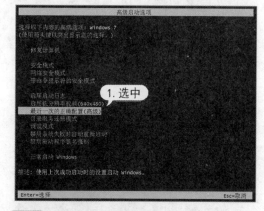

step 2 然后按下 Enter 键。

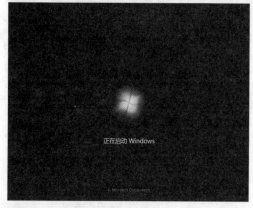

step 3 稍等片刻即可正常启动系统并将系统恢复到正常状态。

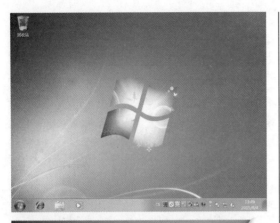

12.4.3 进入系统的安全模式

如果系统中了病毒，导致无法正常启动，可以从安全模式进入操作系统，然后使用杀毒软件查杀计算机病毒。

安全模式的工作原理是在不加载第三方设备驱动程序的情况下启动计算机，使计算机运行在最小模式，这样用户就可以方便地检测与修复计算机系统的错误。

【例12-6】进入系统安全模式。

step 1 启动计算机，开机时按 F8 键，进入 Windows【高级启动选项】界面，使用方向键选择【安全模式】选项。

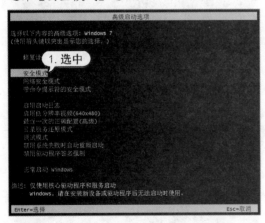

step 2 按下 Enter 键，稍等片刻，开始进入安全模式。

step 3 进入安全模式后，用户可启动工具软件或杀毒软件对系统进行修复。

12.4.4 使用系统的自动修复功能

Windows 系统的自动修复功能可帮助用户对系统中的错误进行修复。

【例12-7】使用系统的自动修复功能修复系统。

step 1 启动计算机，开机时按 F8 键，进入 Windows【高级启动选项】界面，选择【修复计算机】选项。

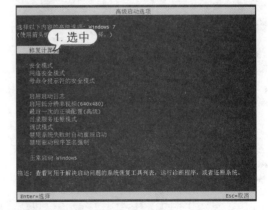

step 2 然后按下 Enter 键，开始加载文件。

step 3 稍等片刻后，打开下图所示对话框，保持默认设置，单击【下一步】按钮。

step 4 打开下图所示对话框，输入用户名和密码，如果没有密码可以保持空白，然后单击【确定】按钮。

step 5 打开【选择恢复选项】对话框，用户可根据需求选择相应的恢复选项，单击【启动修复】选项。

step 6 系统即可开始自动检测和修复问题。

step 7 如果【启动修复】无法检测到问题，可返回【选择恢复选项】对话框，然后单击【系统还原】选项。此时，可在启动系统还原程序后，单击【下一步】按钮。

step 8 打开选择系统还原点对话框，选择一个最近的还原点，然后单击【下一步】按钮，打开【确认还原点】对话框。

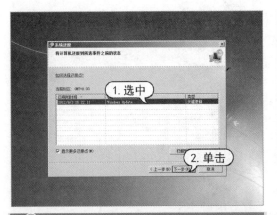

原已成功完成...】对话框中单击【重新启动】按钮。

知识点滴

单击【扫描受影响的程序】单选按钮，可以检测在执行系统还原后，哪些程序会受到影响。通常用户最关心自己的各类工作文档，用户可重点进行关注。

step 9 确认还原信息无误后，单击【完成】按钮。

step 10 在打开的提示对话框中单击【是】按钮，开始对系统进行还原。

step 11 系统还原完成后，在打开的【系统还

step 12 重新启动操作系统后，进入系统桌面，然后在弹出的提示框中单击【关闭】按钮，完成系统的还原操作。此时，操作系统将还原到设置系统还原点时的状态。

12.4.5 使用系统安装盘修复系统

使用 Windows 系统的安装光盘对操作系统进行修复可以理解为一种修复安装。当系统不能正常启动时，可以尝试使用安装盘进行修复。

使用这种方式修复操作系统的过程与安装操作系统的过程相似，但却不会改变用户已经对系统做出的正常设置。

【例12-8】使用系统自动修复功能修复系统。

step 1 在 BIOS 设置界面中，将计算机的启动顺序设置为从光盘启动，然后将操作系统的安装光盘放入光驱，重新启动计算机。

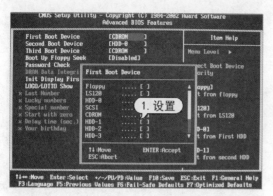

step 2　接下来，计算机将通过系统安装光盘启动，进入系统安装界面，在打开的界面中用户根据安装程序的提示，单击【下一步】按钮即可。

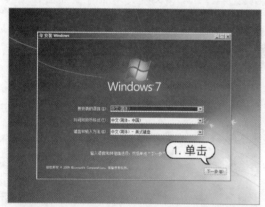

step 3　系统安装程序打开下图所示的【现在安装】界面后，在该界面中单击【修复计算机】选项。

step 4　此时，操作系统的安装程序将开始为系统的修复工作做准备，通过硬盘中保存的系统文件收集系统信息，如下图所示。

step 5　稍后打开下图所示对话框，选中【Windows 7】选项。

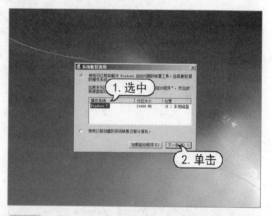

step 6　单击【下一步】按钮，打开【系统恢复选项】对话框，即可继续进行修复操作。

step 7　在【系统恢复选项】对话框中，若用户选择【Windows 内存诊断】选项，可在重新启动计算机后，使用系统安装光盘对计算机内存进行检测。

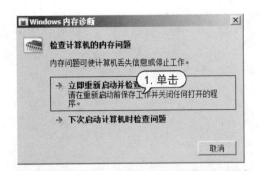

12.4.6 格式化硬盘并重装系统

如果无论使用什么方法都不能将操作系统修复，那就只能重新安装操作系统了。重新安装操纵系统就是格式化不能修复的操作系统后重新安装系统。

【例12-9】格式化硬盘并重装系统。

step 1 在 BIOS 设置界面中，将计算机的启动顺序设置为从光盘启动，然后将系统光盘放入光驱，并重新启动计算机。此时，系统将开始加载光盘中的文件。

step 2 文件加载完成后，操作系统的安装程序将打开下图所示的界面。在该界面中，用户可选择要安装的语言、时间和货币格式，以及键盘和输入方法等系统信息。

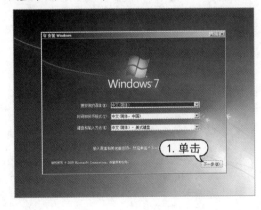

step 3 系统信息选择完成后，单击【下一步】按钮，单击【现在安装】按钮。

step 4 打开【请阅读许可条款】界面，在该界面中必须选中【我接受许可条款】复选框才能继续安装，单击【下一步】按钮。

step 5 打开【您想进行何种类型的安装】界面，该界面中有【升级】和【自定义(高级)】两种选择，选择【自定义(高级)】选项。

step 6 选择原系统所在分区，如下图所示。

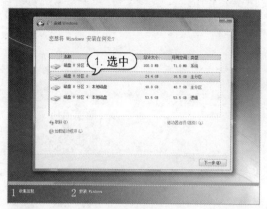

step 7 接下来，单击【驱动器选项(高级)】选项后，单击【格式化】选项。

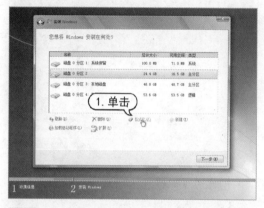

step 8 打开提示对话框，系统安装程序在这里提示用户格式化后将删除分区中的所有文件。单击【确定】按钮，开始对所选分区进行格式化，硬盘格式化完成后，单击【下一步】按钮。

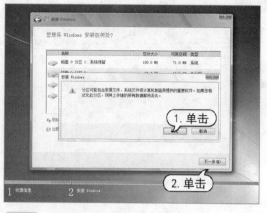

step 9 开始复制文件并安装 Windows 7，该过程大概需要 15~25 分钟。在安装的过程中，系统会多次重新启动。

step 10 系统文件安装结束后将进入后期设置阶段，按照提示逐步进行设置即可完成操作系统的重装。

12.5　案例演练

　　本章的案例演练部分介绍恢复 U 盘数据，用户通过练习从而巩固本章所学知识。

　　日常工作中，太多时候容易误删除重要的文件，数据无价，所以需要一款能恢复数据的软件。U 盘数据恢复大师是一款简单易用且功能非常强大的数据恢复软件，可以帮助用户恢复 U 盘中误删除和误格式化导致的文件丢失等功能。

【例 12-10】使用 U 盘数据恢复大师恢复 U 盘中被误删的数据。

step 1 启动 U 盘数据恢复大师，然后单击【误删除文件】按钮。

step 2 打开下图所示界面，选择【可移动磁盘】选项，单击【下一步】按钮。

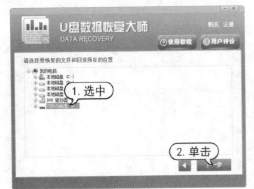

step 3 开始对 U 盘进行扫描，扫描结束后显示扫描到的文件，选中要恢复的文件，然后单击【下一步】按钮。

💡 **知识点滴**

在扫描结果中，用户可根据文件的不同属性对结果进行筛选，例如文件的【类型】、【大小】等。

step 4 打开【选择恢复路径】对话框，其中显示了默认的恢复路径和要恢复的文件的大小，单击【浏览】按钮。

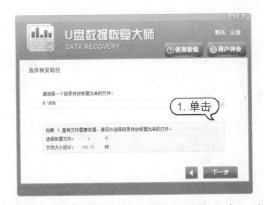

step 5 打开【浏览文件夹】对话框，在该对话框中选择文件恢复后存储的位置，选择【桌面】选项，单击【确定】按钮。

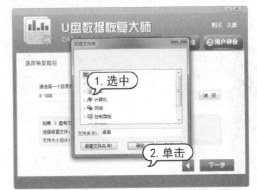

step 6 返回【选择恢复路径】对话框，然后单击【下一步】按钮，即可将选定文件恢复。

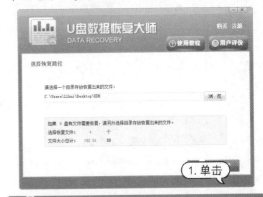

💡 **知识点滴**

U 盘数据恢复大师还支持恢复 Word 文档、Excel 表格、图片、视频、压缩包等几乎全部类型的文件。

第13章

排除常见计算机故障

在使用计算机的过程中，偶尔会因为硬件自身问题或操作不当等原因出现或多或少的故障。若能采用正确的故障判断方法和维修手段，对于迅速找出故障的具体部位并妥善解决故障问题将大有好处，可以延长计算机的使用寿命。本章将介绍计算机的常见故障现象以及解决故障的方法和技巧。

13.1 常见计算机故障分析

认识计算机的故障现象既是正确判断计算机故障位置的第一步，也是分析计算机故障原因的前提。因此用户在学习计算机维修之前，首先应了解本节所介绍的计算机常见故障现象和故障表现状态。

13.1.1 常见计算机故障现象

计算机在出现故障时通常表现为死机、黑屏、蓝屏、花屏、自动重启、自检报错、启动缓慢、关闭缓慢、软件运行缓慢以及无法开机等现象，具体表现状态如下所述：

➤ 花屏：计算机花屏现象一般在启动和运行软件程序时出现，一般表现为显示器显示图像错乱。

➤ 蓝屏：计算机显示器出现蓝屏现象，并且在蓝色屏幕上显示英文提示。蓝屏故障通常发生在计算机启动、关闭或运行某个软件程序时，并且常常伴随着死机现象同时出现。

➤ 黑屏：计算机黑屏现象通常表现为计算机显示器突然关闭，或在正常工作状态下显示关闭状态(不显示任何画面)。

➤ 死机：计算机死机是最常见的计算机故障现象之一，主要表现为计算机锁死，使用键盘、鼠标或其他设备对计算机进行操作时，计算机没有任何回应。

➤ 自动重启：计算机自动重启故障通常在运行软件时发生，一般表现为在执行某项操作时，计算机突然出现非正常提示(或没有提示)，然后自动重新启动。

➤ 自检报错：自检报错即启动时主板BIOS报警，一般表现为笛声提示。例如，计算机启动时长时间不断地鸣叫，或者反复长声鸣叫等。

➤ 启动缓慢：计算机启动等待时间过长，启动后系统软件和应用软件运行缓慢。

➤ 关闭缓慢：计算机关闭时等待时间过长。

➤ 软件运行缓慢：计算机在运行某个应用软件时，该软件运行异常缓慢。

➤ 无法开机：计算机无法开机故障主要表现为在按下计算机启动开关后，计算机无法加电启动。

13.1.2 常见故障处理原则

计算机出现故障后不要着急，应首先通过一些检测操作与使用经验来判断故障发生的原因。在判断故障原因时用户应首先明确两点：第一，不要怕；第二，要理性地处理故障。

➤ 不怕就是要敢于动手排除故障，很多用户认为计算机是电子设备，不能随便拆卸，以免触电。其实计算机只有输入电源是220 V的交流电，而计算机电源输出的用于给其他各部件供电的直流电源最高仅为12V。因此，除了在修理计算机电源时应小心谨慎防止触电外，拆卸计算机主机内部其他设备是不会对人体造成任何伤害的，相反人体带有的静电还有可能把计算机主板和芯片击穿并造成损坏。

　　▶ 先外设后主机的原则：如果计算机系统故障表现在某种外设上，例如当用户遇到计算机不能打印文件、不能上网等故障时，应遵循先外设后主机的故障处理原则。先利用外部设备本身提供的自检功能或计算机系统内安装的设备检测功能检查外设本身是否工作正常，然后检查外设与计算机的连接以及相关的驱动程序是否正常，最后检查计算机本身相关的接口或主机内各种板卡设备。

　　所谓理性地处理故障就是要尽量避免随意拆卸计算机。正确解决计算机故障的方法是：首先，根据故障特点和工作原理进行分析、判断；然后，逐个排除怀疑有故障的计算机设备或部件。操作的要点是：在排除怀疑对象的过程中，要留意原来的计算机结构和状态，即使故障暂时无法排除，也要确保计算机能够恢复原来状态，尽量避免故障范围的扩大。

　　计算机故障的具体排除原则有以下 4 条：

　　▶ 先软后硬的原则：当计算机出现故障时，首先应检查并排除计算机软件故障，然后再通过检测手段逐步分析计算机硬件部分可能导致故障的原因。例如，计算机不能正常启动，要首先根据故障现象或计算机的报错信息判断计算机是启动到什么状态下死机的。然后分析导致死机的原因是系统软件的问题、主机(CPU、内存等)硬件的问题还是显示系统问题。

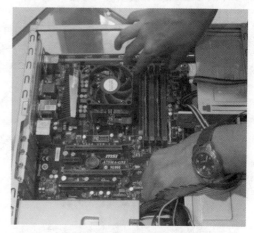

　　▶ 先电源后负载的原则：计算机内的电源是机箱内部各部件(如主板、硬盘、软驱、光驱等)的动力来源，电源的输出电压正常与否直接影响到相关设备的正常运行。因此，当出现上述设备工作不正常时，应首先检查电源是否工作正常，然后再检查设备本身。

> ▶ 先简单后复杂的原则：所谓先简单后复杂的原则，指的是用户在处理计算机故障时应先解决简单容易的故障，后解决难度较大的问题。这样做是因为，在解决简单故障的过程中，难度大的问题往往也可能变得容易解决，在排除简易故障时也容易得到难处理故障的解决线索。

13.2 处理操作系统故障

虽然如今的 Windows 系列操作系统运行相对较稳定，但在使用过程中还是会碰到一些系统故障，影响用户的正常使用。本节就将介绍一些常见系统故障的处理方法，此外在处理系统软件故障时应掌握举一反三的技巧，这样当遇到一些类似故障时也能轻松解决。

13.2.1 处理操作系统故障

下面先分析导致Windows 系统出现故障的一些具体原因，帮助用户理顺诊断系统故障的思路。

1. 软件导致的故障

有些软件的程序编写不完善，在安装或卸载时会修改 Windows 系统设置，或者误将正常的系统文件删除，导致 Windows 系统出现问题。

软件与 Windows 系统、软件与软件之间也易发生兼容性问题。若发生软件冲突、与系统兼容的问题，只要将其中一个软件退出或卸载即可；若是杀毒软件导致无法正常运行，可以试试关闭杀毒软件的监控功能看看。此外，用户应该熟悉自己安装的常用工具的设置，避免无谓的假故障。

2. 故障病毒、恶意程序入侵导致故障

有很多恶意程序、病毒、木马会通过网页、捆绑安装软件的方式强行或秘密入侵用户的计算机，然后强行修改用户的网页浏览器主页、软件自启动选项、安全选项等设置，并且强行弹出广告，或者做出其他干扰用户操作、大量占用系统资源的行为，导致 Windows 系统发生各种各样的错误和问题，例如无法上网、无法进入系统、频繁重启、

很多程序打不开，等等。

要避免这些情况的发生，用户最好安装 360 安全卫士，再加上网络防火墙和病毒防护软件。如果已经被感染，则使用杀毒软件进行查杀。

3. 过分优化 Windows 系统

如果用户对系统不熟悉，最好不要随便修改 Windows 系统的设置。使用优化软件前，要备份系统设置，再进行系统优化。

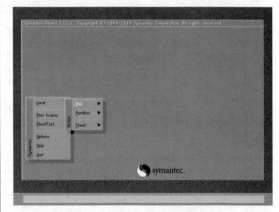

4. 使用修改过的 Windows 系统

在外面流传着大量民间修改过的精简版 Windows 系统、GHOST 版 Windows 系统，这类被精简修改过的 Windows 系统普遍删除了一些系统文件，精简了一些功能，有些甚至还集成了木马、病毒，留有系统后门。

如果安装了这类的 Windows 系统，安全性是得不到保证的。建议用户安装原版 Windows 和补丁。

5. 硬件驱动有问题

如果所安装的硬件驱动没有经过微软 WHQL 认证或者驱动编写不完善，也会造成 Windows 系统故障，比如蓝屏、无法进入系统，CPU 占用率高达 100% 等。如果因为驱动的问题进不了系统，可以进入安全模式将驱动卸载掉，然后重装正确的驱动即可。

13.2.2　Windows 系统使用故障

本节将介绍在使用 Windows 系列操作系统时，可能会遇到的一些常见软件故障以及故障的处理方法。

1. 不显示音量图标

▶ 故障现象：每次启动系统后，系统托盘里总是不显示音量图标。需要进入控制面板的【声音和音频设备属性】对话框，将已经选中的【将音量图标放入任务栏】复选框取消选中后再重新选中，音量图标才会出现。

▶ 故障原因：曾用软件删除过启动项，不小心删除了音量图标的启动

▶ 解决方法：打开【注册表编辑器】，按顺序依次展开 "HKEY_LOCAL_MACHINE\SOFTWARE\Microsoft\Windows\CurrentVersion\Run"，然后在右侧的窗口右击，新建一个字符串值 "Systray"，双击该

键值，编辑其值为 "c:\windows\system32\Systray.exe"，然后重启计算机，让系统在启动的时候自动加载 systray.exe。

2. 不显示 "安全删除硬件" 图标

▶ 故障现象：在插入移动硬盘、U 盘等 USB 设备时，系统托盘就会显示【安全删除硬件】图标。现在插入 USB 设备后，不显示【安全删除硬件】图标。

▶ 故障原因：系统中与 USB 端口有关的系统文件受损，或者 USB 端口的驱动程序受到破坏。

▶ 解决方法：删除 USB 设备驱动后，重新安装。

3. 不显示系统桌面

▶ 故障现象：启动 Windows 操作系统后，桌面上没有任何图标。

▶ 故障原因：大多数情况下，桌面图标无法显示是由于系统启动时无法加载 explorer.exe，或者 explorer.exe 文件被病毒、广告破坏。

计算机组装与维护案例教程

▷ 解决方法：手动加载 explorer.exe 文件，打开注册表编辑器，依次展开"HKEY_LOCAL_MACHINE\SOFTWARE\Microsoft\WindowsNT\CurrentVersion\Winlogon\Shell"，如果没有，可以按照这个路径在 shell 后新建 explorer.exe。到其他计算机上复制 explorer.exe 文件到本机，然后重启计算机即可。

4. 丢失系统还原点

▷ 故障现象：系统出现问题，想通过系统还原功能重新恢复系统，结果发现系统还原点没有了。

▷ 故障原因：造成系统还原点丢失的原因大致有以下 4 个——一是驱动器磁盘空间不足；二是非正常开关机；三是曾经使用【磁盘清理】，在【其他选项】下面清理过【系统还原】；四是默认还原点保留时间是 90 天，超出 90 天自动删除。

▷ 解决方法：针对以上 4 个原因，只有第 1 个原因能够找回原来的系统还原点，其他的都无法恢复了。如果系统已弹出"磁盘空间不足"提示，那就应该释放足够的磁盘空间出来，这样【系统还原】才能重新监视系统，并在此点创建一个自动的"系统检查点"。

5. 无法打开硬盘分区

▷ 故障现象：用鼠标左键双击磁盘盘符打不开，只有右击磁盘盘符，在弹出的菜单中选择【打开】命令才能打开。

▷ 故障原因：打不开硬盘可主要从以下两方面分析——硬盘感染病毒；如果没有感染病毒，则可能是 Explorer 文件出错，需要重新编辑。

▷ 解决方法：更新杀毒软件的病毒库到最新，然后重新启动计算机进入安全模式查杀病毒；然后在各分区根目录中查看是否有 autorun.ini 文件，如果有，手工删除。

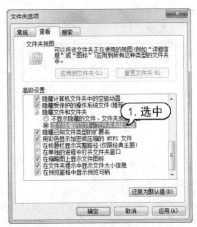

6. 无故系统重启

▷ 故障现象：在使用计算机的过程中，Windows 7 系统总是无故重启。

▷ 故障原因：造成此类故障的原因一般是驱动程序安装不正确(一般为显卡驱动安装不正确)。若 Windows 7 系统中安装的驱动程序不是微软数字签名的驱动或是非官方提供的驱动，就可能会发生严重的系统错误，从而引起计算机重新启动。

▷ 故障排除：要解决此类故障，用户应获取正规的驱动程序，并重新安装。

7. 无法重启系统

▷ 故障现象：计算机在开机启动时提示"系统文件丢失，无法启动 Windows 操作系统"。

▷ 故障原因：系统文件损坏的原因较多，最有可能的原因是用户不小心删除了系统相关文件，或是操作错误损坏了.dll、.vxd 等 Windows 系统文件。

▷ 故障排除：要解决此类故障，用户可以利用 Windows 7 安装光盘修复系统。

8. 无法删除文件

▷ 故障现象：在删除某些文件时，提示无法删除。

▷ 故障原因：该文件正被某个已启动的软件使用，或是已感染了病毒。

▷ 故障排除：(1)注销或重启计算机，然后删除。(2)进入安全模式删除。(3)在纯 DOS 命令行下使用 DEL、DELTREE 或 RD 命令删除文件。(4)如果是因为文件夹中有比较多的子目录或文件而导致无法删除，可先删除该文件夹中的子目录和文件，再删除文件夹。(5)在【任务管理器】中结束 explorer.exe 进程，然后在【命令提示符】窗口中删除文件。

9. U 盘退出后无法再次使用

▷ 故障现象：在 Windows 7 中将 U 盘插入计算机，系统通常都能正确识别并使用。但是单击任务栏中的 U 盘图标，选择退出 U 盘，然后再次插入 U 盘时，系统却无法识别 U 盘。

▷ 故障原因：USB 端口出错。

▷ 故障排除：重新启动操作系统即可解决该故障，如果不想重启系统可进入桌面，右击【计算机】图标，选择【属性】命令，在打开的属性对话框中单击左上角的【设备管理器】链接。打开【设备管理器】窗口，展开【通用串行总线控制】选项，出现【USB Root Hub】设备列表，依次右击每个【USB Root Hub】，选择【禁用】命令，然后再启用，就这样对每个【USB Root Hub】都如此操作，无需重启即可再次使用 U 盘了。

10. 窗口按钮变化

▷ 故障现象：当 Windows 7 经历了几次非正常关机后，系统应用程序窗口上的【最小化】、【最大化】和【关闭】按钮都变成了"1"、"2"、"3"或问号乱码等标识。

▷ 故障原因：出现此类故障的原因是系统中显示【最大化】、【最小化】和【关闭】按钮的图示文件丢失或损坏了。

▷ 故障排除：用户可以在其他安装 Windows 7 的计算机上搜索名为 "Marlett.ttf" 的文件，将该文件复制到计算机中安装了系统的磁盘下的【Windows】|【Fonts】文件夹中。

11. Win+E 键无法打开资源管理器

▷ 故障现象：安装和使用了某些优化软件后，按 Win+E 键无法正常打开资源管理器窗口。

▷ 故障原因：这是因为优化软件修改了 Windows 7 注册表中一些重要的项，导致 Windows 7 调用该项时数据异常而出错。因此在安装软件之前，一定要先检查该软件能否在 Windows 7 上使用，如果不能使用就不要安装，以免出现稀奇古怪的故障。

▷ 故障排除：运行 "Regedit" 命令，打开注册表编辑器，定位到【HKEY_CLASSES_ROOT】|【Folder】|【shell】|【explore】|【command】项，双击右边窗口中的【DelegateExecute】项 (如果没有该项就新建一个，类型为字符串值)，在弹出的对话框中输入 "{11dbb47c-a525-400b-9e80-a54615a090c0}" 作为该项的值，重新启动后故障即可排除。

13.3 处理计算机软件故障

计算机中的软件多种多样，如果某个软件发生故障，用户应首先了解故障的原因，然后使用工具查找软件故障，并将故障排除。

13.3.1 常见办公软件故障排除

常用的办公软件为微软公司开发的 Office 系列软件，其中主要包括 Word、Excel 和 PowerPoint 等软件。下面介绍一些常见的办公软件故障和解决故障的具体方法。

1. Word 文件打开缓慢

▶ 故障现象：打开一个较大的 Word 文档时，程序反应速度较慢，需要很长时间才能打开文档。

▶ 故障原因：造成此类故障的原因通常是由 Word 软件的"拼写语法检查"功能引起的。因为在打开文件时，Word 软件的"拼写语法检查"功能会自动从头到尾对文档依次进行语法检查。如果打开的文档很大，Word 软件就需要用很长的时间检查，同时占用大量的系统资源，造成文档打开速度相对较慢。

▶ 故障排除：用户可以通过关闭 Word 软件的"拼写语法检查"功能来解决此类故障。要关闭"拼写语法检查"功能，可以在启动 Word 软件后，选择【工具】|【选项】命令，打开【选项】对话框，然后选择【拼写和语法】选项卡，取消选中该选项卡中的【键入时检查拼写】、【键入时检查语法】和【随拼写检查语法】复选框即可。

2. Word 文档无响应

▶ 故障现象：打开 Word 文档时，软件无响应。

▶ 故障原因：Word 软件打开一个文档时，将同时生成一个以"~$+原文件名"为名称的临时文件，并将这个文件保存在与原文件相同路径的文件夹中。若原文档所在的磁盘空间已满，将无法存放该临时文件，从而造成 Word 在打开文档时无响应。

▶ 故障排除：用户可以通过将 Word 文档移至其他磁盘空间更大的驱动器上，然后打开的方法来解决此类故障。

3. Word 插入文字错误

▶ 故障现象：在 Word 中插入文字时，新的文字会覆盖掉插入点右边原有的文字。

▶ 故障原因：这是因为 Word 启动了"改写"模式。

▶ 故障排除：在状态栏中单击【改写】按钮，当该按钮变为【插入】时即可解决问题。

4. Excel 文件表格错误

▶ 故障现象：在 Word 的表格中输入文

字时，表格的列宽会随着文字的增加而变宽。

➤ 故障原因：列宽没有固定。

➤ 故障排除：打开【表格属性】对话框，单击【选项】按钮，然后取消选中【自动重调尺寸以适应内容】复选框。

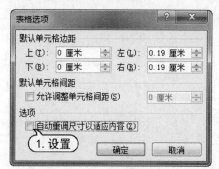

5. Excel 文件打开故障

➤ 故障现象：双击文件扩展名为.xls 的文件，系统提示需要指定打开的程序，并且使用其他软件无法打开该文件。

➤ 故障原因：文件扩展名为.xls 的文件是使用 Excel 软件制作的表格文件，安装 Office 后无法打开此类文件的原因可能是没有完整安装 Office 中的 Excel 软件。

➤ 故障排除：要解决此类故障，用户可以启动 Office 卸载程序，然后重新安装或修复 Excel 软件。

6. PowerPoint 无法播放声音

➤ 故障现象：用 PowerPoint 软件制作幻灯片，将做好的幻灯片移至其他计算机上，无法播放制作时导入的声音文件。

➤ 故障原因：造成此类故障的原因是，PowerPoint 导入的声音文件和影片文件都是以绝对路径的形式链接到演示文稿中的，更换了计算机后，就相当于文件的位置发生了变化，因此 PowerPoint 无法找到声音文件的源文件。

➤ 故障排除：用户可以利用 PowerPoint 软件的"打包"功能来解决此类故障。选择【文件】|【打包成 CD】命令，打开【打包成 CD】对话框，然后在该对话框中添加需要打包的演示文稿和链接的声音、影片等文件，完成后单击【关闭】按钮即可。

13.3.2　常见工具软件故障排除

下面介绍一些当计算机中安装的工具软件出现故障时，解决问题的方法。

1. 解压缩软件故障

➤ 故障现象：解压由 WinZip 压缩的文件时，系统提示："WinZip Self-Extractor header corrupt cause: bad disk or file transfer error"，并且无法正常执行文件。

➤ 故障原因：出现类此故障，表明解压的文件为 WinZip 自解压文件，并且文件名被修改过。

➤ 故障排除：将解压文件的文件名由.exe 改为.zip 即可解决此类故障。

2. Windows Media Player 故障

➤ 故障现象：使用 Windows Media Player 软件时，鼠标指针闪烁一下软件就关闭了，有时还会提示安装各种控件的信息。

➤ 故障原因：造成此类故障的原因通常是安装程序出错。

➤ 故障排除：要解决此类故障，用户可以将 Windows Media Player 软件卸载后重新安装。

3. 压缩包出现故障

▷ 故障现象：解压从网络上下载的 RAR 文件时，系统打开一个提示框，警告"CRC 失败于加密文件(口令错误？)"。

▷ 故障原因：如果是密码输入错误导致无法解压文件，但压缩文件内有多个文件，并且有一部分文件已经被解压缩，那么应该

是 RAR 压缩包循环冗余校验码(CRC)出错而不是密码输入错误。

▷ 故障排除：要想修复 CRC，压缩文件中必须有恢复记录，而 WinRAR 压缩时默认是不放置恢复记录的，因此用户无法自行修复 CRC 错误，只能与文件提供者联系。

4. 输入法状态栏异常

▷ 故障现象：按 Ctrl+Space 组合键切换输入法状态时无法显示或隐藏输入法的状态栏。

▷ 故障原因：造成此类计算机故障的原因主要在某一程序环境下切换出了输入法状态栏而没有将其关闭造成。

▷ 故障排除：只要再次切换到原来的环境中，关闭原输入法状态栏即可。

13.4 处理计算机硬件故障

计算机硬件故障包括计算机主板故障、内存故障、CPU 故障、硬盘故障、显卡故障、显示器故障、驱动器故障以及鼠标和键盘故障等计算机硬件设备所出现的各种故障。

13.4.1 硬件故障的常见分类

硬件故障是指因计算机系统中的硬件系统部件中的元器件损坏或性能不稳定而引起的计算机故障。造成硬件故障的原因包括元器件故障、机械故障和存储器故障 3 种，具体如下：

▷ 元器件故障：元器件故障主要是由板卡上的元器件、接插件和印制板等引起的。例如，主板上的电阻、电容、芯片等的损坏即为元器件故障；PCI 插槽、AGP 插槽、内存条插槽和显卡接口等的损坏即为接插件故障；印制电路板的损坏即为印制板故障。如果元器件和接插件出了问题，可以通过更换方法排除故障，但需要专用工具。如果是印制板的问题，维修相对困难。

▷ 机械故障：机械故障不难理解，比如硬盘使用时产生共振，硬盘、软驱的磁头发生偏转或者人为的物理破坏等。

▷ 存储器故障：存储器故障是指因使用频繁等原因使外存储器磁道损坏，或因为电压过高造成的存储芯片烧掉等。这类故障通常也发生在硬盘、光驱、软驱和一些板卡的芯片上。

13.4.2　硬件故障的检测方法

计算机硬件故障的诊断方法主要有直觉法、对换法、手压法和使用软件诊断法等几种方法，具体如下所示：

1. 直觉法

直觉法就是通过人的感觉器官(如手、眼、耳和鼻等)来判断出故障的原因，在检测计算机硬件故障时，直觉法是一种十分简单而有效的方法。

▶ 计算机上一般器件发热的正常温度在器件外壳上都不会很高，若用手触摸感觉太烫手，那么该元器件就有可能会有问题。

▶ 通过眼睛来观察机器电路板上是否有断线或残留杂物，用眼睛可以看出明显的短路现象，可以看出芯片的明显断针，可以通过观察一些元器件表面是否有焦黄色、裂痕和烧焦的颜色，从而诊断出计算机的故障。

▶ 通过耳朵可以听出计算机报警声音，从报警声诊断出计算机的故障。在计算机启动时如果检测到故障，计算机主板会发出报警声音，通过分析这种声音的长短可以判断计算机错误的位置(主板不同，报警声音也有一些小的差别，目前最常见的主板 BIOS 有 AMI BIOS 和 Award BIOS 两种，用户可以查看各自的报警声音说明来判断主板报警声所代表的提示含义)。

▶ 通过鼻子可以判断计算机硬件故障的位置。若内存条、主板、CPU 等设备由于电压过高或温度过高之类的问题被烧毁。用鼻子闻一下计算机主机内部可以快速诊断出被烧毁硬件的具体位置。

2. 手压法

所谓手压法，是指利用手掌轻轻敲击或压紧可能出现故障的计算机插件或板卡，通过重新启动后的计算机状态来判断故障所在的位置。应用手压法可以检测显示器、鼠标、键盘、内存、显卡等设备导致的计算机故障。例如，计算机在使用过程中突然出现黑屏故障，重启后恢复正常，这时若用手把显示器接口和显卡接口压紧，则有可能排除故障。

3．对换法

对换法指的是如果怀疑计算机中某个硬件部件(例如 CPU、内存和显卡)有问题，可以从其他工作正常的计算机中取出相同的部件与其互换，然后通过开机后的状态判断该部件是否存在故障。具体方法是：在断电情况下，从故障计算机中拆除怀疑存在故障的硬件部件，然后将其与另外一台正常计算机上的同类设备对换。在开机后如果故障计算机恢复正常工作，就证明被替换的部件存在问题；反之就证明故障不在所猜测有问题的部件上，这时应重新检测计算机故障的具体位置。

4．软件检测法

软件诊断法指的是通过故障诊断软件来检测计算机故障。这种方法主要有两种方式：一种是通过 ROM 开机自检程序检测(例如从 BIOS 参数中可检测硬盘、CPU 主板等信息)或在计算机开机过程中观察内存、CPU、硬盘等设备的信息，判断计算机故障；另一种诊断方法则是使用计算机软件故障诊断程序进行检测(这种方法要求计算机能够正常启动)。

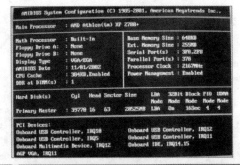

13.4.3 解决主板常见故障

在计算机的所有配件中，主板是决定计算机整体系统性能的一个关键性部件，好的主板可以让计算机更稳定地发挥系统性能，反之，系统则会变得不稳定。

实际上主板本身的故障率并不是很高，但由于所有硬件构架和软件系统环境都是搭建在主板提供的平台之上，而且在很多情况下也需要凭借主板发出的信息来判断其他设备存在的故障。所以掌握主板的常见故障现象，将可以为解决计算机出现的故障提供判断和处理的捷径。下面就以主板故障现象分类，介绍排除故障的方法。

1．主板接口损坏

▶ 故障现象：主板 COM 口或并行口、IDE 口损坏。

▶ 故障原因：出现此类故障一般是由于用户带电插拔相关硬件造成的。

▶ 解决方法：更换主板或使用多功能卡

代替主板上受损的接口。

2. 主板 BIOS 电池失效

▶ 故障现象：BIOS 设置不能保存。

▶ 故障原因：此类故障一般是由于主板 BIOS 电池电压不足造成，将 BIOS 电池更换即可解决该故障。若在更换 BIOS 电池后仍然不能解决问题，则有以下两种可能：主板电路问题，需要主板生产厂商的专业主板维修人员维修；主板 CMOS 跳线问题，或者因为设置错误，将主板上的 BIOS 跳线设为清除选项，使得 BIOS 数据无法保存。

▶ 解决方法：更换主板 BIOS 电池或更换主板。

3. 驱动兼容问题

▶ 故障现象：安装主板驱动程序后出现死机或光驱读盘速度变慢的现象。

▶ 故障原因：若用户的计算机使用的是非名牌主板，则可能会遇到此类现象(将主板驱动程序装完后，重新启动计算机不能以正常模式进入 Windows 系统的桌面，而且该驱动程序在 Windows 系统中不能被卸载，用户

不得不重新安装系统)。当遇到此类问题时，建议用户通过更换主板品牌解决故障。

▶ 解决方法：更换主板或与主板不兼容的硬件设备。

4. 设置 BIOS 时死机

▶ 故障现象：计算机频繁死机，即使在 BIOS 设置时也会出现死机现象。

▶ 故障原因：在 BIOS 设置界面中出现死机故障，原因一般为主板或 CPU 存在问题。若按下面介绍的方法无法解决故障，就只能通过更换主板或 CPU 排除故障。在死机后触摸 CPU 周围主板元件，如果发现温度非常高而且烫手，就更换大功率的 CPU 散热风扇。

▶ 解决方法：更换主板、CPU、CPU 风扇，或者为 CPU 更换散热硅胶。

5. BIOS 设置错误

▶ 故障现象：计算机开机后，显示器在显示"Award Soft Ware, Inc System Configurations"时停止启动。

▶ 故障原因：该问题是由于BIOS设置不当造成的。BIOS设置的PNP/PCI CONFIGURATION栏的PNP OS INSTALLED(即插即用)项一般有YES和NO两个选项，造成上述故障的原因就是由于将即插即用选项设为YES。将其设置为NO，故障即可解决(另外，有的主板将BIOS的即插即用功能开启之后，还会引发诸如声卡发音不正常之类的现象)。

▶ 解决方法：使用 BIOS 出厂默认设置或关闭设置中的即插即用功能。

13.4.4 解决常见的 CPU 故障

CPU 是计算机的核心设备，当 CPU 出现故障时将会出现黑屏、死机、软件运行缓慢等现象。用户在处理计算机 CPU 故障时可以参考下面介绍的故障原因进行分析和维修。本节总结一些在实际操作中常见的 CPU 故障及故障解决方法，为用户在实际排除故障工作中提供参考。

1. CPU 温度问题

▶ 故障现象：CPU 温度过高导致的故障(死机、软件运行速度慢或黑屏等)。

▶ 故障原因：随着工作频率的提高，CPU 所产生的热量也越来越高。CPU 是计算机中发热最大的配件，如果其散热器散热能力不强，产生的热量不能及时散发掉，CPU 就会长时间工作在高温状态下。由半导体材料制成的 CPU，如果核心工作温度过高，就会产生电子迁移现象，同时也会造成计算机运行不稳定、运算出错或死机。长期在过高的温度下工作还会造成 CPU 的永久性损坏。CPU 的工作温度一般可通过主板监控功能获得，而且一般情况下 CPU 的工作温度比环境温度高 40℃ 以内都属于正常范围，但要注意的是主板测温的准确度并不是很高，在 BIOS 中查看到的 CPU 温度只能供参考。CPU 核心的准确温度一般无法测量。

▶ 解决方法：更换 CPU 风扇或利用软件(例如"CPU 降温圣手"软件)降低 CPU 工作温度。

2. CPU 超频问题

▶ 故障现象：CPU 超频导致的故障(计算机不能启动或频繁自动重启)。

▶ 故障原因：CPU 超频使用也会导致 CPU 的寿命提前结束，因为 CPU 超频会产生大量的热量，使 CPU 温度升高，从而导致"电子迁移"效应(为了超频，很多用户通常会提高 CPU 的工作电压，这样 CPU 在工作时产生的热量会更多)。并不是热量直接伤害 CPU，而是由于过热导致的"电子迁移"效应损坏 CPU 内部的芯片。通常人们所说的 CPU 超频烧掉了，严格地讲，就是指由 CPU 高温导致的"电子迁移"效应所引发的结果。

▶ 解决方法：更换大功率的 CPU 风扇或对 CPU 进行降频处理。

3. CPU 引脚氧化

▶ 故障现象：计算机平时使用一直正常，有一天突然无法开机，屏幕提示无显示信号输出。

▶ 故障原因：使用对换法检测硬件发现显卡和显示器没有问题，怀疑是 CPU 出现问题。拔下插在主板上的 CPU，仔细观察并无烧毁痕迹，但是无法点亮机器。后来发现 CPU 的针脚均发黑、发绿，有氧化的痕迹、弯折和锈迹。

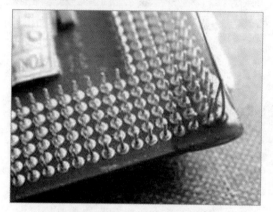

▶ 解决方法：使用牙刷和镊子等工具对 CPU 针脚进行修复工作。

4. CPU 降温问题

▶ 故障现象：开机后发现 CPU 频率降低了，显示信息为 "Defaults CMOS Setup Loaded"，并且重新设置 CPU 频率后，该故障还时有发生。

▶ 故障原因：这是由于主板电池出了问题，CPU 电压过低。

▶ 解决方法：关闭计算机电源，更换主板电池，然后在开机后重新在 BIOS 中设置 CPU 参数。

5. CPU 松动问题

▶ 故障现象：检测不到 CPU 而无法启动计算机。

▶ 故障原因：检查 CPU 是否插入到位，特别是采用 Slot 插槽的 CPU 安装时不容易到位。

▶ 解决方法：重新安装 CPU，并检查 CPU 插座的固定杆是否固定完全。

13.4.5　解决常见内存故障

内存作为计算机的主要配件之一，性能的好坏与否直接关系到计算机是否能够正常稳定工作。本节将总结一些在实际操作中常见的内存故障及故障解决方法，为用户在实际维修工作中提供参考。

1. 内存接触不良

▶ 故障现象：此类故障一般是由于内存与主板插槽接触不良造成的。

▶ 故障原因：内存条的金手指镀金工艺不佳或经常拔插内存，导致金手指在使用过程中因为接触空气而出现氧化生锈现象，从而导致内存与主板上的内存插槽接触不良，造成计算机在开机时不启动并发出主板报警的故障。

▶ 解决方法：重新安装内存。

2. 内存金手指老化

▶ 故障现象：经常出现内存接触不良的故障。

▶ 故障原因：内存条的金手指镀金工艺

不佳或经常拔插内存，导致金手指在使用过程中因为接触空气而出现氧化生锈现象，从而导致内存与主板上的内存插槽接触不良，造成计算机在开机时不启动并发出主板报警的故障。

▶ 解决方法：用橡皮把金手指上的锈斑擦去即可。

3. 内存金手指烧毁

▶ 故障现象：内存金手指发黑，无法正常使用内存。

▶ 故障原因：一般情况下，造成内存条金手指烧毁的原因多数都是用户在故障排除过程中，因为没有将内存完全插入主板插槽就启动计算机或带电拔插内存条，造成内存条的金手指因为局部电流过强而烧毁。

▶ 解决方法：更换内存。

4. 内存插槽簧片损坏

▶ 故障现象：无法将内存正常插入内存插槽中。

▶ 故障原因：内存插槽内的簧片因非正常安装而出现脱落、变形、烧灼等现象容易造成内存条接触不良。

▶ 解决方法：使用其他正常内存插槽或更换计算机主板。

5. 内存文档过高

▶ 故障现象：正常运行计算机时突然提示"内存不可读"，并且在天气较热的时候出现该故障的几率较大。

▶ 故障原因：由于天气热时出现该故障的几率较大，一般是由于内存条过热而导致工作不稳定造成的。

▶ 解决方法：可以动手加装机箱风扇，加强机箱内部的空气流通，还可以为内存安装铝制或铜制散热片。

6. 计算机重复自检

▶ 故障现象：开机时内存自检需要重复3遍才能通过。

▶ 故障原因：随着计算机内存容量的增大，有时需要进行几次检测才能完成检测内存操作。

▶ 解决方法：进入 BIOS 后，设置【Quick Power On Self Test】选项为【Enabled】。

7. 计算机不定期死机

▶ 故障现象：计算机随机性死机。

▶ 故障原因：该故障一般是由于采用了几种不同芯片内存条造成的。

▶ 解决方法：更换同型号的内存。

8. 系统提示内存不足

▶ **故障现象**：运行某些软件时出现"内存不足"提示。

⚠ **计算机的内存不足**

若要还原足够的内存以使程序正确工作，请保存文件，然后关闭或重新启动所有打开的程序。

[确定]

▶ **故障原因**：此情况一般是由于计算机系统盘剩余空间不足造成的。

▶ **解决方法**：删除系统盘中的一些无用文件，多留一些空间即可，一般保持系统盘还有 1GB 以上的可用空间。

13.4.6　解决常见硬盘故障

硬盘是计算机的主要部件，了解硬盘的常见故障有助于避免硬盘中重要数据的丢失。

本节总结一些在实际操作中常见的硬盘故障及故障解决方法，为用户在实际维修工作中提供参考。

1. 硬盘电源线故障

▶ **故障现象**：系统不认硬盘(系统从硬盘无法启动，使用 CMOS 中的自动检测功能也无法检测到硬盘)。

▶ **故障原因**：这类故障的原因大多在硬盘连接电缆或数据线端口上，硬盘本身故障的可能性不大，用户可以通过重新插接硬盘电源线或改换数据线检测该故障的具体位置(如果计算机上安装的新硬盘出现该故障，最常见的故障原因就是硬盘上的主从跳线被错误设置)。

▶ **解决方法**：在确认硬盘主从跳线没有问题的情况下，用户可以通过更换硬盘电源线或数据线解决此类故障。

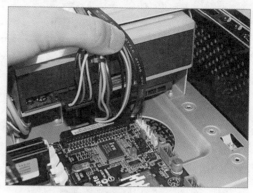

2. 系统无法启动

▶ **故障现象**：由硬盘故障导致计算机无法启动。

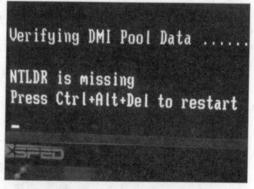

▶ **故障原因**：造成这种故障的原因通常有主引导程序损坏、分区表损坏、分区有效位错误或 DOS 引导文件损坏。

▶ **解决方法**：在修复硬盘引导文件无法解决问题时，可以通过软件(如 PartitionMagic 或 Fdisk 等)修复损坏的硬盘分区来排除此类故障。

3. 硬盘老化故障

▶ **故障现象**：硬盘出现坏道。

▶ **故障原因**：硬盘老化或受损是造成该故障的主要原因。

▶ **解决方法**：更换硬盘。

4. 病毒破坏硬盘

▶ **故障现象**：无论使用什么设备都不能正常引导系统。

▶ **故障原因**：这种故障一般是由于硬盘被病毒的"逻辑锁"锁住造成的，"硬盘逻辑锁"是一种很常见的病毒恶作剧手段。中了逻辑锁之后，无论使用什么设备都不能正常引导系统(甚至通过软盘、光驱、挂双硬盘都无法引导计算机启动)。

➤ 解决方法：利用专用软件解开逻辑锁后，查杀计算机内的病毒。

5. 内存温度过高

➤ 故障现象：开机时硬盘无法自检启动，启动画面提示无法找到硬盘。

➤ 故障原因：产生这种故障的主要原因是硬盘主引导扇区数据被破坏，具体表现状态为硬盘主引导标志或分区标志丢失。这种故障的主要原因往往是病毒将错误的数据覆盖到了主引导扇区中(目前市面上一些常见的杀毒软件都提供了修复硬盘的功能，用户可以利用其解决这个故障)。

➤ 解决方法：利用专用软件修复硬盘。

6. 计算机重复自检

➤ 故障现象：由于计算机无法处理硬盘物理坏道，导致不断重复自检。

➤ 故障原因：一块硬盘在读取时发现存在严重的物理坏道，使用 Format 命令格式化后，仍然无法解决问题。虽然该硬盘能被正常分区，但是在安装操作系统时无法顺利检测该硬盘，造成无法顺利安装 Windows 系统的故障。

➤ 解决方法：使用分区格式化软件 Fdisk 删除原有分区，算出坏道在硬盘上所在的位置，然后在硬盘坏道处分出约 50MB 的逻辑分区，再将以后所剩的硬盘空间全部分为一个逻辑磁盘，接下来使用快速格式化功能将硬盘格式化，最后删除 50MB 的坏道逻辑分区。

13.4.7 解决常见显卡故障

显卡是计算机重要的显示设备之一，了解显卡的常见故障有助于用户在计算机出现问题时及早排除故障，从而节约不必要的故障检查时间。本节总结一些在实际操作中常见的显卡故障及故障解决方法，为用户在实际维修工作中提供参考。

1. 显卡接触不良

➤ 故障现象：计算机开机无显示。

➤ 故障原因：此类故障一般是因为显卡与主板接触不良或主板插槽有问题造成，对其予以清洁即可。对于一些集成显卡的主板，唯有将主板上的显卡禁止方可使用。由于显卡原因造成的开机无显示故障，主机在开机后一般会发出一长两短的报警声(针对 Award BIOS 而言)。

➤ 解决方法：重新安装显卡并清洁显卡的插槽。

2. 显示不正常

➤ 故障现象：显示器显示颜色不正常。

➤ 故障原因：造成该故障的原因一般为——显卡与显示器信号线接触不良；显示器故障；显卡损坏；显示器被磁化(此类现象一般因为有磁性的物体距离过近所致，磁化后还可能会引起显示画面偏转的现象)。

➤ 解决方法：重新连接显示器信号线，更换显示器进行测试。

3. 显卡分辨率支持问题

➤ 故障现象：在 Windows 系统里面突然显示花屏，看不清文字。

➤ 故障原因：此类故障一般由显示器或显卡不支持高分辨率造成。

➤ 解决方法：更新显卡驱动程序或者降低显示分辨率。

4. 显示的画面晃动

▶ 故障现象：在启动计算机进行检查时，发现进入操作系统后，计算机显示器屏幕上有部分画面及字符会出现瞬间微晃、抖动、模糊后，又恢复清晰显示的现象。这一现象会在屏幕的其他部位或几个部位同时出现，并且反复出现。

▶ 故障原因：调整显卡的驱动程序及一些设置，均无法排除该故障。接下来判断计算机周围有电磁场在干扰显示器的正常显示。仔细检查计算机周围，是否存在变压器、大功率音响等干扰源设备。

▶ 解决方法：让计算机远离干扰源。

5. 显示花屏

▶ 故障现象：在某些特定的软件里面出现花屏现象。

▶ 故障原因：软件版本太老不支持新式显卡或是由于显卡的驱动程序版本过低。

▶ 解决方法：升级软件版本与显卡驱动程序。

13.4.8　解决常见光驱故障

光驱是计算机硬件中使用寿命最短的配件之一，在日常使用中经常会出现各种各样的故障。本节总结一些在实际操作中常见的光驱故障及故障解决方法，为用户在实际维修工作中提供参考。

1. 光驱仓盒失灵

▶ 故障现象：光驱的仓盒在弹出后立即缩回。

▶ 故障原因：这种故障的原因是光驱的出仓到位判断开关表面被氧化，造成开关接触不良，使光驱的机械部分误认为出仓不顺，在延时一段时间后又自动将光驱仓盒收回。解决故障的办法是在打开光驱后用水砂纸轻轻打磨出仓控制开关的簧片。

▶ 解决方法：清洁光驱出仓控制开关上的氧化层。

2. 光驱仓盒无法弹出

▶ 故障现象：光驱的仓盒无法弹出或很难弹出。

▶ 故障原因：导致这种故障的原因有两个，一是光驱仓盒的出仓皮带老化；二是异物卡在托盘的齿缝里，造成托盘无法正常出仓。

▶ 解决方法：清洗光驱或更换光驱仓盒的出仓皮带。

3 光驱不读盘

▶ 故障现象：光驱的光头虽然有寻道动作，但是光盘不转，或者虽有转的动作但是转不起来。

▶ 故障原因：光盘伺服电机的相关电路有故障。可能是伺服电机内部损坏(可找同类型的旧光驱的电机更换)，驱动集成块损坏(出现这种情况时有时会出现光驱一找到盘，只要光驱一转计算机主机就启动，这也是驱动 IC 损坏所致)，也可能是柔性电缆中的某根断线。

▶ 解决方法：更换光驱。

4. 光驱丢失盘符

▶ 故障现象：计算机使用一切正常，可是突然在【计算机】窗口中无法找到光驱盘符。

▶ 故障原因：该故障多是由于计算机病毒或者丢失光驱驱动程序造成的。

▶ 解决方法：建议首先使用杀毒软件对计算机清除计算机病毒。

5. 光驱程序无响应

▶ 故障现象：光驱在读盘的时候，经常发生程序没有响应的现象，甚至导致死机。

▶ 故障原因：在光驱读盘时死机，可能是由于光驱纠错能力下降或供电质量不好造成的。

▶ 解决方法：将光驱安装到其他计算机中使用，仍然出现该问题，需要清洗激光头。

13.5 案例演练

本章的实战演练部分包括解决常见计算机 BIOS 故障的综合实例操作，用户可以通过练习巩固本章所学的知识。

下面将介绍几种常见的BIOS设置问题，为用户在解决计算机故障时提供参考。

1. "CMOS battery failed" 故障

▶ 故障现象：计算机在启动时提示"CMOS battery failed"。

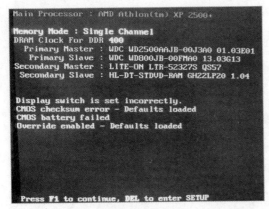

▶ 故障原因：此类提示的含义是 CMOS 电池失效。这说明主板 CMOS 供电电池已经没有电了，需要重新更换。

▶ 故障排除：更换主板 CMOS 电池即可解决此类故障。

2. "CMOS check sum error-Defaults loaded" 错误

▶ 故障现象：计算机在启动自检时提示错误"CMOS check sum error-Defaults loaded"，并且不能正常启动。

▶ 故障原因：计算机出现此类提示的含义是 CMOS 执行全部检查时出现错误，需要载入系统默认值。

▶ 故障排除：出现此类故障提示，一是说明计算机主板 CMOS 电池已经失效，二是说明 BIOS 设置出现了问题。用户可以通过更换 CMOS 电池或将 BIOS 设置为"Defaults loaded"来解决此类故障。

3. 提示 "keyboard error or no Keyboard present"

▶ 故障现象：计算机在启动时提示"keyboard error or no Keyboard present"。

▶ 故障原因：此类提示的含义是键盘错误或者计算机没有发现与其连接的键盘。

▶ 故障排除：要解决此类故障，应首先检查计算机键盘与主板的连接是否完好。如果已经接好，可能是计算机键盘损坏造成的，可以将计算机送至固定的维修点进行维修。